100% EXOS

2de

Maths

Laurent Darré

Professeur au lycée François-Magendie à Bordeaux

Hatier

Maquette de principe : Marie-Astrid Bailly-Maître
Mise en pages : MCP
Schémas : Alpha-Édit, MCP
Édition : Anne-Sophie Dreyfus

 978-2-218-94466-6

Avant-propos

Votre ouvrage 100 % exos

■ Conforme au nouveau programme de mathématiques en 2de entré en vigueur à la rentrée 2010, ce « 100 % exos » vous propose une **méthode de travail** complète et un **entraînement intensif** sur mesure tout au long de l'année.

■ Pour chaque thème du programme vous trouverez un **cours** structuré, les **savoir-faire** qu'il faut maîtriser, des **exercices** progressifs et leurs **corrigés** détaillés.

■ Assortis d'**indications de solution**, de **commentaires** et de **conseils** des auteurs, tous les exercices corrigés vous permettent :
- de **comprendre** les notions essentielles et de **maîtriser** le cours ;
- de **progresser** et de vous **entraîner** à votre rythme ;
- de vous **évaluer** et de **réussir** vos contrôles ;
- de vous préparer à la 1re S.

Sur le site www.annabac.com

■ L'achat de cet ouvrage vous permet de bénéficier d'un **accès GRATUIT** aux **ressources d'annabac.com** : fiches de cours, podcasts audio, exercices et sujets corrigés...

■ Pour profiter de cette offre, rendez-vous sur **www.annabac.com**, dans la rubrique « Vous avez acheté un ouvrage Hatier ? »*

* La saisie d'un mot-clé du livre (lors de votre première visite) vous permettra de créer un compte personnel.

Sommaire

CALCULS ET FONCTIONS

1
Ensembles de nombres et algorithmique

I ENSEMBLES DE NOMBRES

1. Liste des ensembles

- $\mathbb{N}$: ensemble des entiers naturels.
- $\mathbb{Z}$: ensemble des entiers relatifs.
- $\mathbb{D}$: ensemble des nombres décimaux.

Un nombre est décimal s'il peut s'écrire $\frac{a}{10^n}$, où $a \in \mathbb{Z}$ et $n \in \mathbb{N}$.

- $\mathbb{Q}$: ensemble des nombres rationnels.

Un nombre est rationnel s'il peut s'écrire $\frac{p}{q}$, avec $p \in \mathbb{Z}$ et $q \in \mathbb{Z}^*$.

Un nombre qui n'est pas rationnel est dit irrationnel.
- $\mathbb{R}$: ensemble des nombres réels.

Sur une droite du plan repéré, chaque point est associé à un nombre, appelé abscisse, et chaque nombre est associé à un point. L'ensemble des abscisses des points de cette droite est l'ensemble des nombres réels $\mathbb{R}$.

2. Remarques, notations

- Tous ces ensembles contiennent une infinité d'éléments.
- Une étoile placée à droite signifie que 0 est exclu. Par exemple, $\mathbb{R}^*$ est l'ensemble des nombres réels non nuls.
- On peut aussi utiliser un $+$ ou un $-$ pour signifier l'utilisation des positifs ou des négatifs. Par exemple, $\mathbb{R}^+$ est l'ensemble des nombres réels positifs et $\mathbb{R}_+^*$ est l'ensemble des nombres réels strictement positifs.

3. Inclusion des différents ensembles

Pour exprimer qu'un ensemble A est contenu dans un ensemble B (on dit aussi que A est inclus dans B), on note $A \subset B$.
On a les inclusions suivantes : $\mathbb{N} \subset \mathbb{Z} \subset \mathbb{D} \subset \mathbb{Q} \subset \mathbb{R}$.

II ALGORITHMIQUE

Remarque : il ne s'agit pas ici d'un résumé de cours complet, mais simplement d'une présentation de certaines notions et des notations utilisées dans les algorithmes de cet ouvrage.

1. Présentation d'un algorithme

Un algorithme est une suite d'instructions, compréhensibles par qui doit l'exécuter, ayant pour but de conduire à un résultat donné.
Un algorithme est en général à écrire en cinq parties, mais certaines sont parfois facultatives ou inutiles.

■ La déclaration des variables

Les variables sont des objets utilisés au cours de l'algorithme qui prennent une valeur précise à un moment donné. Il s'agit dans cette première phase de préciser leur nom et leur type.
Les principaux types de variables sont : entier, réel, texte (aussi appelé chaîne, caractère ou alphanumérique), logique (appelé aussi booléen).

■ Initialisations

Au début d'un algorithme, il est fréquent et même parfois nécessaire, de donner leur première valeur aux variables. On notera : (nom de variable) initialisée à (valeur).

■ Entrées

C'est le moment où l'utilisateur saisit des valeurs pour certaines variables.

■ Traitement

Cette phase comprend toutes les instructions nécessaires au bon déroulement de l'algorithme.
On trouve quatre types d'instructions :

- affectation de variables ;
- lecture/écriture (on se place du côté de celui qui exécute l'algorithme : une lecture est une saisie que l'utilisateur va écrire, une écriture est un affichage que l'utilisateur va lire) ;
- tests (instruction si … alors … sinon …) ;
- boucles (pour, tant que, répéter jusqu'à).

Sorties

C'est une façon de montrer les résultats obtenus à la fin de l'algorithme.

En résumé, on présentera un algorithme sous la forme ci-dessous :

```
Variable(s)
        …
Entrée(s)
        …
Initialisation(s)
        …
Traitement
        …
Sortie(s)
        …
```

Par exemple, si on souhaite qu'un algorithme convertisse une taille exprimée en centimètres en pieds et pouces (1 pied = 30,48 cm et 1 pouce = 2,54 cm , de telle sorte que 1 pied = 12 pouces), on pourra le présenter de la façon suivante (le symbole # permet de noter un commentaire) :

Variables

t, f, i : entiers #t : taille en cm, f : nombre de pieds, i : nombre de pouces#

Entrée

Saisir t #L'utilisateur doit saisir sa taille en centimètres.#

Initialisation

#Pas d'initialisation nécessaire, on pourra omettre cette section.#

Traitement

f prend la valeur de l'entier immédiatement $\leqslant \dfrac{t}{30{,}48}$

#La partie entière du nombre obtenu par cette division donne le nombre de pieds. Voir l'exercice 8 du chapitre 2 pour des compléments au sujet de la partie entière.#

i prend la valeur de l'entier le plus proche de $\dfrac{t-30{,}48f}{2{,}54}$

#Le numérateur de la fraction est le nombre de centimètres à convertir en pouces. On arrondit le résultat de la division à l'entier près.#

Sortie

Afficher f et i #L'écriture du résultat final avec le nombre de pieds et le nombre de pouces correspondant à la taille en centimètres.#

Par exemple, si $t = 162$, alors $\dfrac{162}{30{,}48} \approx 5{,}3$ et f prend la valeur 5.

Ensuite, $\dfrac{162 - 30{,}48 \times 5}{2{,}54} \approx 3{,}8$ et i prend la valeur 4.

Ainsi, une taille de 162 cm correspond à 5 pieds 4 pouces.

2. Tests

Les tests sont des instructions qui se présentent sous l'une des deux formes suivantes :

- Si (*test*) alors (*traitement*)
- Si (*test*) alors (*traitement 1*)
  sinon (*traitement 2*)

Un test sera constitué d'une ou plusieurs conditions de comparaison utilisant les symboles : $=$, $\neq$, $<$, $>$, $\leqslant$, $\geqslant$, portant sur les variables de l'algorithme.

3. Boucles

Trois types d'instructions permettent d'effectuer des boucles.

- Dans l'instruction « Tant que (*test*), (*traitement*) », le test est situé au début, avant le traitement. Si la condition n'est pas vérifiée au début, le traitement n'est jamais exécuté.

En utilisant cette instruction dans un algorithme, il faudra s'assurer que le traitement modifie la condition pour qu'elle ne soit plus vérifiée ; sinon, le programme bouclera indéfiniment.

- L'instruction « Pour (*compteur*) de (*N1*) à (*N2*), (*traitement*) » permet d'exécuter un traitement plusieurs fois. Le nombre de boucles est déterminé par les valeurs *N1* et *N2*. À chaque fois que le traitement est exécuté, le compteur est incrémenté de une unité (ou, si nécessaire de plusieurs, cette valeur est appelée le pas), en commençant par *N1*, jusqu'à *N2*.
- Dans l'instruction « Répéter (*traitement*) jusqu'à (*test*) », le test est situé à la fin, ce qui signifie que le traitement de l'instruction est exécuté au moins une fois.

4. Programmation sur une calculatrice

Un algorithme a pour vocation d'être transcrit dans un langage afin d'être exécuté par un ordinateur ou une calculatrice. Le tableau de la page suivante montre comment utiliser une calculatrice.

	TI	Casio
Saisir n	Input n ou Prompt n	? $\to n$
n prend la valeur 1	$1 \to n$ (touche sto →)	$1 \to n$
Afficher n	Disp n	n ◀
Si … alors … sinon …	If … Then … Else … End	If … Then … else … IfEnd

Pour I de 1 à 10 …
(par défaut le pas est 1)
 	
Pour I de 1 à 10 par pas de 3
	For(I,1,10)
	…
	End
	
	For(I,1,10,3)
		For $1 \to n$ To 10
		…
		Next
		
		For $1 \to n$ To 10 Step 3

Tant que $n < 10$ …	While $n < 10$ … End	While $n < 10$ … WhileEnd
Répéter … jusqu'à $n = 0$	Repeat $n = 0$ … End Répète les instructions jusqu'à ce que la condition devienne vraie (si elle est vraie avant, la boucle n'est jamais exécutée).	Do … LpWhile $n = 0$ La boucle est exécutée une fois dans tous les cas, puis est répétée tant que la condition est vraie.

EXERCICES D'APPLICATION

ENSEMBLES DE NOMBRES

1

★ | 3 min | ▸ P. 22

Que peut-on dire d'un nombre quand il appartient à l'ensemble $\mathbb{Z}^*$? Et quand il appartient à $\mathbb{R}_-^*$? Et quand il appartient à $\mathbb{Q}^+$?

2

★ | 3 min | ▸ P. 22

Les nombres suivants sont-ils des décimaux ou des rationnels ? Justifier.

$1{,}234\,56$; $\frac{4}{7}$; -2×10^{-7} ; $\frac{28}{5}$; $0{,}111\,111\,111$; $\frac{1}{9}$.

3

★ | 5 min | ▸ P. 22

Parmi les ensembles $\mathbb{N}$, $\mathbb{Z}$, $\mathbb{D}$, $\mathbb{Q}$, $\mathbb{R}$, préciser le plus petit ensemble, au sens de l'inclusion, auquel appartient chaque nombre.

$-6{,}25$; $-4{,}21 \times 10^4$; π ; $\frac{5}{7}$; $\frac{7}{5}$; $\sqrt{3}$; 0 ; $3{,}14$; $\frac{107}{25}$.

4

★★ | 10 min | ▸ P. 22

a. Soit $x \in \mathbb{N}$ et $y \in \mathbb{Z}^*$. Parmi les nombres :

$$xy,\ \frac{x}{y},\ x+y,\ x^2,\ \sqrt{x},\ \text{et } \frac{1}{y},$$

préciser, sans justifier, ceux qui sont des nombres entiers.
Donner un contre-exemple pour ceux qui ne sont pas des nombres entiers.

b. Soit $x \in \mathbb{Q}^+$ et $y \in \mathbb{Q}^*$. Parmi les nombres :

$$xy,\ \frac{x}{y},\ x+y,\ x^2,\ \sqrt{x},\ \text{et } \frac{1}{y},$$

préciser, sans justifier, ceux qui sont des nombres rationnels.
Donner un contre-exemple pour ceux qui ne sont pas des nombres rationnels.

ALGORITHMIQUE

5

★ | 5 min | ▶ P. 23

Quelles seront les valeurs des différentes variables après exécution des algorithmes suivants ?

Algorithme 1	Algorithme 2
Variables a, b, c : entiers Initialisation Initialiser a à 8 Initialiser b à 5 Traitement c prend la valeur $a + b$ a prend la valeur 7 b prend la valeur $c - a$	Variables a, b : entiers Initialisation Initialiser a à 3 Traitement b prend la valeur $a + 2$ a prend la valeur $a + 1$ b prend la valeur $a + b$

6

★ | 10 min | ▶ P. 23

a. Quelles seront les valeurs des variables a, b après exécution de l'algorithme suivant ? Cela a-t-il permis d'échanger les valeurs de a et b ? Et si on échange les deux dernières lignes, que se passe-t-il ?

```
Variables
    a, b : entiers
Initialisation
    Initialiser a à 5
    Initialiser b à 2
Traitement
    a prend la valeur b
    b prend la valeur a
```

b. Écrire un algorithme permettant d'échanger les valeurs des variables a et b.

7

★ | 5 min | ▶ P. 23

Que font les algorithmes suivants ?

Variables a, b, c : texte Initialisation Initialiser a à "12" Initialiser b à "3" Traitement c prend la valeur $a + b$	Variables a, b, c : texte Initialisation Initialiser a à "12" Initialiser b à "3" Traitement c prend la valeur a & b

Exercices d'entraînement

Ensembles de nombres

8

★★ | 5 min | ▸ p. 23

Montrer que $\mathbb{D}$ est inclus dans $\mathbb{Q}$.

9

★★ | 15 min | ▸ p. 24

Le nombre rationnel $\frac{65}{11}$ se lit à la calculatrice 5,909 090 90... Les deux chiffres 9 et 0 reviennent périodiquement et infiniment.
On dit que ce nombre a un développement décimal périodique.
On note parfois ce nombre $5,\underline{90}$.
Ce nombre est rationnel, mais n'est pas décimal.
Écrire sous forme d'une fraction irréductible :

a. $2,\underline{4}$ **b.** $3,\underline{02}$ **c.** $14,\underline{285\,714}$ **d.** $7,4\underline{52}$.

10

★★★ | 20 min | ▸ p. 24

On considère un cercle de centre O et de rayon r, $[AB]$ étant un diamètre de ce cercle. H est un point sur le cercle tel que la perpendiculaire à (OH) passant par H coupe la droite (AB) en un point P.

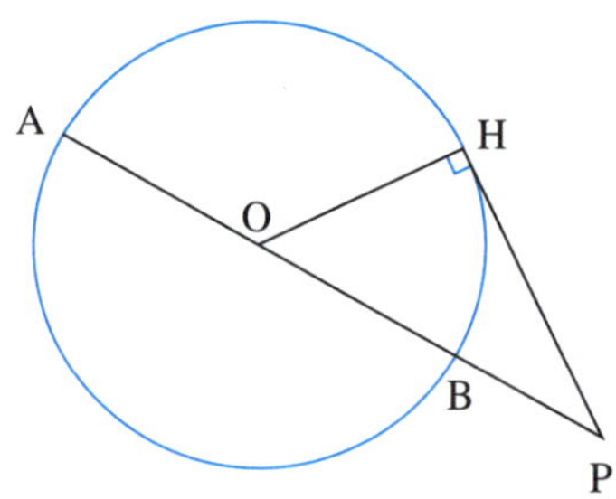

a. Montrer que :

$$PA \times PB = PO^2 - OH^2.$$

b. En déduire que :

$$PA \times PB = PH^2.$$

c. Expliquer comment construire un segment de longueur $\sqrt{14}$.

ALGORITHMIQUE

11

★★ | 10 min | ▸ P. 24

a. Les algorithmes suivants produisent-ils les mêmes résultats ?

Algorithme 1	Algorithme 2

Variables
    a, b : entier
    c : texte
Initialisation
    …
Traitement
    Si $b > a$ ou $c =$ "BANANE" alors
            a prend la valeur $a + 1$
        Sinon
            a prend la valeur $a - 1$
    Fin si
	Variables
	    a, b : entier
	    c : texte
	Initialisation
	    …
	Traitement
	    Si $b \leqslant a$ et $c \neq$ "BANANE" alors
	            a prend la valeur $a - 1$
	        Sinon
	            a prend la valeur $a + 1$
	    Fin si

b. Préciser la valeur prise par la variable a à la fin de ces algorithmes lorsque l'initialisation contient les lignes :

```
Initialiser a à 20
Initialiser b à 10
Initialiser c à "CITRON"
```

Même question avec :

```
Initialiser a à 20
Initialiser b à 10
Initialiser c à "BANANE"
```

12

★★ | 10 min | ▸ P. 25

Expliquer ce que fait cet algorithme.

```
Variables
        n, r : entiers
Entrée
        Saisir n
Initialisation
        Initialiser r à n
Traitement
        Tant que r ⩾ 11
                r prend la valeur r – 11
        Fin du tant que
Sortie
        Afficher r
```

13

★★ | 10 min | ▶ p. 25

À partir d'un nombre à quatre chiffres, l'algorithme suivant sort un nombre c. Quelle est la valeur de c lorsque l'utilisateur saisit 4 732 ?

```
Variables
        n, p, s, k, u, r, c : entiers
Entrée
        Saisir n (4 chiffres)
Initialisation
        Initialiser k  à  1
        Initialiser s  à  0
        Initialiser p  à  n
Traitement
        Tant que k ⩽ 4
                u prend la valeur du chiffre des unités de p
                k prend la valeur k + 1
                s prend la valeur s + k × u
                p prend la valeur (p − u)/10
        Fin du tant que
        r prend la valeur du reste dans la division euclidienne de s par 7
        c prend la valeur 7 − r
Sortie
        Afficher c
```

CONTRÔLE

Les calculatrices ne sont pas autorisées.

14 QCM

★ 2 points, 5 min ▶ P. 25

Pour chacune des questions, une et une seule proposition est exacte.

1. Le plus petit ensemble, au sens de l'inclusion, auquel appartient le nombre 2,111... (infinité de décimales, toutes égales à 1) est :

a. $\mathbb{Z}$ **b.** $\mathbb{D}$ **c.** $\mathbb{Q}$ **d.** $\mathbb{R}$

2. Un seul de ces nombres appartient à $\mathbb{Q}_+^*$:

a. $\dfrac{\sqrt{3}}{3}$ **b.** $\dfrac{\pi}{2}$ **c.** 0 **d.** $\dfrac{13}{2,4}$

15

★ 3 points, 10 min ▶ P. 26

Les trois questions sont indépendantes.

1. **a.** Comment appelle-t-on les nombres qui appartiennent à l'ensemble $\mathbb{R}\setminus\mathbb{Q}$?

b. Décrire à l'aide de symboles (pris dans la liste $\mathbb{N}$, $\mathbb{Z}$, $\mathbb{Q}$, $\mathbb{R}$, +, *) les ensembles suivants :

- ensemble des nombres réels strictement positifs ;
- ensemble des nombres rationnels.

2. **a.** Comment peut-on savoir si un nombre rationnel est un nombre décimal ?

b. Le nombre $\dfrac{31}{120}$ est-il décimal ?

3. Dessiner un schéma d'inclusion des ensembles $\mathbb{Z}$, $\mathbb{Q}^+$ et $\mathbb{R}$. Donner deux exemples de nombres dans chacune des zones ainsi créées.

16

★ 4 points, 10 min ▶ P. 26

a. Que peut-on dire d'un nombre s'il appartient à l'ensemble $\mathbb{Q}_+^*$?

b. Trouver un exemple montrant que le produit de deux nombres irrationnels n'est pas toujours un nombre irrationnel.

c. Préciser le plus petit ensemble de nombres, au sens de l'inclusion, auquel appartiennent les nombres suivants :

$\sqrt{5}$; π ; $\dfrac{-2}{7}$; 0,014 ; 2,151 515 ; $\dfrac{111}{2\,560}$; $4,\underline{93}$; $-42\,000\times10^{-3}$.

17

★ 1 point, 10 min ▶ P. 26

Soit le nombre $G = 0,\underline{36}$. Écrire le nombre G sous la forme d'une fraction irréductible.

Contrôle

Les calculatrices ne sont pas autorisées.

18 QCM

★★ | 5 points, 15 min | ▶ P. 27

Les cinq questions sont indépendantes.

Pour chacune des questions, une et une seule proposition est exacte.

1. À la fin de l'algorithme ci-contre, la valeur de la variable c est :

a. 0 **b.** 7 **c.** 10 **d.** 13

```
Variables
        a, b, c : entiers
Initialisation
        Initialiser a à 2
        Initialiser b à 5
Traitement
        a prend la valeur a + 1
        b prend la valeur 2b
        c prend la valeur a + b
```

2. À la sortie de la boucle de cet algorithme, quelle est la valeur de la variable n ?

a. 2 **b.** 8 **c.** 9

d. L'algorithme ne fonctionne pas, il y aura une erreur d'exécution.

```
Variable
        n : entier
Initialisation
        Initialiser n à 1
Traitement
        Tant que n ⩽ 8
                n prend la valeur n + 1
        Fin du tant que
```

3. Que peut-on dire de l'algorithme ci-contre ?

a. L'utilisateur doit saisir un nombre entier compris entre 1 et 5.

b. L'utilisateur doit saisir un nombre entier inférieur à 1 ou supérieur à 5.

c. L'utilisateur doit saisir les cinq nombres entiers de 1 à 5.

d. L'algorithme ne fonctionne pas, il y aura une erreur d'exécution.

```
Variable
        n : entier
Initialisation
        n initialisé à 0
Entrée
        Tant que n < 1 ou n > 5
                Saisir n
                Si n < 1 ou n > 5 alors
                afficher "Saisie incorrecte.
                Recommencez"
                Fin si
        Fin Tant que
```

4. Dans l'algorithme ci-contre, la variable logique x (on dit aussi variable booléenne) n'est pas initialisée. Avec quelle valeur faut-il l'initialiser pour que la variable n prenne la valeur 1 à la sortie de l'algorithme ?

a. 0 **b.** 1

c. VRAI **d.** FAUX

```
Variables
        x : logique
        n : entier
Initialisations
        n initialisé à 0
        x initialisé à …
Traitement
        Si x alors n prend la valeur n + 2
        sinon n prend la valeur n + 1
        Fin si
Sortie
        Afficher n
```

5. L'algorithme ci-contre donne un conseil d'achat d'une crème solaire selon deux critères : le type de peau (M pour mate, C pour claire) et le nombre d'heures d'exposition par jour.

On suppose qu'un utilisateur désireux de savoir quelle crème lui est destinée saisit les valeurs M pour la variable t et 3 pour la variable n.

Quel sera l'affichage à la fin de l'algorithme ?

```
Variables
        x, y : logique
        n : entier          #nombre d'heures
                            d'exposition par jour#
        t : texte           #type de peau#
Entrée
        Saisir t  #saisie d'une lettre : C ou M#
        Saisir n  #saisie d'un entier entre 1 et 10#
Traitement
        x prend la valeur
                (t = "C") ET (n ⩾ 2)
        y prend la valeur
                (t = "M") ET (n ⩾ 4)
        Si x OU y alors
                Afficher "INDICE FORT"
                sinon
                Afficher "INDICE FAIBLE"
        Fin si
```

a. INDICE FORT **b.** INDICE FAIBLE **c.** Erreur d'exécution.

19

★★ | 5 points, 15 min | ▶ P. 27

Écrire un algorithme qui permet à un utilisateur de saisir plusieurs nombres entiers (la saisie s'arrête lorsque l'utilisateur saisit un 0), puis qui affiche le plus grand des nombres saisis.

Toute trace de recherche, même incomplète, ou d'initiative même non fructueuse, sera prise en compte dans l'évaluation.

Corrigés

1 Un nombre qui appartient à l'ensemble $\mathbb{Z}^*$ est un nombre entier différent de 0.
Un nombre qui appartient à l'ensemble $\mathbb{R}_-^*$ est un nombre réel strictement négatif.
Un nombre qui appartient à l'ensemble $\mathbb{Q}^+$ est un nombre rationnel positif.

2 Un nombre est décimal s'il peut s'écrire $\frac{a}{10^n}$, avec $a \in \mathbb{Z}$ et $n \in \mathbb{N}$.

• $1{,}234\ 56 = \frac{123\ 456}{10^5}$, donc 1,234 56 est décimal.

• La division par 7 donne un développement décimal périodique. $\frac{4}{7}$ est un nombre rationnel non décimal.

• $-2 \times 10^{-7} = \frac{-2}{10^7}$, donc -2×10^{-7} est décimal.

• $\frac{28}{5} = \frac{56}{10^1}$, donc $\frac{28}{5}$ est décimal.

• $0{,}111\ 111\ 111 = \frac{111\ 111\ 111}{10^9}$, donc 0,111 111 111 est décimal.

• La division par 3, et donc par 9, donne un développement décimal périodique. $\frac{1}{9}$ est un nombre rationnel non décimal.

3 $-6{,}25 \in \mathbb{D}$; $-4{,}21 \times 10^4 \in \mathbb{Z}$; $\pi \in \mathbb{R}$; $\frac{5}{7} \in \mathbb{Q}$;

$\frac{7}{5} \in \mathbb{D}$; $\sqrt{3} \in \mathbb{R}$; $0 \in \mathbb{N}$; $3{,}14 \in \mathbb{D}$; $\frac{107}{25} \in \mathbb{D}$.

4 **a.** Le produit et la somme de deux nombres entiers est un entier. De même, le carré d'un nombre entier est un entier.
Avec $x = 1$ et $y = 2$, $\frac{x}{y}$ et $\frac{1}{y}$ ne sont pas entiers. Avec $x = 2$, le nombre $\sqrt{x}$ n'est pas entier.
Ainsi, seuls xy, $x + y$ et x^2 sont toujours entiers.
b. Le produit, la somme et le quotient de deux nombres rationnels est un rationnel. Le carré et l'inverse d'un nombre rationnel est un rationnel.
Avec $x = 2$ (qui est un nombre rationnel), le nombre $\sqrt{x}$ n'est pas rationnel.
Ainsi, seul $\sqrt{x}$ n'est pas toujours rationnel.

5 **Algorithme 1**

Tout d'abord, $c = a + b = 8 + 5 = 13$, puis $a = 7$ et $b = c - a = 13 - 7 = 6$.
Ainsi, après exécution de l'algorithme 1, $a = 7$, $b = 6$ et $c = 13$.

Algorithme 2

Tout d'abord, $b = a + 2 = 3 + 2 = 5$, puis $a = 3 + 1 = 4$ et $b = 4 + 5 = 9$.
Ainsi, après exécution de l'algorithme 2, $a = 4$ et $b = 9$.

6 **a.** On obtient $a = 2$ et $b = 2$, et cela n'a pas permis d'échanger les valeurs des deux variables.
En échangeant les deux lignes du traitement, on obtient $b = 5$ et $a = 5$. Les valeurs des deux variables n'ont toujours pas été échangées.
b. Voici un algorithme qui permet d'échanger les valeurs de deux variables, en utilisant une troisième variable intermédiaire. On reprend les initialisations de la première question, mais cela n'a pas d'importance.

```
Variables
        a, b, c : entiers
Initialisation
        Initialiser a à 5
        Initialiser b à 2
Traitement
        c prend la valeur a
        a prend la valeur b
        b prend la valeur c
```

7 Le premier algorithme est faux, il n'est pas possible d'effectuer des opérations sur les chaînes de caractères. En revanche, il est possible de les concaténer avec l'opérateur alphanumérique & (concaténer signifie que l'on écrit les chaînes de caractères l'une derrière l'autre) : dans le deuxième algorithme, c prendra la valeur « 123 ».

8 Soit x un élément de $\mathbb{D}$. D'après la définition de l'ensemble $\mathbb{D}$, x peut s'écrire sous la forme $x = \frac{a}{10^n}$, où $a \in \mathbb{Z}$ et $n \in \mathbb{N}$. Comme le dénominateur 10^n est un élément non nul de $\mathbb{Z}$, x s'écrit sous la forme d'un quotient de deux entiers relatifs. C'est donc un élément de $\mathbb{Q}$. On a démontré que tout élément de $\mathbb{D}$ est aussi un élément de $\mathbb{Q}$.
On a bien $\mathbb{D} \subset \mathbb{Q}$, c'est-à-dire $\mathbb{D}$ est inclus dans $\mathbb{Q}$.

9 **a.** Notons $x = 2,\underline{4}$. On a alors $10x = 24,\underline{4}$, d'où $10x - x = 24,\underline{4} - 2,\underline{4}$ soit $9x = 22$, ce qui donne $x = \dfrac{22}{9}$.

b. Notons $x = 3,\underline{02}$. On a alors $100x = 302,\underline{02}$,

d'où $100x - x = 302,\underline{02} - 3,\underline{02}$, soit $99x = 299$, ce qui donne $x = \dfrac{299}{99}$.

c. Notons $x = 14,\underline{285\ 714}$. On a alors $1\ 000\ 000x = 14\ 285\ 714,\underline{285\ 714}$,
d'où $1\ 000\ 000x - x = 14\ 285\ 714,\underline{285\ 714} - 14,\underline{285\ 714}$,
soit $999\ 999x = 14\ 285\ 700$, ce qui donne :

$$x = \frac{14\ 285\ 700}{999\ 999} = \frac{100}{7}.$$

d. Notons $x = 7,4\underline{52}$. On a alors $10x = 74,\underline{52}$ et $1\ 000x = 7\ 452,\underline{52}$, d'où $1\ 000x - 10x = 7\ 452,\underline{52} - 74,\underline{52}$, soit $990x = 7\ 378$, ce qui donne :

$$x = \frac{7\ 378}{990} = \frac{3\ 689}{495}.$$

10 **a.** D'une part : $PA \times PB = (PB + 2r) \times PB = PB^2 + 2r \times PB$.
D'autre part :

$$\begin{aligned} PO^2 - OH^2 &= (PB + r)^2 - r^2 \\ &= PB^2 + 2r \times PB + r^2 - r^2 \\ &= PB^2 + 2r \times PB. \end{aligned}$$

On a donc $PA \times PB = PO^2 - OH^2$.

b. Le triangle OHP est rectangle en H, donc d'après le théorème de Pythagore :

$$PO^2 = PH^2 + OH^2, \text{ d'où } PO^2 - OH^2 = PH^2.$$

Par conséquent, $PA \times PB = PH^2$.

c. En utilisant $PB = 2$ et $PA = 7$, l'égalité $PA \times PB = PH^2$ donne :

$$PH^2 = 14, \text{ d'où } PH = \sqrt{14}.$$

On construit donc un cercle de diamètre $[AB]$, avec $AB = 5$, puis le point P à l'extérieur du cercle, sur la droite (AB), tel que $PB = 2$.
Ensuite, on trace une tangente au cercle (il y en a deux possibles) à partir de ce point P, le point de contact avec le cercle s'appelant H.
Alors, on a construit un segment $[PH]$ de longueur $\sqrt{14}$.

11 **a.** Ces deux algorithmes produisent le même effet. D'une manière plus générale, il est équivalent de produire l'une ou l'autre des séries d'instructions suivantes (A et B sont deux conditions, nonA et nonB sont les contraires de ces deux conditions) :

Si (A) et (B) alors *(Traitement 1)* Sinon *(Traitement 2)* Fin si	Si nonA ou nonB alors *(Traitement 2)* Sinon *(Traitement 1)* Fin si

Cela est à rapprocher d'une propriété étudiée dans le chapitre des probabilités :
« Lorsque A et B sont deux événements quelconques d'un univers Ω, le contraire de l'intersection est la réunion des contraires : $\overline{A \cap B} = \overline{A} \cup \overline{B}$. »
Dans le premier algorithme, on a la condition (A) et (B). Dans le second algorithme, le contraire de cette condition non(A et B) est écrit comme la réunion des contraires nonA ou nonB. C'est pourquoi les deux traitements sont échangés dans l'instruction conditionnelle si…alors…sinon… .
b. Dans le premier cas, $a = 19$. Dans le second cas, $a = 21$.

12 À un nombre entier *n*, on enlève 11 jusqu'à ce qu'on obtienne un nombre *r* tel que $0 \leqslant r < 11$: *r* est le reste dans la division euclidienne de *n* par 11.

Commentaire

Dans l'instruction « Tant que (*condition*), (*traitement*) », le test est situé au début, avant le traitement. Si la condition n'est pas vérifiée au début, le traitement n'est jamais exécuté.
En utilisant cette instruction dans un algorithme, il faudra s'assurer que le traitement modifie la condition pour qu'elle ne soit plus vérifiée ; sinon, le programme bouclera indéfiniment.
La ligne « fin du tant que » est facultative.

13 Saisie et initialisations : $n = 4\ 732$, $p = 4\ 732$, $s = 0$, $k = 1$.
Dressons un tableau avec les valeurs successives des différentes variables :

u	*k*	*s*	*p*
	1	0	4 732
2	2	4	473
3	3	13	47
7	4	41	4
4	5	61	0

Puisque $k = 5$, on n'exécute plus la boucle « tant que ».
D'où $r = 5$ (le reste de la division euclidienne de 61 par 7 est 5 puisque $61 = 8 \times 7 + 5$).
Finalement, $c = 2$.

14 1. Réponse **c.** : nombre à écriture décimale périodique, tous ces nombres sont des rationnels, mais ne sont pas décimaux.

2. Réponse **d.** : $\dfrac{13}{2{,}4} = \dfrac{65}{12}$.

15 **1. a.** Les nombres irrationnels : ce sont des nombres réels qui ne sont pas rationnels.

b. Ensemble des nombres réels strictement positifs : $\mathbb{R}_+^*$.

Ensemble des nombres rationnels : $\mathbb{Q}$.

2. a. Un nombre rationnel est un nombre décimal si, après simplification, le dénominateur n'est formé que d'un produit de puissances de 2 et de 5.

b. $\frac{31}{120} = \frac{31}{2^3 \times 3 \times 5}$. Le dénominateur de la fraction irréductible n'est pas un produit de puissances de 2 et de 5 uniquement, donc ce nombre n'est pas décimal.

3.

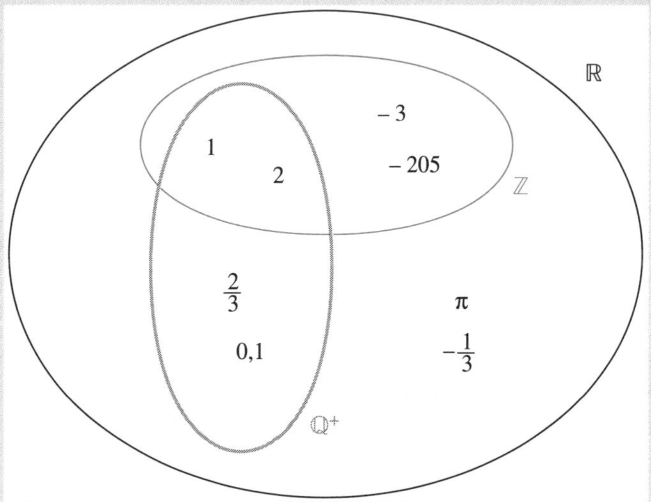

16 **a.** Un nombre qui appartient à l'ensemble $\mathbb{Q}_+^*$ est un nombre rationnel strictement positif.

b. Le nombre $\sqrt{2}$ est irrationnel. Si on le multiplie par lui-même, on trouve 2, qui est rationnel.

c. $\sqrt{5} \in \mathbb{R}$; $\pi \in \mathbb{R}$; $\frac{-2}{7} \in \mathbb{Q}$; $0{,}014 \in \mathbb{D}$; $2{,}151\ 515 \in \mathbb{D}$; $\frac{111}{2\ 560} \in \mathbb{D}$; $4{,}\underline{93} \in \mathbb{Q}$; $-42\ 000 \times 10^{-3} \in \mathbb{Z}$.

17 On a alors $100G = 36{,}\underline{36}$, d'où $100G - G = 36{,}\underline{36} - 0{,}\underline{36}$, soit $99G = 36$, ce qui donne $G = \frac{36}{99} = \frac{4}{11}$.

18 **1.** Réponse **d**.
Successivement, $a = 3$, $b = 10$ et $c = a + b = 3 + 10 = 13$.
2. Réponse **c**. La variable n est initialisée à 1, ce qui permet d'effectuer une première boucle. La valeur est augmentée d'une unité à chaque fois. Quand n vaut 8, on effectue une dernière boucle ce qui donne à n la valeur 9. À ce moment-là, on sort de la boucle.
3. Réponse **a**. L'utilisateur doit saisir un nombre entier compris entre 1 et 5.
4. Réponse **d**. Une variable booléenne ne peut prendre que deux valeurs : VRAI ou FAUX. Pour que n sorte du test avec la valeur 1, c'est l'instruction « sinon » qui doit être exécutée. Cela signifie que la variable x doit être initialisée à FAUX.
5. Réponse **b**. x prend la valeur FAUX car la condition $t = "C"$ n'est pas réalisée. y prend la valeur FAUX car la condition $(n \geqslant 4)$ n'est pas réalisée. Puisque x et y prennent tous deux la valeur FAUX, la condition x OU y est fausse et c'est l'instruction qui suit le sinon qui est réalisée.

19

```
Variables
        n, m : entiers
Initialisation
        Initialiser n à 1        #N'importe quelle valeur sauf 0 convient ;
                                 il suffit de pouvoir entrer dans la boucle.#
        Initialiser m à 0        #m est la plus grande des valeurs saisies. Il est
                                 nécessaire de l'initialiser à 0.#
Traitement
        Tant que n ≠ 0           #Si l'utilisateur saisit 0, on sort de la boucle.#
                Saisir n
                Si n > m alors m prend la valeur n
                                 #Change la valeur du maximum si nécessaire.#
                Fin si
        Fin du tant que
Sortie
        Afficher m
```

2
Calculs numériques dans ℝ

I AVEC DES PUISSANCES

Soit $m \in \mathbb{N}$, $n \in \mathbb{N}$, et $a \in \mathbb{R}$, $b \in \mathbb{R}$.

- $a^m \times a^n = a^{m+n}$;
- $a^0 = 1$;
- si $a \neq 0$: $\dfrac{a^m}{a^n} = a^{m-n}$ et $a^{-n} = \dfrac{1}{a^n}$;
- $(a^m)^n = a^{mn}$;
- $a^n \times b^n = (ab)^n$;
- si $b \neq 0$, $\left(\dfrac{a}{b}\right)^n = \dfrac{a^n}{b^n}$.

II AVEC DES RACINES CARRÉES

- Si a est positif, le nombre $\sqrt{a}$ est la racine carrée de a. Il est tel que $(\sqrt{a})^2 = a$.
- Pour tous nombres a et b positifs, $\sqrt{a} \times \sqrt{b} = \sqrt{ab}$.
- Pour tous nombres a et b positifs, avec b non nul, $\dfrac{\sqrt{a}}{\sqrt{b}} = \sqrt{\dfrac{a}{b}}$.

! Attention à ne pas inventer des règles qui n'existent pas. Par exemple, $\sqrt{a+b}$ n'est pas égal à $\sqrt{a} + \sqrt{b}$.

- $\sqrt{a^2} = a$, si a est positif.
- $\sqrt{a^2} = -a$, si a est négatif.

III AVEC DES CARRÉS

Soit a et b deux nombres réels quelconques.

Si $a = b$, alors $a^2 = b^2$.

Si $a^2 = b^2$, alors $a = b$ ou $a = -b$.

Une utilisation possible de ces constatations :

Si deux nombres sont de même signe et si leurs carrés sont égaux, alors ces deux nombres sont égaux.

Cela se traduit par :

Si $a^2 = b^2$ et si a et b sont de même signe, alors $a = b$.

EXERCICES D'APPLICATION

Tous les exercices de cette partie se font sans calculatrice.

FRACTIONS

1

★ | 45 min | ▶ P. 37

Simplifier. On donnera le résultat avec une fraction irréductible.

$A = \frac{21}{49} + \frac{44}{77}$; $B = \frac{2}{-3} \times \frac{5}{7} \times \frac{15}{14} \times \frac{28}{25}$;

$C = \frac{5}{3} - \frac{16}{45} \times \frac{35}{8}$; $D = \frac{3}{7} - \frac{5}{7} \times \left(5 - \frac{4}{5}\right)$;

$E = \frac{3}{\frac{4}{5}}$; $F = \frac{\frac{3}{4}}{5}$;

$G = \frac{5 + \frac{3}{4} - \frac{1}{3}}{5 - \frac{3}{4} + \frac{1}{3}}$; $H = \frac{4}{5} - \frac{12}{25} \times \frac{30}{2} \times \frac{-14}{9}$;

$I = \frac{\frac{3}{4}}{\frac{-5}{7}}$; $J = \frac{-21}{8} \times \frac{28}{-15}$.

PUISSANCES

2

★ | 5 min | ▶ P. 37

Écrire sous la forme $3^n \times 7^m$ le nombre :

$$21^{-3} \times (-3^{-5})^{-2} \times \left(\frac{7}{3}\right)^{-5},$$

avec $n \in \mathbb{Z}$ et $m \in \mathbb{Z}$.

3

★ | 5 min | ▶ P. 38

Simplifier :

$$\frac{0{,}000\ 02^2}{(0{,}02)^4}.$$

On donnera le résultat avec une fraction irréductible, puis avec une écriture scientifique.

RACINES CARRÉES

4 | ★ | 5 min | ▸ P. 38

Soit a un nombre réel strictement positif. Simplifier les expressions suivantes :

$$\frac{a}{\sqrt{a}}\ ;\ (\sqrt{a})^4\ ;\ \frac{\sqrt{a^5}-a\sqrt{a}}{a\sqrt{a^3}}.$$

5 | ★ | 30 min | ▸ P. 38

Simplifier :

$A=\sqrt{4}+\sqrt{9}+\sqrt{16}$;

$B=1-\sqrt{2}-3\sqrt{2}-5-(3-7\sqrt{2})$;

$C=\sqrt{3}\times\sqrt{5}\times\sqrt{2}$;

$D=\sqrt{72}-5\sqrt{8}+3\sqrt{98}-4\sqrt{128}$;

$E=\sqrt{27}\times\sqrt{12}$;

$F=(\sqrt{6}+2)(\sqrt{3}-\sqrt{2})$;

$G=\dfrac{3\sqrt{5}+\sqrt{20}}{\sqrt{45}\left(2-\dfrac{5}{6}\right)}$;

$H=\dfrac{5\sqrt{2}+\sqrt{32}}{3\sqrt{2}}$;

$I=[(3-\sqrt{8})(3+\sqrt{8})]^{50\,000}$;

$J=\dfrac{7\sqrt{3}-\sqrt{27}}{-\sqrt{3}}$.

6 | ★ | 45 min | ▸ P. 39

Écrire les nombres suivants sans radical au dénominateur :

$A=\dfrac{5}{\sqrt{7}}$;

$B=\dfrac{-6}{\sqrt{12}}$;

$C=\dfrac{3}{7\sqrt{5}}$;

$D=\dfrac{\sqrt{5}+5}{\sqrt{5}}$;

$E=\dfrac{-4}{1-\sqrt{2}}$;

$F=\dfrac{2}{\sqrt{3}-2}$;

$G=\dfrac{\sqrt{3}-1}{\sqrt{3}+1}$;

$H=\dfrac{2\sqrt{3}}{3-\sqrt{3}}$;

$I=\dfrac{2}{\sqrt{10}-2\sqrt{3}}$;

$J=\dfrac{14}{4\sqrt{8}}+\dfrac{\sqrt{2}}{8}$;

$K=\dfrac{\sqrt{3}-5}{1-\sqrt{3}}$.

PUISSANCES

7 ★★ | 60 min | ▶ P. 40

Simplifier. On donnera le résultat avec un entier ou une fraction irréductible.

$A = 2^{-5} \times 2^8 \times 2$; $B = (2^0)^{2\,005} + (2^{2\,005})^0$;

$C = (2^3 \times 2^{-4})^2 \times (3^2)^3 \times 3^{-5}$; $D = \dfrac{3^{-2} \times 27}{(3^2)^3 \times 3^{-1}}$;

$E = \dfrac{25^2 \times 3^4}{15^3}$; $F = \dfrac{14^2 \times (-3)^3}{21^2 \times 4^3}$;

$G = \dfrac{(-49)^3 \times 15^2}{3^3 \times (-5)^3 \times 7^4}$; $H = \dfrac{3^5 \times 2^{-8}}{6^7 \times 4^{-6}}$;

$I = \dfrac{0{,}000\ 03^2}{6 \times 10^{-9}}$; $J = \dfrac{0{,}04^3 \times 0{,}64^2}{0{,}12^3 \times 0{,}48^2}$;

$K = \dfrac{0{,}4^4 \times 10^3}{2^5}$; $L = \dfrac{60^{12} \times 9^{-3} \times 5^{-9}}{3 \times 24^8}$.

8 ★★ | 10 min | ▶ P. 41

On appelle partie entière d'un nombre réel quelconque x l'entier immédiatement inférieur ou égal à x. On note ce nombre $E(x)$. Par exemple, $E(3{,}89) = 3$, $E(2) = 2$, $E(-4{,}37) = -5$, ...

Avec un langage de programmation, la fonction partie entière est souvent notée INT.

En utilisant cette fonction, écrire un algorithme qui donne les chiffres d'un nombre entier quelconque compris entre 1 000 et 9 999.

EXERCICES D'ENTRAÎNEMENT

FRACTIONS

9 ★★ | 10 min | ▶ P. 41

a. Montrer que, pour tout $x \in \mathbb{R}^*$, $\dfrac{1}{x(x+1)} = \dfrac{1}{x} - \dfrac{1}{x+1}$.

b. En déduire la valeur exacte de la somme :

$$S = \frac{1}{1 \times 2} + \frac{1}{2 \times 3} + \frac{1}{3 \times 4} + \frac{1}{4 \times 5} + \cdots + \frac{1}{999 \times 1\ 000}.$$

Puissances

10

|★★| 5 min | ▶ p. 42

a. Combien vaut 2^{10} ? En remplaçant 2^{10} par 10^3, donner un ordre de grandeur de $2^{2\,005}$.

b. Quelle est la puissance de 10 la plus proche de 5^{10} ? En déduire un ordre de grandeur de 5^{99}.

11

|★★| 5 min | ▶ p. 42

Le plus grand nombre premier connu (en 2008) est $2^{43\ 112\ 609} - 1$.
En utilisant l'approximation $2^{10} \approx 10^3$, estimer le nombre de chiffres de ce nombre.

12

|★★| 5 min | ▶ p. 42

On pose $S = 1 + 2 + 4 + 8 + 16 + \cdots + 2^{1\ 000}$.
Exprimer $2S$ en fonction de S. En déduire une expression de S.

Racines carrées

13

|★★| 15 min | ▶ p. 42

Simplifier :

$A = \sqrt{(4 - \sqrt{3})^2}$;

$B = \sqrt{(2 - \sqrt{5})^2}$;

$C = \sqrt{(11 - 5\sqrt{2})^2} + \dfrac{15}{\sqrt{2}}$;

$D = \sqrt{(1 - \sqrt{3})^2} - \sqrt{(5 - 2\sqrt{3})^2}$;

$E = \sqrt{(2 - \sqrt{2})^2} - \sqrt{(1 - \sqrt{2})^2}$.

14

|★★| 5 min | ▶ p. 43

Soit $A = \dfrac{\sqrt{2}}{4 - \sqrt{2}} - \dfrac{3\sqrt{2} + 8}{4 + \sqrt{2}}$.
A est-il un nombre rationnel ?

15

|★★| 10 min | ▶ p. 43

Montrer que pour tout $n \in \mathbb{N}$, $\sqrt{n+1} - \sqrt{n}$ est l'inverse de $\sqrt{n+1} + \sqrt{n}$.
En déduire l'inverse de $\sqrt{7} + \sqrt{6}$.

16

★★ | 15 min | ▸ P. 43

On appelle factorielle d'un entier positif non nul n le produit des entiers consécutifs de 1 à n. On note ce nombre $n!$ et on a donc $n! = 1 \times 2 \times ... \times n$. Par convention, on pose $0! = 1$. Par exemple, $1! = 1$, $2! = 2$, $3! = 1 \times 2 \times 3 = 6$, $4! = 1 \times 2 \times 3 \times 4 = 24$, ...

Écrire un algorithme qui calcule la factorielle d'un nombre entier positif ou nul n quelconque.

17

★★ | 15 min | ▸ P. 44

L'objectif est d'écrire un algorithme qui calcule la somme des n premiers carrés d'entiers, c'est-à-dire la somme $1^2 + 2^2 + ... + n^2$.

Par exemple, si $n = 6$, la somme calculée sera 91.

En effet, $1^2 + 2^2 + 3^2 + 4^2 + 5^2 + 6^2 = 1 + 4 + 9 + 16 + 25 + 36 = 91$.

a. Voici un algorithme possible, mais il contient une erreur. Laquelle ?

Somme des carrés d'entiers (1)

```
Variables
        n, s : entiers
Entrée
        Saisir n        # strictement positif #
Initialisation
        s initialisé à 0
Traitement
        Tant que n > 0
                s prend la valeur s + n²
                n prend la valeur n + 1
        Fin du Tant que
Sortie
        Afficher s
```

b. Modifier cet algorithme en utilisant cette fois la boucle « Pour ».

18

★★ | 20 min | ▸ P. 44

À partir d'un nombre entier, on en calcule un autre de la manière suivante :

• S'il est pair, on le divise par 2.

• S'il est impair, on le multiplie par 3 et on ajoute 1.

• Puis on recommence avec le nombre ainsi obtenu, jusqu'à ce que l'on obtienne 1. (Le fait que l'on obtienne toujours 1 au bout d'un certain nombre d'étapes de calcul n'a encore jamais été démontré.)

On définit ainsi une suite de nombres entiers, appelée suite de Syracuse.

Par exemple, en choisissant 23, on obtient successivement :

70 ; 35 ; 106 ; 53 ; 160 ; 80 ; 40 ; 20 ; 10 ; 5 ; 16 ; 8 ; 4 ; 2 ; 1.

a. Faire de même avec 11.
b. Écrire un algorithme qui demande un entier et qui affiche tous les termes de la suite ainsi définie.

19 | ★★ | 20 min | ▸ P. 45

On place une somme S à un taux annuel de t %. On souhaite savoir combien d'années il faut attendre avant de récupérer une somme S'. Écrire un algorithme qui répond au problème posé.
Indication : L'augmentation annuelle d'une quantité d'un taux de t % se traduit par la multiplication de cette quantité par $1+\frac{t}{100}$. Par exemple, si la quantité 400 augmente de 9 % en un an, on obtient :

$$400 \times \left(1+\frac{9}{100}\right) = 400 \times 1{,}09 = 436 \ .$$

20 | ★★★ | 15 min | ▸ P. 45

Soit $A = 111\ 111\ 111\ 111 - 222\ 222$.
Calculer $\sqrt{A}$.

Contrôle

Les calculatrices ne sont pas autorisées.

21 QCM | ★★ | 10 points, 30 min | ▸ P. 46

Pour chacune des questions, une et une seule proposition est exacte.

1. $2^6 + 2^5 + 2^4 + 2^3 + 2^2 + 2^1 = \dots$:

a. 2^{21} **b.** 2^{720} **c.** $2 \times (2^6 - 1)$ **d.** 12^{21}

2. $2^7 \times 4^5 \times 8^4 = \dots$:

a. 2^{29} **b.** 2^{16} **c.** 64^{16} **d.** 8^{39}

3. $\dfrac{1}{\sqrt{2}-1} - \dfrac{1}{\sqrt{2}+1} = \dots$:

a. $\sqrt{2}$ **b.** 2 **c.** -1 **d.** -2

4. $\left(1+\dfrac{1}{2}\right) \times \left(1+\dfrac{1}{3}\right) \times \left(1+\dfrac{1}{4}\right) \times \dots \times \left(1+\dfrac{1}{99}\right) = \dots$:

a. 50 **b.** 100 **c.** $\dfrac{100}{9}$ **d.** $\dfrac{1\,000}{99}$

5. $[(1-\sqrt{2})(1+\sqrt{2})]^{154\,283} = \dots$:

a. $154\,283$ **b.** 1 **c.** $-154\,283$ **d.** -1

6. $\sqrt{(1+\sqrt{3})^2} - \sqrt{(1-\sqrt{3})^2} = \dots$:

a. 2 **b.** $2\sqrt{3}$ **c.** $4\sqrt{3}$ **d.** $2 + 2\sqrt{3}$

7. En écrivant $10^{-7} \times (-2^{-6})^{-4} \times \left(\dfrac{2}{5}\right)^{-4}$ sous la forme $2^n \times 5^m$, où m et n sont des entiers relatifs, on obtient :

a. $2^{-21} \times 5^{-3}$ **b.** $2^{13} \times 5^{-3}$ **c.** $2^{-13} \times 5^{-11}$ **d.** $2^{-35} \times 5^{-3}$

Par la suite, a et b désignent des réels strictement positifs.

8. $\dfrac{(a^7 a^{-3})^2}{a^{-4}} = \dots$:

a. a^4 **b.** a^{10} **c.** a^{12} **d.** a^{20}

9. Le carré de $(a\sqrt{b}) \times (b\sqrt{a})$ est :

a. a^3b^3 **b.** $(ab)^2$ **c.** $a^2b + ab^2$ **d.** $(ab)(a+b)^2$

10. $(a^2b^8)^{-1}$ est le carré de :

a. $-(ab)^4$ **b.** $\dfrac{1}{(ab)^4}$ **c.** $\dfrac{1}{ab^4}$ **d.** ab^{-4}

CORRIGÉS

1 $A = \frac{21}{49} + \frac{44}{77} = \frac{3 \times 7}{7 \times 7} + \frac{4 \times 11}{7 \times 11} = \frac{3}{7} + \frac{4}{7} = \frac{7}{7} = 1$.

$B = \frac{2}{-3} \times \frac{5}{7} \times \frac{15}{14} \times \frac{28}{25} = -\frac{2 \times 5 \times 5 \times 3 \times 4 \times 7}{3 \times 7 \times 2 \times 7 \times 5 \times 5} = -\frac{4}{7}$.

$C = \frac{5}{3} - \frac{16}{45} \times \frac{35}{8} = \frac{5}{3} - \frac{2 \times 7}{9} = \frac{15}{9} - \frac{14}{9} = \frac{1}{9}$.

$D = \frac{3}{7} - \frac{5}{7} \times \left(5 - \frac{4}{5}\right) = \frac{3}{7} - \frac{5}{7} \times \frac{21}{5} = \frac{3}{7} - \frac{21}{7} = -\frac{18}{7}$.

$E = \frac{3}{\frac{4}{5}} = 3 \times \frac{5}{4} = \frac{15}{4}$.

$F = \frac{\frac{3}{4}}{5} = \frac{3}{4} \times \frac{1}{5} = \frac{3}{20}$.

$G = \frac{5 + \frac{3}{4} - \frac{1}{3}}{5 - \frac{3}{4} + \frac{1}{3}} = \frac{\frac{60}{12} + \frac{9}{12} - \frac{4}{12}}{\frac{60}{12} - \frac{9}{12} + \frac{4}{12}} = \frac{\frac{65}{12}}{\frac{55}{12}} = \frac{65}{55} = \frac{13}{11}$.

$H = \frac{4}{5} - \frac{12}{25} \times \frac{30}{2} \times \frac{-14}{9}$

$= \frac{4}{5} + \frac{2 \times 2 \times 3}{5 \times 5} \times \frac{5 \times 2 \times 3}{2} \times \frac{2 \times 7}{3 \times 3} = \frac{4}{5} + \frac{56}{5} = \frac{60}{5} = 12$.

$I = \frac{\frac{3}{4}}{\frac{-5}{7}} = -\frac{3}{4} \times \frac{7}{5} = -\frac{21}{20}$.

$J = \frac{-21}{8} \times \frac{28}{-15} = \frac{3 \times 7}{2^3} \times \frac{2^2 \times 7}{5 \times 3} = \frac{7}{2} \times \frac{7}{5} = \frac{49}{10}$.

2 $21^{-3} \times (-3^{-5})^{-2} \times \left(\frac{7}{3}\right)^{-5} = (3 \times 7)^{-3} \times 3^{10} \times \frac{7^{-5}}{3^{-5}}$

$= \frac{3^{-3} \times 7^{-3} \times 3^{10} \times 7^{-5}}{3^{-5}}$

$= 3^{12} \times 7^{-8}$.

3 $\dfrac{0{,}000\,02^2}{(0{,}02)^4} = \dfrac{(2\times10^{-5})^2}{(2\times10^{-2})^4}$

$= \dfrac{2^2\times10^{-10}}{2^4\times10^{-8}}$

$= \dfrac{1}{4}\times10^{-2} = \dfrac{1}{4}\times\dfrac{1}{100}.$

$= \dfrac{1}{400}.$

Pour l'écriture scientifique :

$\dfrac{0{,}000\,02^2}{(0{,}02)^4} = \dfrac{1}{4}\times10^{-2} = 0{,}25\times10^{-2} = 2{,}5\times10^{-3}.$

4 $\dfrac{a}{\sqrt{a}} = \dfrac{a\sqrt{a}}{\sqrt{a}\times\sqrt{a}} = \dfrac{a\sqrt{a}}{a} = \sqrt{a}.$

$(\sqrt{a})^4 = (\sqrt{a})^2\times(\sqrt{a})^2 = a\times a = a^2.$

$\dfrac{\sqrt{a^5}-a\sqrt{a}}{a\sqrt{a^3}} = \dfrac{\sqrt{a^4\times a}-a\sqrt{a}}{a\times\sqrt{a^2\times a}} = \dfrac{a^2\sqrt{a}-a\sqrt{a}}{a\times a\sqrt{a}} = \dfrac{a\sqrt{a}(a-1)}{a\times a\sqrt{a}} = \dfrac{a-1}{a}.$

5 $A = \sqrt{4}+\sqrt{9}+\sqrt{16} = 2+3+4 = 9.$

$B = 1-\sqrt{2}-3\sqrt{2}-5-(3-7\sqrt{2}) = 1-\sqrt{2}-3\sqrt{2}-5-3+7\sqrt{2}$

$= -7+3\sqrt{2}.$

$C = \sqrt{3}\times\sqrt{5}\times\sqrt{2} = \sqrt{30}.$

$D = \sqrt{72}-5\sqrt{8}+3\sqrt{98}-4\sqrt{128}$

$= \sqrt{36\times2}-5\sqrt{4\times2}+3\sqrt{49\times2}-4\sqrt{64\times2}$

$= 6\sqrt{2}-10\sqrt{2}+21\sqrt{2}-32\sqrt{2} = -15\sqrt{2}.$

$E = \sqrt{27}\times\sqrt{12} = \sqrt{9\times3}\times\sqrt{4\times3} = 3\sqrt{3}\times2\sqrt{3} = 6\times3 = 18.$

$F = (\sqrt{6}+2)(\sqrt{3}-\sqrt{2}) = \sqrt{18}-\sqrt{12}+2\sqrt{3}-2\sqrt{2}$

$= 3\sqrt{2}-2\sqrt{3}+2\sqrt{3}-2\sqrt{2} = \sqrt{2}.$

$G = \dfrac{3\sqrt{5}+\sqrt{20}}{\sqrt{45}\left(2-\dfrac{5}{6}\right)} = \dfrac{3\sqrt{5}+2\sqrt{5}}{3\sqrt{5}\times\dfrac{7}{6}} = \dfrac{5\sqrt{5}}{3\sqrt{5}\times\dfrac{7}{6}} = \dfrac{5}{3\times\dfrac{7}{6}} = \dfrac{5}{\dfrac{7}{2}} = 5\times\dfrac{2}{7} = \dfrac{10}{7}.$

$H = \dfrac{5\sqrt{2}+\sqrt{32}}{3\sqrt{2}} = \dfrac{5\sqrt{2}+4\sqrt{2}}{3\sqrt{2}} = \dfrac{9\sqrt{2}}{3\sqrt{2}} = 3.$

$I = [(3-\sqrt{8})(3+\sqrt{8})]^{50\,000} = [3^2-(\sqrt{8})^2]^{50\,000}$

$= (9-8)^{50\,000} = 1^{50\,000} = 1.$

$J = \dfrac{7\sqrt{3}-\sqrt{27}}{-\sqrt{3}} = \dfrac{7\sqrt{3}-3\sqrt{3}}{-\sqrt{3}} = \dfrac{4\sqrt{3}}{-\sqrt{3}} = -4.$

6 $A = \dfrac{5}{\sqrt{7}} = \dfrac{5 \times \sqrt{7}}{\sqrt{7} \times \sqrt{7}} = \dfrac{5\sqrt{7}}{7}$.

$B = \dfrac{-6}{\sqrt{12}} = -\dfrac{6 \times \sqrt{12}}{\sqrt{12} \times \sqrt{12}} = -\dfrac{6 \times 2\sqrt{3}}{12} = -\sqrt{3}$.

$C = \dfrac{3}{7\sqrt{5}} = \dfrac{3\sqrt{5}}{7 \times 5} = \dfrac{3\sqrt{5}}{35}$.

$D = \dfrac{\sqrt{5}+5}{\sqrt{5}} = \dfrac{\sqrt{5}}{\sqrt{5}} + \dfrac{5}{\sqrt{5}} = 1 + \dfrac{5\sqrt{5}}{5} = 1 + \sqrt{5}$.

$E = \dfrac{-4}{1-\sqrt{2}} = \dfrac{-4(1+\sqrt{2})}{(1-\sqrt{2})(1+\sqrt{2})} = \dfrac{-4(1+\sqrt{2})}{1^2 - (\sqrt{2})^2} = \dfrac{-4(1+\sqrt{2})}{1-2}$

$= \dfrac{-4(1+\sqrt{2})}{-1} = 4(1+\sqrt{2})$.

$F = \dfrac{2}{\sqrt{3}-2} = \dfrac{2(\sqrt{3}+2)}{(\sqrt{3}-2)(\sqrt{3}+2)} = \dfrac{2(\sqrt{3}+2)}{3-4} = \dfrac{2(\sqrt{3}+2)}{-1} = -2(\sqrt{3}+2)$.

$G = \dfrac{\sqrt{3}-1}{\sqrt{3}+1} = \dfrac{(\sqrt{3}-1)(\sqrt{3}-1)}{(\sqrt{3}+1)(\sqrt{3}-1)} = \dfrac{3+1-2\sqrt{3}}{3-1} = \dfrac{4-2\sqrt{3}}{2} = 2-\sqrt{3}$.

$H = \dfrac{2\sqrt{3}}{3-\sqrt{3}} = \dfrac{2\sqrt{3}(3+\sqrt{3})}{(3-\sqrt{3})(3+\sqrt{3})} = \dfrac{6\sqrt{3}+6}{9-3} = \dfrac{6(\sqrt{3}+1)}{6} = \sqrt{3}+1$.

$I = \dfrac{2}{\sqrt{10}-2\sqrt{3}} = \dfrac{2(\sqrt{10}+2\sqrt{3})}{(\sqrt{10}-2\sqrt{3})(\sqrt{10}+2\sqrt{3})} = \dfrac{2(\sqrt{10}+2\sqrt{3})}{10-12}$

$= \dfrac{2(\sqrt{10}+2\sqrt{3})}{-2} = -\sqrt{10}-2\sqrt{3}$.

$J = \dfrac{14}{4\sqrt{8}} + \dfrac{\sqrt{2}}{8} = \dfrac{7}{2 \times 2\sqrt{2}} + \dfrac{\sqrt{2}}{8} = \dfrac{7\sqrt{2}}{8} + \dfrac{\sqrt{2}}{8} = \dfrac{8\sqrt{2}}{8} = \sqrt{2}$.

$K = \dfrac{\sqrt{3}-5}{1-\sqrt{3}} = \dfrac{(\sqrt{3}-5)(1+\sqrt{3})}{(1-\sqrt{3})(1+\sqrt{3})} = \dfrac{\sqrt{3}+3-5-5\sqrt{3}}{1-3} = \dfrac{-2-4\sqrt{3}}{-2}$

$= \dfrac{-2(1+2\sqrt{3})}{-2} = 1+2\sqrt{3}$.

7 $A = 2^{-5} \times 2^8 \times 2 = 2^{-5+8+1} = 2^4$.

$B = (2^0)^{2\,005} + (2^{2\,005})^0 = 2^0 + 2^0 = 1 + 1 = 2$.

$C = (2^3 \times 2^{-4})^2 \times (3^2)^3 \times 3^{-5}$

$= 2^6 \times 2^{-8} \times 3^6 \times 3^{-5} = 2^{-2} \times 3^1 = \frac{1}{4} \times 3 = \frac{3}{4}$.

$D = \dfrac{3^{-2} \times 27}{(3^2)^3 \times 3^{-1}} = \dfrac{3^{-2} \times 3^3}{3^6 \times 3^{-1}} = \dfrac{3^1}{3^5} = 3^{-4} = \dfrac{1}{3^4} = \dfrac{1}{81}$.

$E = \dfrac{25^2 \times 3^4}{15^3} = \dfrac{(5^2)^2 \times 3^4}{15^3} = \dfrac{5^4 \times 3^4}{15^3} = \dfrac{15^4}{15^3} = 15$.

$F = \dfrac{14^2 \times (-3)^3}{21^2 \times 4^3} = \dfrac{(2 \times 7)^2 \times (-3)^3}{(3 \times 7)^2 \times (2^2)^3} = \dfrac{2^2 \times 7^2 \times (-3)^3}{3^2 \times 7^2 \times (2^2)^3}$

$= -\dfrac{2^2 \times 3^3}{3^2 \times 2^6} = -\dfrac{3^1}{2^4} = -\dfrac{3}{16}$.

$G = \dfrac{(-49)^3 \times 15^2}{3^3 \times (-5)^3 \times 7^4} = \dfrac{-(7^2)^3 \times (3 \times 5)^2}{3^3 \times (-5)^3 \times 7^4} = \dfrac{7^6 \times 3^2 \times 5^2}{3^3 \times 5^3 \times 7^4} = \dfrac{7^2}{3^1 \times 5^1} = \dfrac{49}{15}$.

$H = \dfrac{3^5 \times 2^{-8}}{6^7 \times 4^{-6}} = \dfrac{3^5 \times 2^{-8}}{(2 \times 3)^7 \times (2^2)^{-6}} = \dfrac{3^5 \times 2^{-8}}{2^7 \times 3^7 \times 2^{-12}}$

$= \dfrac{3^5 \times 2^{-8}}{2^{-5} \times 3^7} = 3^{-2} \times 2^{-3} = \dfrac{1}{9} \times \dfrac{1}{8} = \dfrac{1}{72}$.

$I = \dfrac{0{,}000\,03^2}{6 \times 10^{-9}} = \dfrac{(3 \times 10^{-5})^2}{6 \times 10^{-9}} = \dfrac{3^2 \times 10^{-10}}{3 \times 2 \times 10^{-9}} = \dfrac{3 \times 10^{-1}}{2}$

$= \dfrac{3}{2 \times 10} = \dfrac{3}{20}$.

$J = \dfrac{0{,}04^3 \times 0{,}64^2}{0{,}12^3 \times 0{,}48^2} = \dfrac{0{,}04^3}{0{,}12^3} \times \dfrac{0{,}64^2}{0{,}48^2} = \left(\dfrac{0{,}04}{0{,}12}\right)^3 \times \left(\dfrac{0{,}64}{0{,}48}\right)^2$

$= \left(\dfrac{1}{3}\right)^3 \left(\dfrac{4}{3}\right)^2 = \dfrac{4^2}{3^5} = \dfrac{16}{243}$.

$K = \dfrac{(0{,}4)^4 \times 10^3}{2^5} = \dfrac{(4 \times 10^{-1})^4 \times 10^3}{2^5} = \dfrac{4^4 \times 10^{-4} \times 10^3}{2^5} = \dfrac{2^8 \times 10^{-1}}{2^5}$

$= 2^3 \times 10^{-1} = \dfrac{8}{10} = \dfrac{4}{5}$.

$L = \dfrac{60^{12} \times 9^{-3} \times 5^{-9}}{3 \times 24^8} = \dfrac{(2^2 \times 3 \times 5)^{12} \times (3^2)^{-3} \times 5^{-9}}{3 \times (2^3 \times 3)^8}$

$= \dfrac{2^{24} \times 3^{12} \times 5^{12} \times 3^{-6} \times 5^{-9}}{3 \times 2^{24} \times 3^8} = \dfrac{3^6 \times 5^3}{3^9} = \dfrac{5^3}{3^3} = \dfrac{125}{27}$.

8

Chiffres d'un nombre à 4 chiffres
Variables
n, a, b, c, d : entier
Entrées
Saisir n
Traitement
a prend la valeur $\text{INT}(n/1\,000)$
b prend la valeur $\text{INT}((n-1\,000a)/100)$
c prend la valeur $\text{INT}((n-1\,000a-100b)/10)$
d prend la valeur $n-1\,000a-100b-10c$
Sorties
Afficher a, b, c, d

Commentaires

Le chiffre des milliers est a, celui des centaines est b, celui des dizaines est c, celui des unités est d.

Exemple avec 8 973 :

En effectuant la division $8\,973/1\,000 = 8{,}973$. Le chiffre des milliers est 8 ; il s'agit de la partie entière de 8,973.

Ensuite, on effectue la soustraction $8\,973 - 8\,000 = 973$. En divisant par 100, on obtient 9,73. Le chiffre des centaines est 9 ; il s'agit de la partie entière de 9,73.

Puis on effectue la soustraction $8\,973 - 8\,000 - 900 = 73$. En divisant par 10, on obtient 7,3. Le chiffre des dizaines est 7 ; il s'agit de la partie entière de 7,3.

Le chiffre des unités est obtenu par simple soustraction : $8\,973 - 8\,000 - 900 - 70 = 3$.

9 **a.** Pour tout $x \in \mathbb{R}^*$:

$$\frac{1}{x} - \frac{1}{x+1} = \frac{x+1}{x(x+1)} - \frac{x}{x(x+1)} = \frac{x+1-x}{x(x+1)} = \frac{1}{x(x+1)}.$$

b.
$$S = \frac{1}{1\times 2} + \frac{1}{2\times 3} + \frac{1}{3\times 4} + \frac{1}{4\times 5} + \ldots + \frac{1}{999\times 1\,000}$$
$$= \frac{1}{1} - \frac{1}{2} + \frac{1}{2} - \frac{1}{3} + \frac{1}{3} - \frac{1}{4} + \frac{1}{4} - \frac{1}{5} + \ldots + \frac{1}{999} - \frac{1}{1\,000}$$
$$= 1 - \frac{1}{1\,000}$$
$$= \frac{999}{1\,000}.$$

10 **a.** On a $2^{10} = 1\ 024 \approx 10^3$, d'où :

$$2^{2\,005} = 2^{10 \times 200 + 5} = (2^{10})^{200} \times 2^5 .$$

En utilisant $2^{10} \approx 10^3$, on obtient :

$$32 \times (10^3)^{200} = 3{,}2 \times 10 \times 10^{600} = 3{,}2 \times 10^{601} .$$

Ainsi, un ordre de grandeur de $2^{2\,005}$ est 10^{601}.

b. On a $5^{10} \approx 10^7$.

$5^{99} = (5^{10})^{10} \times 5^{-1} = 2 \times 10^{-1} \times (5^{10})^{10}$

(car $5^{-1} = \dfrac{1}{5} = 0{,}2 = 2 \times 10^{-1}$).

En utilisant $5^{10} \approx 10^7$, on obtient :

$$2 \times 10^{-1} \times (5^{10})^{10} \approx 2 \times 10^{-1} \times (10^7)^{10} = 2 \times 10^{69} .$$

Ainsi, un ordre de grandeur de 5^{99} est 10^{69}.

11 On a $2^{43\,112\,609} = 2^{4\,311\,260 \times 10 + 9} = (2^{10})^{4\,311\,260} \times 512$.

Comme $2^{10} \approx 10^3$, il vient :

$$(2^{10})^{4\,311\,260} \times 512 \approx 512 \times (10^3)^{4\,311\,260}$$
$$\approx 5 \times 10^2 \times 10^{12\,933\,780} \approx 5 \times 10^{12\,933\,782}.$$

On peut estimer le nombre de chiffres de ce nombre à 12 933 783.

12 On a $2S = 2 + 4 + 8 + 16 + \cdots + 2^{1\,000} + 2^{1\,001} = 2^{1\,001} + S - 1$.

Par conséquent :

$$2S = 2^{1\,001} + S - 1 \Leftrightarrow 2S - S = 2^{1\,001} - 1 \Leftrightarrow S = 2^{1\,001} - 1 .$$

13 **!** **Pour simplifier $\sqrt{a^2}$, on commence par chercher le signe de a.**

- $4 - \sqrt{3} > 0$, donc $A = \sqrt{(4 - \sqrt{3})^2} = 4 - \sqrt{3}$.
- $2 - \sqrt{5} < 0$, donc $B = \sqrt{(2 - \sqrt{5})^2} = -(2 - \sqrt{5}) = -2 + \sqrt{5}$.
- $11 - 5\sqrt{2} > 0$, donc :

$$C = \sqrt{(11 - 5\sqrt{2})^2} + \frac{15}{\sqrt{2}} = 11 - 5\sqrt{2} + \frac{15\sqrt{2}}{2}$$

$$= 11 - \frac{10\sqrt{2}}{2} + \frac{15\sqrt{2}}{2} = 11 + \frac{5\sqrt{2}}{2} .$$

- $1 - \sqrt{3} < 0$ et $5 - 2\sqrt{3} > 0$,

donc $D = \sqrt{(1 - \sqrt{3})^2} - \sqrt{(5 - 2\sqrt{3})^2} = -(1 - \sqrt{3}) - (5 - 2\sqrt{3})$

$= -1 + \sqrt{3} - 5 + 2\sqrt{3} = -6 + 3\sqrt{3}$.

• D'une part, on a : $2 - \sqrt{2} > 0$, donc $\sqrt{(2-\sqrt{2})^2} = 2 - \sqrt{2}$.

D'autre part, on a : $1 - \sqrt{2} < 0$, donc $\sqrt{(1-\sqrt{2})^2} = -(1-\sqrt{2})$.
Par conséquent :

$$E = \sqrt{(2-\sqrt{2})^2} - \sqrt{(1-\sqrt{2})^2} = (2-\sqrt{2}) + (1-\sqrt{2}) = 3 - 2\sqrt{2}.$$

14 $$A = \frac{\sqrt{2}(4+\sqrt{2})}{(4-\sqrt{2})(4+\sqrt{2})} - \frac{(3\sqrt{2}+8)(4-\sqrt{2})}{(4+\sqrt{2})(4-\sqrt{2})}$$

$$= \frac{4\sqrt{2}+2-(12\sqrt{2}+32-6-8\sqrt{2})}{14} = \frac{-24}{14} = -\frac{12}{7}.$$

A est bien un nombre rationnel.

15 Pour tout $n \in \mathbb{N}$:

$$(\sqrt{n+1}-\sqrt{n})(\sqrt{n+1}+\sqrt{n}) = (\sqrt{n+1})^2 - (\sqrt{n})^2 = n+1-n = 1.$$

On en déduit que $\sqrt{n+1} - \sqrt{n} = \dfrac{1}{\sqrt{n+1}+\sqrt{n}}$, ce qui signifie que l'inverse de $\sqrt{n+1} + \sqrt{n}$ est le nombre $\sqrt{n+1} - \sqrt{n}$.
Avec $n = 6$, l'inverse de $\sqrt{7} + \sqrt{6}$ est donc $\sqrt{7} - \sqrt{6}$.

16

Calcul de $n!$ ($n \in$ N)

Variables
    n, i, f : entiers
Entrée
    Saisir n
Initialisation
    i initialisé à 1
Traitement
    Si $n = 0$
        Alors $f = 1$
        Sinon
            Pour i de 1 à n
                f prend la valeur $f \times i$
            Fin pour
Sortie
    Afficher f

Commentaires

L'instruction « Pour (*compteur*) de (*N1*) à (*N2*) faire (*traitement*) » permet d'exécuter un traitement plusieurs fois. Le nombre de boucles est déterminé par les valeurs *N1* et *N2*. À chaque fois que le traitement est exécuté, le compteur est incrémenté de 1 unité, en partant de *N1* jusqu'à la valeur *N2*.

17 **a.** L'erreur est dans la ligne :
n prend la valeur $n + 1$
Qu'il faut modifier en :
n prend la valeur $n - 1$
b.

Somme des carrés d'entiers (2)

Variables
        n, s, i : entiers
Entrée
        Saisir n #strictement positif#
Initialisation
        s initialisé à 0
Traitement
        Pour i de 1 à n
                s prend la valeur $s + i^2$
        Fin pour
Sortie
        Afficher s

18 **a.** 11 ; 34 ; 17 ; 52 ; 26 ; 13 ; 40 ; 20 ; 10 ; 5 ; 16 ; 8 ; 4 ; 2 ; 1.
b.

Suite de Syracuse

Variables
        a, u : entiers
Entrée
        Saisir a #strictement positif#
Initialisation
        Initialiser u à a.
Traitement
        Tant que $u \neq 1$
                Si u est pair alors
                        u prend la valeur $u/2$
                    sinon
                        u prend la valeur $3u + 1$
                Afficher u
        Fin du Tant que

19

Placement, intérêts composés
Variables
n : entier
S, S', t : réel strictement positif
Entrée
Saisir S
Répéter
Saisir S'
Jusqu'à $S' > S$
Saisir t
Initialisation
Initialiser n à 0
Traitement
Tant que $S < S'$
S prend la valeur $S \times \left(1 + \frac{t}{100}\right)$
n prend la valeur $n + 1$
Fin du Tant que
Sortie
Afficher n

Commentaires

Les nombres doivent être strictement positifs. De plus, il faut forcer une saisie de S' supérieure à S pour que l'instruction « tant que » qui suit ne boucle pas indéfiniment.

Comme l'indication de l'énoncé le précisait, la multiplication par $1 + \frac{t}{100}$ traduit l'augmentation annuelle de la somme S d'un taux de $t\,\%$. En effet, $S + \frac{t}{100} \times S = S\left(1 + \frac{t}{100}\right)$.

20

$$
\begin{aligned}
A &= 111\ 111\ 111\ 111 - 222\ 222 \\
&= 111\ 111 \times 1\ 000\ 000 + 111\ 111 - 222\ 222 \\
&= 111\ 111 \times 1\ 000\ 000 - 111\ 111 \\
&= 111\ 111(1\ 000\ 000 - 1) \\
&= 111\ 111 \times 999\ 999 \\
&= 111\ 111 \times 9 \times 111\ 111 \\
&= 3^2 \times 111\ 111^2 \\
&= 333\ 333^2.
\end{aligned}
$$

Par conséquent, $\sqrt{A} = 333\ 333$.

21 **1.** Réponse **c.** :
$2^6 + 2^5 + 2^4 + 2^3 + 2^2 + 2^1 = 64 + 32 + 16 + 8 + 4 + 2 = 126$
et $2 \times (2^6 - 1) = 2 \times (64 - 1) = 126$.

2. Réponse **a.** : $2^7 \times 4^5 \times 8^4 = 2^7 \times (2^2)^5 \times (2^3)^4 = 2^7 \times 2^{10} \times 2^{12} = 2^{29}$.

3. Réponse **b.** :

$$\frac{1}{\sqrt{2}-1} - \frac{1}{\sqrt{2}+1} = \frac{\sqrt{2}+1}{(\sqrt{2}-1)(\sqrt{2}+1)} - \frac{\sqrt{2}-1}{(\sqrt{2}-1)(\sqrt{2}+1)} = \frac{2}{2-1} = 2.$$

4. Réponse **a.** :

$$\left(1+\frac{1}{2}\right)\times\left(1+\frac{1}{3}\right)\times\left(1+\frac{1}{4}\right)\times \ldots \times\left(1+\frac{1}{99}\right) = \frac{3}{2}\times\frac{4}{3}\times\frac{5}{4}\times\ldots\times\frac{100}{99}$$
$$= \frac{100}{2} = 50.$$

5. Réponse **d.** :

$$[(1-\sqrt{2})(1+\sqrt{2})]^{154\,283} = (1-2)^{154\,283} = (-1)^{154\,283} = -1.$$

6. Réponse **a.** : $\sqrt{(1+\sqrt{3})^2} - \sqrt{(1-\sqrt{3})^2} = (1+\sqrt{3}) - (-1+\sqrt{3})$
$$= 1 + \sqrt{3} + 1 - \sqrt{3} = 2.$$

7. Réponse **b.** :

$$10^{-7} \times (-2^{-6})^{-4} \times \left(\frac{2}{5}\right)^{-4} = (2\times 5)^{-7} \times 2^{24} \times \frac{2^{-4}}{5^{-4}}.$$
$$= \frac{2^{-7}\times 5^{-7}\times 2^{24}\times 2^{-4}}{5^{-4}} = 2^{13}\times 5^{-3}.$$

8. Réponse **c.** : $\dfrac{(a^7a^{-3})^2}{a^{-4}} = \dfrac{(a^4)^2}{a^{-4}} = \dfrac{a^8}{a^{-4}} = a^{12}$.

9. Réponse **a.** : $(a\sqrt{b} \times b\sqrt{a})^2 = a^2 \times b \times b^2 \times a = a^3b^3$.

10. Réponse **c.** : $(a^2b^8)^{-1} = \dfrac{1}{a^2b^8} = \dfrac{1}{(ab^4)^2} = \left(\dfrac{1}{ab^4}\right)^2$.

3

Ordre dans $\mathbb{R}$

I INÉGALITÉS

Dans tout ce qui suit, *a*, *b*, *c* et *d* sont des nombres réels quelconques.

Ajouter ou soustraire un nombre aux deux membres d'une inégalité

Avec l'addition : si $a < b$, alors $a + c < b + c$.

Avec la soustraction : si $a < b$, alors $a - c < b - c$.

Multiplier ou diviser les membres d'une inégalité par un nombre non nul

Avec la multiplication :

- si $a < b$ et $c > 0$, alors $ac < bc$;
- si $a < b$ et $c < 0$, alors $ac > bc$.

Avec la division :

- si $a < b$ et $c > 0$, alors $\frac{a}{c} < \frac{b}{c}$;
- si $a < b$ et $c < 0$, alors $\frac{a}{c} > \frac{b}{c}$.

Ajouter des inégalités membre à membre

Si $a < b$ et $c < d$, alors $a + c < b + d$.

On peut donc ajouter membre à membre les inégalités de même sens.

> **!** **Attention : on ne peut pas soustraire des inégalités membre à membre. Par exemple, on a $15 < 18$ et $12 < 17$, mais la soustraction membre à membre donnerait une inégalité fausse puisque $15 - 12$ n'est pas inférieur à $18 - 17$.**

Multiplier des inégalités membre à membre

Si $0 < a < b$ et $0 < c < d$, alors $ac < bd$.

Si $a < b < 0$ et $c < d < 0$, alors $ac > bd$.

On peut donc multiplier membre à membre les inégalités (de même sens) si tous les nombres sont de mêmes signes.

> **!** **Attention : on ne peut pas diviser des inégalités membre à membre. Par exemple, on a $15 < 18$ et $5 < 9$, mais la division membre à membre donnerait une inégalité fausse puisque $\frac{15}{5}$ n'est pas inférieur à $\frac{18}{9}$.**

■ Avec les carrés

• 1er cas : si a et b sont positifs

Si $a < b$, alors $a^2 < b^2$.

Réciproquement : si $a^2 < b^2$, alors $a < b$.

Deux nombres positifs et leurs carrés sont rangés dans le même ordre.

• 2e cas : si a et b sont négatifs

Si $a < b$, alors $a^2 > b^2$.

Réciproquement : si $a^2 > b^2$, alors $a < b$.

Deux nombres négatifs et leurs carrés sont rangés dans l'ordre contraire.

■ Avec les racines carrées

Soit a et b deux nombres réels positifs.

Si $a < b$, alors $\sqrt{a} < \sqrt{b}$.

Réciproquement : si $\sqrt{a} < \sqrt{b}$, alors $a < b$.

Deux nombres positifs et leurs racines carrées sont rangés dans le même ordre.

■ Avec les inverses

Soit a et b deux nombres réels non nuls, de même signe.

Si $a < b$, alors $\frac{1}{a} > \frac{1}{b}$.

Réciproquement : si $\frac{1}{a} > \frac{1}{b}$, alors $a < b$.

Deux nombres de même signe et leurs inverses sont rangés dans l'ordre contraire.

II COMPARAISON DE x, x^2, ET x^3

Si $0 < x < 1$, alors on a : $x^3 < x^2 < x$.

Si $x > 1$, alors on a : $x < x^2 < x^3$.

III ENCADREMENTS

Une double inégalité traduit un encadrement.

Exemple : $2 < x < 3$ se lit : « x est strictement compris entre 2 et 3 », et traduit un encadrement de x.

IV INTERVALLES DE $\mathbb{R}$

1. Définition, vocabulaire

L'ensemble de tous les nombres réels compris entre a et b, tels que $a \leqslant x \leqslant b$, est l'intervalle $[a\ ;\ b]$.
On dit que a et b sont les bornes de l'intervalle et que le nombre $b - a$ est la longueur de l'intervalle.
Un intervalle de la forme $[a - r\ ;\ a + r]$ est un intervalle centré en a et de rayon r.
Un intervalle est un ensemble infini de nombres réels. On ne confondra pas l'intervalle $[a\ ;\ b]$ et l'ensemble $\{a\ ;\ b\}$ formé des deux seuls éléments a et b.

2. Les différents types d'intervalles

Intervalle	**Remarques**	**Ensemble des réels x tels que :**
$[a\ ;\ b]$	Intervalle fermé	$a \leqslant x \leqslant b$
$]a\ ;\ b[$	Intervalle ouvert	$a < x < b$
$[a\ ;\ b[$	Intervalle fermé en a, ouvert en b	$a \leqslant x < b$
$]a\ ;\ b]$	Intervalle ouvert en a, fermé en b	$a < x \leqslant b$
$[a\ ;\ +\infty[$	Avec $+\infty$ ou $-\infty$, le crochet est toujours ouvert	$x \geqslant a$
$]a\ ;\ +\infty[$		$x > a$
$]-\infty\ ;\ a[$		$x < a$
$]-\infty\ ;\ a]$		$x \leqslant a$
$]-\infty\ ;\ +\infty[$		$x \in \mathbb{R}$

3. Intersection et réunion d'intervalles

L'intersection $\mathrm{I} \cap \mathrm{J}$ de deux intervalles I et J est l'ensemble des réels qui appartiennent à I **et** à J.
La réunion $\mathrm{I} \cup \mathrm{J}$ de deux intervalles I et J est l'ensemble des réels qui appartiennent à I **ou** à J.

EXERCICES D'APPLICATION

INÉGALITÉS, COMPARAISONS

1 | ★ | 15 min | ▶ P. 56

a. Comparer $4\sqrt{10}$ et $9\sqrt{2}$.
b. Comparer $\sqrt{24}+\sqrt{10}$ et $\sqrt{26}+\sqrt{8}$.
c. Comparer les nombres $\sqrt{5}-2$ et $\sqrt{9-3\sqrt{5}}$.

2 | ★ | 5 min | ▶ P. 56

a. Développer et réduire : $(\sqrt{2}-1)^2$.
b. En déduire la comparaison des nombres $3-2\sqrt{2}$ et $\sqrt{2}-1$.

3 | ★★ | 15 min | ▶ P. 57

a. Montrer que $0<2-\sqrt{2}<1$.
b. Ranger par ordre croissant les nombres :
$a=\sqrt{2}+2$; $b=(\sqrt{2}-2)^2$; $c=\sqrt{2}-2$;
$d=2-\sqrt{2}$; $e=(\sqrt{2}+2)^2$; $f=(2-\sqrt{2})^3$.

4 | ★★ | 10 min | ▶ P. 57

Soit a et b deux réels strictement positifs. Démontrer que $\frac{a}{b}+\frac{b}{a}\geqslant 2$.

5 | ★★ | 10 min | ▶ P. 57

Soit $n\in\mathbb{N}$. Comparer, en justifiant soigneusement, les deux nombres :

$$\frac{n+6}{n+3} \text{ et } \frac{n+4}{n+2}.$$

ENCADREMENTS

6 | ★ | 15 min | ▶ P. 58

Soit x et y deux nombres réels tels que $1\leqslant x\leqslant 4$ et $5\leqslant y\leqslant 7$.

Encadrer $x+y$, $x-y$, xy, x^2, $-5y$, $\sqrt{\frac{x}{3}+\frac{y}{2}}$ et $\frac{x}{y}$.

7

★ | 10 min | ▸ P. 58

Soit x et y deux nombres réels tels que $-6 \leqslant x \leqslant -3$ et $-2 \leqslant y \leqslant -1$.
Encadrer $x+y$, $x-y$, xy, x^2, $-5y$ et $\frac{x}{y}$.

8

★★ | 10 min | ▸ P. 58

Soit x et y deux nombres réels tels que $-\frac{4}{3} \leqslant x \leqslant -\frac{6}{5}$ et $\frac{1}{4} \leqslant y \leqslant \frac{1}{3}$.
Encadrer $x-y$, xy et $\frac{x}{y}$.

9

★★ | 1 min | ▸ P. 59

Soit x un nombre réel tel que $-2 < x < 3$.
Encadrer x^2.

Intervalles

10

★ | 2 min | ▸ P. 59

Écrire les intervalles de $\mathbb{R}$ auxquels appartient x dans les cas suivants :
a. $-2 \leqslant x < 1$; **b.** $x < 1$; **c.** $-4 \leqslant x$;
d. $-1 < x < 1$; **e.** $x > 8$.

11

★ | 3 min | ▸ P. 59

Écrire avec des encadrements :
a. $x \in \,]-6\,;6[$;
b. $x \in [-4\,;4]$;
c. $x \in \,]-\infty\,;-5] \cup [5\,;+\infty[$.

12

★ | 2 min | ▸ P. 59

I est un intervalle ouvert, centré en 0, et de rayon 3. Dire si les nombres 1, 0, -2, 3, et 6 appartiennent ou non à I.

13

★ | 2 min | ▸ P. 59

Soit l'intervalle $I = [-20\,;10]$.
a. Quel est son centre ? son rayon ?
b. Écrire avec des encadrements : $x \in [-20\,;10]$.

14

★ | 10 min | ▸ P. 59

Dans chaque cas, déterminer l'intersection $I \cap J$ et la réunion $I \cup J$ des intervalles suivants :

a. $I = [-4 ; 1]$ et $J = [-8 ; 2]$;
b. $I =]0 ; +\infty[$ et $J = [-7 ; 0]$;
c. $I = [0 ; +\infty[$ et $J =]-\infty ; -5]$;
d. $I = \mathbb{R}_+^*$ et $J = \mathbb{R}_-^*$;
e. $I = [-3 ; 1[$ et $J = [0 ; 1]$;
f. $I =]0 ; 2]$ et $J =]-1 ; 1[$.

Exercices d'entraînement

15

★★ | 10 min | ▸ P. 59

Montrer que les nombres $x = \dfrac{1 - \sqrt{3}}{\sqrt{2}}$ et $y = -\sqrt{2 - \sqrt{3}}$ sont égaux.

16

★★ | 10 min | ▸ P. 60

On considère deux nombres réels strictement positifs a et b.

a. Montrer que $\dfrac{a+b}{4} \geqslant \dfrac{ab}{a+b}$.

b. Dans quels cas y a-t-il égalité ?

17

★ | 10 min | ▸ P. 60

On considère une boule creuse de rayon intérieur r et de rayon extérieur R.
On donne (en cm) $1{,}8 \leqslant r \leqslant 2{,}2$, et on utilisera $3{,}1 < \pi < 3{,}2$.

a. Déterminer un encadrement du volume intérieur V de cette boule creuse (en cm^3, avec deux décimales).

b. On donne aussi $R = 7{,}5$ cm à 1 mm près. Écrire un encadrement de R (en mm).

c. Déterminer un encadrement de l'épaisseur de la coque de cette boule creuse (en mm).

18

★★ | 30 min | ▸ P. 61

Un jeu consiste à deviner un nombre entier compris entre 0 et 100. Pour cela, on a droit à dix essais. À chaque essai, celui qui a choisi le nombre répond « Plus » ou « Moins » jusqu'à ce que le joueur devine la bonne réponse, auquel cas il répond « Trouvé ».

Écrire un algorithme qui joue à ce jeu. Cet algorithme devra afficher à la fin de la partie le nombre d'essais.

Contrôle

19 Vrai ou Faux ?

|★★| 6 points, 15 min| ▸ P. 61

Dire si les affirmations suivantes sont vraies ou fausses.

1. Pour tout $a \in \,]0\,;1[$, $-a < a^2 < a < \frac{1}{a}$.

2. Un pèse-personne indique la masse à 100 grammes près. Une petite fille veut peser son chat : elle le prend dans ses bras, monte sur la balance et lit : $M = 31{,}6$ kg.
Puis, elle se pèse seule et lit $M' = 28{,}4$ kg. Alors la masse m du chat, en kg, est encadrée par $3{,}1 \leqslant m \leqslant 3{,}3$.

3. $3 - \sqrt{11} = \sqrt{20 - 6\sqrt{11}}$.

4. Soit x un nombre réel tel que $-2 < x < 3$. Alors $4 < x^2 < 9$.

5. Soit x et y deux nombres réels tels que $2 < x < 5$ et $-4 < y < -3$. Alors $-15 < xy < -8$.

6. Soit x et y deux nombres réels tels que $-5 < x < -1$ et $-1 < y < 2$. Alors $-4 < x - y < -3$.

20

|★| 2 points, 5 min | ▸ P. 62

Comparer les nombres $C = \sqrt{21} + \sqrt{10}$ et $D = \sqrt{6} + \sqrt{35}$.

21

|★★| 3 points, 10 min| ▸ P. 62

a. Montrer que $0 < \frac{\sqrt{3}}{2} < 1$.

b. Ranger par ordre croissant les quatre nombres $\frac{\sqrt{3}}{2}$, $\frac{3}{4}$, $\frac{3\sqrt{3}}{8}$, et $\frac{2}{\sqrt{3}}$.

22

|★★| 3 points, 10 min| ▸ P. 62

On considère un nombre réel a strictement positif.

a. Montrer que $a + \frac{1}{a} \geqslant 2$.

b. Dans quel(s) cas y a-t-il égalité ?

c. L'inégalité est-elle toujours vraie si a est strictement négatif ?

23 | ★ | 6 points, 5 min | ▶ P. 63

Les six questions sont indépendantes.

1. Soit x un nombre réel. Écrire avec un intervalle l'inégalité $-8 \leqslant x$.

2. Écrire un intervalle ouvert de longueur 7 dont une borne est 13.

3. Avec $I =]-\infty\ ;\ 1]$ et $J =]0\ ;\ +\infty[$, écrire la réunion $I \cup J$ et l'intersection $I \cap J$.

4. Écrire l'intervalle fermé de centre -1 et de rayon 2.

5. Préciser $\mathbb{R}_+^* \cup \mathbb{R}_-^*$.

6. On sait que $I \cup J = [-3\ ;\ 11]$ et $I \cap J = [7\ ;\ 9[$.

Écrire les intervalles I et J.

Contrôle

24 QCM | ★ | 5 points, 5 min | ▶ P. 63

Pour chacune des questions, une et une seule proposition est exacte.

1. L'intersection des intervalles $]-1\ ;\ 5[$ et $]4\ ;\ +\infty[$ est :

a. $[-1\ ;\ +\infty[$ **b.** $]4\ ;\ 5[$ **c.** $]-1\ ;\ 4]$ **d.** $[4\ ;\ +\infty[$

2. La réunion des intervalles $]-\infty\ ;\ 0[$ et $]-2\ ;\ 0]$ est :

a. $\mathbb{R}^-$ **b.** $\mathbb{R}_-^*$ **c.** $\{0\}$ **d.** $]-2\ ;\ 0[$

3. L'intervalle ouvert centré en -2, de longueur 8 est :

a. $]-10\ ;\ 6[$ **b.** $]-2\ ;\ 6[$ **c.** $]6\ ;\ 10[$ **d.** $]-6\ ;\ 2[$

4. $\mathbb{R}^+ \cap \mathbb{R}^- = \ldots$

a. $\varnothing$ **b.** $\mathbb{R}$ **c.** $\{0\}$ **d.** $\mathbb{R}^*$

5. $]-3\ ;\ 2]$ est inclus dans un seul de ces ensembles. Lequel ?

a. $[-3\ ;\ 2[$ **b.** $[-3\ ;\ 2]$ **c.** $]-3\ ;\ 2[$ **d.** $]-2\ ;\ 2]$

25 | ★★ | 4 points, 10 min | ▶ P. 63

Soit $2 < x < 3$ et $-4 < y < -3$.

Déterminer un encadrement de $x + y$, $x - y$, xy, et $\dfrac{x}{y}$.

26 | ★★ | 3 points, 10 min | ▶ P. 63

a. Montrer que $\dfrac{\sqrt{17}}{4} > 1$.

b. Ranger par ordre croissant les trois nombres $a = \dfrac{\sqrt{17}}{4}$, $b = \dfrac{17}{16}$, et $c = \dfrac{4}{\sqrt{17}}$.

27 | ★★ | 2 points, 5 min | ▸ P. 64

Comparer les nombres $\sqrt{3}-1$ et $\sqrt{4-\sqrt{3}}$.

28 | ★★ | 2 points, 5 min | ▸ P. 64

Montrer que, pour tout $x \in \,]0\,;1[$, $x^2 < x$.

29 | ★★ | 4 points, 10 min | ▸ P. 64

On considère une couronne formée de deux cercles concentriques de rayons r et R (en cm) tels que : $2{,}1 \leqslant r \leqslant 2{,}2$ et $2{,}8 \leqslant R \leqslant 2{,}9$.
On utilisera $3{,}14 < \pi < 3{,}15$
et on donnera les résultats sans arrondir.

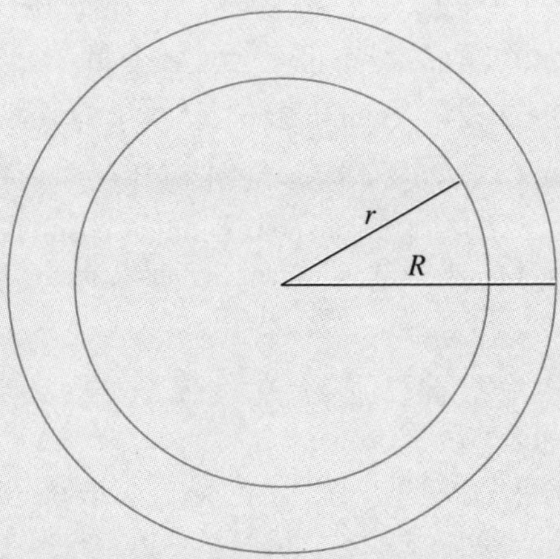

a. Déterminer un encadrement du périmètre P du grand cercle.
b. Déterminer un encadrement de l'aire $\mathcal{A}$ de la couronne.

CORRIGÉS

1 **a.** $(4\sqrt{10})^2 = 16 \times 10$
$= 160$
et $(9\sqrt{2})^2 = 81 \times 2$
$= 162$.
Comme $160 < 162$, on a donc $(4\sqrt{10})^2 < (9\sqrt{2})^2$.
Or, $4\sqrt{10}$ et $9\sqrt{2}$ sont deux nombres positifs et on sait que deux nombres positifs et leurs carrés sont rangés dans le même ordre.

On en déduit que $4\sqrt{10} < 9\sqrt{2}$.

b. $(\sqrt{24} + \sqrt{10})^2 = 24 + 2 \times \sqrt{24} \times \sqrt{10} + 10 = 34 + 2\sqrt{240}$

et $(\sqrt{26} + \sqrt{8})^2 = 26 + 2 \times \sqrt{26} \times \sqrt{8} + 8 = 34 + 2\sqrt{208}$.

Comme $208 < 240$, on en déduit que $\sqrt{208} < \sqrt{240}$,

puis que $2\sqrt{208} < 2\sqrt{240}$, et enfin $34 + 2\sqrt{208} < 34 + 2\sqrt{240}$.

Par conséquent, on a $(\sqrt{26} + \sqrt{8})^2 < (\sqrt{24} + \sqrt{10})^2$.

Or, $\sqrt{24} + \sqrt{10}$ et $\sqrt{26} + \sqrt{8}$ sont deux nombres positifs et on sait que deux nombres positifs et leurs carrés sont rangés dans le même ordre.

On en déduit que $\sqrt{26} + \sqrt{8} < \sqrt{24} + \sqrt{10}$.

c. $(\sqrt{5} - 2)^2 = 5 - 2 \times \sqrt{5} \times 2 + 4 = 9 - 4\sqrt{5}$ et

$\left(\sqrt{9 - 3\sqrt{5}}\right)^2 = 9 - 3\sqrt{5}$.
Comme $3 < 4$, on en déduit que :

$$3\sqrt{5} < 4\sqrt{5}\text{, puis } -4\sqrt{5} < -3\sqrt{5}\text{, et enfin } 9 - 4\sqrt{5} < 9 - 3\sqrt{5}.$$

Par conséquent, on a $(\sqrt{5} - 2)^2 < \left(\sqrt{9 - 3\sqrt{5}}\right)^2$.

Or, $\sqrt{5} - 2$ et $\sqrt{9 - 3\sqrt{5}}$ sont deux nombres positifs et l'on sait que deux nombres positifs et leurs carrés sont rangés dans le même ordre.

On en déduit que $\sqrt{5} - 2 < \sqrt{9 - 3\sqrt{5}}$.

2 **a.** $(\sqrt{2} - 1)^2 = (\sqrt{2})^2 - 2 \times \sqrt{2} \times 1 + 1^2$
$= 2 - 2\sqrt{2} + 1 = 3 - 2\sqrt{2}$.

b. D'après la question **a.**, on doit donc comparer les nombres $\sqrt{2} - 1$ et $(\sqrt{2} - 1)^2$. Comme le nombre $\sqrt{2} - 1$ est compris entre 0 et 1, on en déduit que $(\sqrt{2} - 1)^2 < \sqrt{2} - 1$.
D'où la réponse : $3 - 2\sqrt{2} < \sqrt{2} - 1$.

3 **a.** Comme on a $1 < 2 < 4$, on en déduit que $\sqrt{1} < \sqrt{2} < \sqrt{4}$, c'est-à-dire $1 < \sqrt{2} < 2$.

Ensuite, on en déduit un encadrement de $-\sqrt{2}$:

$$-2 < -\sqrt{2} < -1.$$

Enfin, en ajoutant 2 à chaque membre, on obtient :

$$-2+2 < -\sqrt{2}+2 < -1+2, \text{ soit } 0 < 2-\sqrt{2} < 1.$$

b. Comme $1 < \sqrt{2} < 2$, on a $c = \sqrt{2} - 2 < 0$, et c'est le seul nombre négatif de cette liste.

Notons aussi que $b = (\sqrt{2}-2)^2 = (2-\sqrt{2})^2$.

D'après la question **a.**, on a $0 < 2-\sqrt{2} < 1$, d'où :

$$(2-\sqrt{2})^3 < (2-\sqrt{2})^2 < 2-\sqrt{2}, \text{ c'est-à-dire } f < b < d.$$

Le nombre $a = \sqrt{2} + 2$ est supérieur à 1, donc :

$$\sqrt{2}+2 < (\sqrt{2}+2)^2, \text{ c'est-à-dire } a < e.$$

Finalement, on a $c < f < b < d < a < e$.

4 $\frac{a}{b} + \frac{b}{a} - 2 = \frac{a^2}{ab} + \frac{b^2}{ab} - \frac{2ab}{ab} = \frac{a^2+b^2-2ab}{ab} = \frac{(a-b)^2}{ab}$.

Le numérateur est un carré, donc toujours positif.

Le dénominateur est le produit de deux nombres strictement positifs, donc il est strictement positif.

On a donc $\frac{(a-b)^2}{ab} \geqslant 0$.

Par conséquent, comme $\frac{a}{b} + \frac{b}{a} - 2 \geqslant 0$, on en déduit que $\frac{a}{b} + \frac{b}{a} \geqslant 2$.

5 Effectuons la soustraction des deux nombres. Pour tout $n \in \mathbb{N}$:

$$\frac{n+6}{n+3} - \frac{n+4}{n+2} = \frac{(n+6)(n+2)}{(n+3)(n+2)} - \frac{(n+4)(n+3)}{(n+2)(n+3)}$$

$$= \frac{(n^2+6n+2n+12)-(n^2+4n+3n+12)}{(n+3)(n+2)}$$

$$= \frac{n}{(n+3)(n+2)}.$$

Les trois termes qui composent cette dernière fraction sont tous trois positifs, donc $\frac{n+6}{n+3} - \frac{n+4}{n+2} \geqslant 0$.

On en déduit que, pour tout $n \in \mathbb{N}$, $\frac{n+6}{n+3} \geqslant \frac{n+4}{n+2}$.

6 $5+1 \leqslant x+y \leqslant 7+4$, c'est-à-dire : $6 \leqslant x+y \leqslant 11$.

On a $-7 \leqslant -y \leqslant -5$, d'où $1+(-7) \leqslant x+(-y) \leqslant 4+(-5)$, c'est-à-dire :

$$-6 \leqslant x-y \leqslant -1.$$

$1 \times 5 \leqslant xy \leqslant 4 \times 7$, c'est-à-dire :

$$5 \leqslant xy \leqslant 28.$$

$1^2 \leqslant x^2 \leqslant 4^2$, d'où :

$$1 \leqslant x^2 \leqslant 16.$$

$-5 \times 7 \leqslant -5y \leqslant -5 \times 5$, d'où :

$$-35 \leqslant -5y \leqslant -25.$$

$\frac{1}{3} \leqslant \frac{x}{3} \leqslant \frac{4}{3}$ et $\frac{5}{2} \leqslant \frac{y}{2} \leqslant \frac{7}{2}$, d'où :

$$\frac{1}{3}+\frac{5}{2} \leqslant \frac{x}{3}+\frac{y}{2} \leqslant \frac{4}{3}+\frac{7}{2}, \text{ c'est-à-dire } \frac{17}{6} \leqslant \frac{x}{3}+\frac{y}{2} \leqslant \frac{29}{6}.$$

On en déduit : $\sqrt{\frac{17}{6}} \leqslant \sqrt{\frac{x}{3}+\frac{y}{2}} \leqslant \sqrt{\frac{29}{6}}$.

$\frac{1}{7} \leqslant \frac{1}{y} \leqslant \frac{1}{5}$, d'où $1 \times \frac{1}{7} \leqslant x \times \frac{1}{y} \leqslant 4 \times \frac{1}{5}$, c'est-à-dire : $\frac{1}{7} \leqslant \frac{x}{y} \leqslant \frac{4}{5}$.

7 $-6-2 \leqslant x+y \leqslant -3-1$, c'est-à-dire :

$$-8 \leqslant x+y \leqslant -4.$$

$1 \leqslant -y \leqslant 2$, d'où $-6+1 \leqslant x+(-y) \leqslant -3+2$, c'est-à-dire :

$$-5 \leqslant x-y \leqslant -1.$$

$(-3) \times (-1) \leqslant xy \leqslant (-6) \times (-2)$, c'est-à-dire :

$$3 \leqslant xy \leqslant 12.$$

$(-3)^2 \leqslant x^2 \leqslant (-6)^2$, d'où :

$$9 \leqslant x^2 \leqslant 36.$$

$-5 \times (-1) \leqslant -5y \leqslant -5 \times (-2)$, d'où :

$$5 \leqslant -5y \leqslant 10.$$

$\frac{1}{-1} \leqslant \frac{1}{y} \leqslant \frac{1}{-2}$, d'où $-3 \times \left(-\frac{1}{2}\right) \leqslant x \times \frac{1}{y} \leqslant -6 \times (-1)$, c'est-à-dire :

$$\frac{3}{2} \leqslant \frac{x}{y} \leqslant 6.$$

8 On a $-\frac{1}{3} \leqslant -y \leqslant -\frac{1}{4}$, d'où :

$-\frac{4}{3}-\frac{1}{3} \leqslant x+(-y) \leqslant -\frac{6}{5}-\frac{1}{4}$, c'est-à-dire $-\frac{5}{3} \leqslant x-y \leqslant -\frac{29}{20}$.

On a $\frac{6}{5} \leqslant -x \leqslant \frac{4}{3}$ et $\frac{1}{4} \leqslant y \leqslant \frac{1}{3}$, d'où $\frac{6}{5} \times \frac{1}{4} \leqslant -xy \leqslant \frac{4}{3} \times \frac{1}{3}$, c'est-à-dire :

$\frac{3}{10} \leqslant -xy \leqslant \frac{4}{9}$.

Finalement, $-\frac{4}{9} \leqslant xy \leqslant -\frac{3}{10}$.

On a $\frac{6}{5} \leqslant -x \leqslant \frac{4}{3}$ et $3 \leqslant \frac{1}{y} \leqslant 4$, d'où $\frac{6}{5} \times 3 \leqslant (-x) \times \frac{1}{y} \leqslant \frac{4}{3} \times 4$,

c'est-à-dire : $\frac{18}{5} \leqslant -\frac{x}{y} \leqslant \frac{16}{3}$.

Finalement : $-\frac{16}{3} \leqslant \frac{x}{y} \leqslant -\frac{18}{5}$.

9 Comme x peut être égal à 0, la plus petite valeur de x^2 est 0. On a donc :

$$0 \leqslant x^2 < 9.$$

10 **a.** $x \in [-2\ ;\ 1[$; **b.** $x \in]-\infty\ ;\ 1[$; **c.** $x \in [-4\ ;\ +\infty[$;
d. $x \in]-1\ ;\ 1[$; **e.** $x \in]8\ ;\ +\infty[$.

11 **a.** $-6 < x < 6$. **b.** $-4 \leqslant x \leqslant 4$. **c.** $x \leqslant -5$ ou $x \geqslant 5$.

12 I est donc l'intervalle $]-3\ ;\ 3[$.
Les nombres -2 ; 0 ; 1 appartiennent à cet intervalle.
Les nombres 3 et 6 n'y appartiennent pas.

13 **a.** Le centre est -5, le rayon est 15.
En effet, $I = [-5 - 15\ ;\ -5 + 15]$.
b. $-20 \leqslant x \leqslant 10$.

14 **a.** $I \cap J = [-4\ ;\ 1]$ et $I \cup J = [-8\ ;\ 2]$.
b. $I \cap J = \varnothing$ et $I \cup J = [-7\ ;\ +\infty[$.
c. $I \cap J = \varnothing$ et $I \cup J =]-\infty\ ;\ -5] \cup [0\ ;\ +\infty[$.
d. $I \cap J = \varnothing$ et $I \cup J = \mathbb{R}^*$.
e. $I \cap J = [0\ ;\ 1[$ et $I \cup J = [-3\ ;\ 1]$.
f. $I \cap J =]0\ ;\ 1[$ et $I \cup J =]-1\ ;\ 2]$.

15 Remarquons tout de suite que les deux nombres sont négatifs.

On a d'une part $x^2 = \left(\frac{1-\sqrt{3}}{\sqrt{2}}\right)^2 = \frac{1+3-2\sqrt{3}}{2} = \frac{4-2\sqrt{3}}{2} = 2-\sqrt{3}$, et

d'autre part, $y^2 = \left(-\sqrt{2-\sqrt{3}}\right)^2 = 2-\sqrt{3}$.
On constate que $x^2 = y^2$. Comme x et y sont tous deux de même signe, on en déduit que $x = y$.

16 **a.** Pour démontrer cette inégalité, effectuons la différence des deux membres :

$$\frac{a+b}{4}-\frac{ab}{a+b}=\frac{(a+b)^2}{4(a+b)}-\frac{4ab}{4(a+b)}$$
$$=\frac{(a+b)^2-4ab}{4(a+b)}$$
$$=\frac{a^2+2ab+b^2-4ab}{4(a+b)}$$
$$=\frac{a^2-2ab+b^2}{4(a+b)}$$
$$=\frac{(a-b)^2}{4(a+b)}.$$

Comme a et b sont strictement positifs, il en est de même pour $a+b$.
Le numérateur est un carré, il est donc positif. Par conséquent, on a $\frac{(a-b)^2}{4(a+b)} \geqslant 0$, c'est-à-dire $\frac{a+b}{4}-\frac{ab}{a+b} \geqslant 0$.
On en déduit finalement que :

$$\frac{a+b}{4} \geqslant \frac{ab}{a+b}.$$

b. L'égalité se produit dès lors que la différence calculée ci-avant est nulle.

Or, $\frac{(a-b)^2}{4(a+b)}=0$ lorsque $a=b$.

Ainsi, on a $\frac{a+b}{4}=\frac{ab}{a+b}$ si, et seulement si, $a=b$.

17 **a.** Rappelons que le volume d'une sphère de rayon r est $\frac{4}{3}\pi r^3$.

Comme $1{,}8 \leqslant r \leqslant 2{,}2$, on a :

$$1{,}8^3 \leqslant r^3 \leqslant 2{,}2^3,\text{ c'est-à-dire } 5{,}832 \leqslant r^3 \leqslant 10{,}648.$$

On obtient finalement :

$\frac{4}{3}\times 3{,}1\times 5{,}832 < \frac{4}{3}\pi r^3 < \frac{4}{3}\times 3{,}2\times 10{,}648$, soit $24{,}11 < V < 45{,}44$

(en cm^3, avec deux décimales)

b. Comme $R = 7{,}5$ cm à 1 mm près, on obtient l'encadrement (en mm) :

$$74 \leqslant R \leqslant 76.$$

c. L'épaisseur de la coque est la différence des rayons $R-r$.
Or, $1{,}8 \leqslant r \leqslant 2{,}2$, soit en millimètres $18 \leqslant r \leqslant 22$.
On a donc $-22 \leqslant -r \leqslant -18$, puis $74+(-22) \leqslant R+(-r) \leqslant 76+(-18)$, c'est-à-dire : $52 \leqslant R-r \leqslant 58$.

18

Le jeu du « Plus ou Moins »

Variables
    a, b, n : entiers
Initialisation
    a initialisé à nombre entier aléatoire entre 0 et 100 #nombre à deviner#
    b initialisé à 0 #nombre tenté par l'utilisateur#
    n initialisé à 0 #numéro de l'essai#
Traitement
    Répéter
        Saisir b
        Si $b < a$ alors afficher "Plus"
        Si $b > a$ alors afficher "Moins"
        n prend la valeur $n + 1$ #compteur du nombre de coups#
        Si $n = 10$ alors
            afficher "Perdu"
            fin du programme #au bout de 10 essais, la partie est perdue#
        Jusqu'à $b = a$
    Afficher "Trouvé"
    Afficher n

Commentaires

Dans l'instruction « Répéter ... jusqu'à ... », le test est situé à la fin, ce qui signifie que le traitement de l'instruction est exécuté au moins une fois.

Beaucoup d'améliorations sont envisageables : on peut par exemple demander à l'utilisateur de choisir les bornes entre lesquelles le nombre sera pris aléatoirement et/ou le nombre de coups maximal.

19 1. **Vrai**. Si $a \in \,]0\,;\,1[$, alors $-a < 0$, alors que a^2, a et $\dfrac{1}{a}$ sont positifs.

De plus, pour tout $a \in \,]0\,;\,1[$, on a : $a^2 < a < 1$, alors que $\dfrac{1}{a} > 1$.

2. **Faux**. On a $31{,}5 \leqslant M \leqslant 31{,}7$ et $28{,}3 \leqslant M' \leqslant 28{,}5$, d'où $-28{,}5 \leqslant -M' \leqslant -28{,}3$ et finalement :

$$31{,}5 - 28{,}5 \leqslant M - M' \leqslant 31{,}7 - 28{,}3\text{, soit } 3 \leqslant m \leqslant 3{,}4.$$

3. **Faux**. Le premier nombre est négatif, puisque $3 < \sqrt{11}$, le second est positif.

4. **Faux**. On sait que $-2 < x < 3$, donc x peut être égal à 0. Ainsi, $0 \leqslant x^2 < 9$.

5. **Faux**. On a $2 < x < 5$ et $3 < -y < 4$, d'où $2 \times 3 < x \times (-y) < 5 \times 4$, soit $6 < -xy < 20$. On en déduit que $-20 < xy < -6$.

6. **Faux**. On a $-5 < x < -1$ et $-2 < -y < 1$, d'où :

$$-5 + (-2) < x + (-y) < -1 + 1\text{, soit } -7 < x - y < 0.$$

20 On a $C^2 = (\sqrt{21} + \sqrt{10})^2 = 21 + 2 \times \sqrt{21} \times \sqrt{10} + 10$
$= 31 + 2\sqrt{210}$

et $D^2 = (\sqrt{6} + \sqrt{35})^2 = 6 + 2 \times \sqrt{6} \times \sqrt{35} + 35 = 41 + 2\sqrt{210}$.
Comme $31 < 41$, on en déduit que :

$$31 + 2\sqrt{210} < 41 + 2\sqrt{210}\text{, c'est-à-dire } C^2 < D^2.$$

Or, C et D sont deux nombres positifs et l'on sait que deux nombres positifs et leurs carrés sont rangés dans le même ordre.
On en déduit que $C < D$.

21 **a.** Le carré de $\frac{\sqrt{3}}{2}$ est $\frac{3}{4}$. On sait que des nombres positifs et leurs racines carrées sont rangés dans le même ordre.

Comme $0 < \frac{3}{4} < 1$, on peut écrire $\sqrt{0} < \sqrt{\frac{3}{4}} < \sqrt{1}$, d'où $0 < \frac{\sqrt{3}}{2} < 1$.

b. On remarque que le troisième nombre est $\frac{3\sqrt{3}}{8} = \frac{3}{4} \times \frac{\sqrt{3}}{2} = \left(\frac{\sqrt{3}}{2}\right)^3$. De plus, le deuxième nombre est le carré de $\frac{\sqrt{3}}{2}$.

Or, puisque $0 < \frac{\sqrt{3}}{2} < 1$, on a :

$$\left(\frac{\sqrt{3}}{2}\right)^3 < \left(\frac{\sqrt{3}}{2}\right)^2 < \frac{\sqrt{3}}{2}\text{, c'est-à-dire } \frac{3\sqrt{3}}{8} < \frac{3}{4} < \frac{\sqrt{3}}{2}.$$

Pour le quatrième nombre, il s'agit de l'inverse de $\frac{\sqrt{3}}{2}$. Ce nombre est supérieur à 1, contrairement aux trois autres. Finalement, on obtient :

$$\frac{3\sqrt{3}}{8} < \frac{3}{4} < \frac{\sqrt{3}}{2} < \frac{2}{\sqrt{3}}.$$

22 **a.** On a $a + \frac{1}{a} - 2 = \frac{a^2}{a} + \frac{1}{a} - \frac{2a}{a} = \frac{a^2 - 2a + 1}{a} = \frac{(a-1)^2}{a}$.
Le numérateur est un carré, le dénominateur est un nombre strictement positif. Le quotient est donc toujours positif. Cela signifie que pour tout nombre a strictement positif, on a $a + \frac{1}{a} - 2 \geqslant 0$. Par conséquent, $a + \frac{1}{a} \geqslant 2$.

b. Il y a égalité dès lors que $\frac{(a-1)^2}{a} = 0$, c'est-à-dire $a = 1$.

c. Si a est strictement négatif, $\frac{(a-1)^2}{a}$ est négatif, donc l'inégalité n'est plus vraie.

23 1. L'inégalité $-8 \leqslant x$ s'écrit $x \in [-8 \,;\, +\infty[$.
2. Un intervalle ouvert de longueur 7 dont une borne est 13 est $]13 \,;\, 20[$. (une autre possibilité est $]6 \,;\, 13[$).
3. $I \cup J =]-\infty \,;\, +\infty[$ et $I \cap J =]0 \,;\, 1]$.
4. L'intervalle fermé de centre -1 et de rayon 2 est $[-3 \,;\, 1]$.
5. $\mathbb{R}_+^* \cup \mathbb{R}_-^* = \mathbb{R}^*$.
6. $I = [7 \,;\, 11]$ (en bleu, sur le schéma) et $J = [-3 \,;\, 9[$ (en noir, sur le schéma).

Remarque : la réponse $J = [7 \,;\, 11]$ et $I = [-3 \,;\, 9[$ est bonne également.

24 1. Réponse **b.** : $]4 \,;\, 5[$.
2. Réponse **a.** : $\mathbb{R}^-$.
3. Réponse **d.** : $]-6 \,;\, 2[$.
4. Réponse **c.** : $\{0\}$.
5. Réponse **b.** : $[-3 \,;\, 2]$.

25 • $2 + (-4) < x + y < 3 + (-3)$, d'où $-2 < x + y < 0$.
• $3 < -y < 4$, donc $2 + 3 < x + (-y) < 3 + 4$, soit $5 < x - y < 7$.
• $3 < -y < 4$, donc $2 \times 3 < x \times (-y) < 3 \times 4$, soit $6 < -xy < 12$, et finalement $-12 < xy < -6$.
• $3 < -y < 4$, donc $\frac{1}{4} < \frac{1}{-y} < \frac{1}{3}$, d'où $2 \times \frac{1}{4} < x \times \frac{1}{-y} < 3 \times \frac{1}{3}$, soit $\frac{1}{2} < -\frac{x}{y} < 1$, et finalement $-1 < \frac{x}{y} < -\frac{1}{2}$.

26 **a.** $17 > 16$, donc $\sqrt{17} > \sqrt{16}$, c'est-à-dire $\sqrt{17} > 4$.

On en déduit que $\frac{\sqrt{17}}{4} > 1$.

b. Tout d'abord, on constate que $a^2 = \left(\frac{\sqrt{17}}{4}\right)^2 = \frac{17}{16} = b$ et $c = \frac{1}{a}$.

Étant donné que $a > 1$, on a $\frac{1}{a} < 1$. De plus, on a $a < a^2$. On en déduit que $\frac{1}{a} < a < a^2$, soit $c < a < b$.

27 Notons $a = \sqrt{3} - 1$ et $b = \sqrt{4 - \sqrt{3}}$.

On a $a^2 = (\sqrt{3} - 1)^2 = 3 + 1 - 2\sqrt{3} = 4 - 2\sqrt{3}$

et $b^2 = \left(\sqrt{4 - \sqrt{3}}\right)^2 = 4 - \sqrt{3}$.

On peut commencer par $\sqrt{3} < 2\sqrt{3}$ qui implique $-2\sqrt{3} < -\sqrt{3}$, d'où $4 - 2\sqrt{3} < 4 - \sqrt{3}$.

On a donc $a^2 < b^2$. Comme a et b sont tous deux positifs, ils sont rangés dans le même ordre que leurs carrés, et on conclut : $a < b$ ou encore $\sqrt{3} - 1 < \sqrt{4 - \sqrt{3}}$.

28 Tout d'abord, on factorise : $x^2 - x = x(x - 1)$.
Comme $x \in \left]0\,;1\right[$, on a x strictement positif, et $x - 1$ strictement négatif.
Le produit des deux est donc strictement négatif. On a donc :
$x^2 - x < 0$, c'est-à-dire $x^2 < x$, pour tout $x \in \left]0\,;1\right[$.

29 **a.** On a $P = 2\pi R$.
Avec les encadrements $3{,}14 < \pi < 3{,}15$ et $2{,}8 \leqslant R \leqslant 2{,}9$, on en déduit :

$$2 \times 3{,}14 \times 2{,}8 < 2\pi R < 2 \times 3{,}15 \times 2{,}9,$$

c'est-à-dire $17{,}584 < 2\pi R < 18{,}27$.
Les nombres obtenus s'expriment en cm.
b. On a $\mathcal{A} = \pi R^2 - \pi r^2 = \pi(R^2 - r^2)$.
Avec l'encadrement $2{,}8 \leqslant R \leqslant 2{,}9$, on en déduit :

$$(2{,}8)^2 \leqslant R^2 \leqslant (2{,}9)^2 \text{, c'est-à-dire } 7{,}84 \leqslant R^2 \leqslant 8{,}41.$$

Avec l'encadrement $2{,}1 \leqslant r \leqslant 2{,}2$, on en déduit :

$$(2{,}1)^2 \leqslant r^2 \leqslant (2{,}2)^2 \text{, c'est-à-dire } 4{,}41 \leqslant r^2 \leqslant 4{,}84.$$

On en déduit que $-4{,}84 \leqslant -r^2 \leqslant -4{,}41$, d'où :

$$7{,}84 - 4{,}84 \leqslant R^2 - r^2 \leqslant 8{,}41 - 4{,}41 \text{, c'est-à-dire } 3 \leqslant R^2 - r^2 \leqslant 4.$$

Avec l'encadrement $3{,}14 < \pi < 3{,}15$, on conclut :

$$3 \times 3{,}14 < \pi(R^2 - r^2) < 4 \times 3{,}15 \text{, soit } 9{,}42 < \mathcal{A} < 12{,}6.$$

Les nombres obtenus s'expriment en cm^2.

4
Calculs algébriques

I ÉQUATIONS

On peut à chaque membre d'une équation ajouter ou retrancher un même nombre.

On peut aussi multiplier ou diviser par un même nombre, **si celui-ci n'est pas nul**.

En effectuant ces manipulations, on obtient des équations différentes, mais qui ont les mêmes solutions. On dit qu'elles sont équivalentes.

Entre deux équations équivalentes, on peut utiliser le symbole $\Leftrightarrow$.

1. Équations produits

Théorème

Un produit de facteurs est nul si, et seulement si, l'un des facteurs au moins est nul.

En d'autres termes, avec a et b deux réels quelconques :

$$ab = 0 \Leftrightarrow a = 0 \text{ ou } b = 0.$$

2. Équations quotients

Théorème

Un quotient est nul si, et seulement si, le numérateur est nul et le dénominateur n'est pas nul.

En d'autres termes, avec a et b deux réels quelconques :

$$\frac{a}{b} = 0 \Leftrightarrow a = 0 \text{ et } b \neq 0.$$

3. Produit en croix

Un produit en croix est possible dès lors que l'on est présence d'une égalité de deux fractions.

Théorème

Soit a, b, c et d quatre nombres réels quelconques tels que $b \neq 0$ et $d \neq 0$.

$$\frac{a}{b} = \frac{c}{d} \Leftrightarrow ad = bc.$$

II INÉQUATIONS

1. Signe de $ax + b$

Si $a \neq 0$, le nombre $ax + b$ s'annule en $-\dfrac{b}{a}$.

■ 1er cas : $a > 0$

Si $x \in \left]-\infty\,;\,-\dfrac{b}{a}\right[$, alors $ax + b < 0$.

Si $x \in \left[-\dfrac{b}{a}\,;\,+\infty\right[$, alors $ax + b \geqslant 0$.

■ 2e cas : $a < 0$

Si $x \in \left]-\infty\,;\,-\dfrac{b}{a}\right[$, alors $ax + b > 0$.

Si $x \in \left[-\dfrac{b}{a}\,;\,+\infty\right[$, alors $ax + b \leqslant 0$.

2. Tableau de signes

■ À chaque fois qu'une expression se présente sous la forme factorisée :

$$(ax+b)(a'x+b') \text{ ou } \frac{ax+b}{a'x+b'},$$

il est possible d'utiliser les résultats ci-dessus pour chacun des termes, et de rassembler les résultats dans un tableau, de façon à appliquer la règle des signes.

■ Remarques pour remplir un tableau de signes

- Préciser les éventuelles valeurs interdites avant de faire le tableau.
- Ranger les valeurs de la première ligne dans l'ordre croissant.
- Ne pas oublier les 0 dans le tableau.
- Utiliser une double-barre dans le tableau pour indiquer les valeurs interdites.
- Donner une conclusion claire après le tableau.

EXERCICES D'APPLICATION

CALCUL LITTÉRAL

1 | ★ | 10 min | ▸ P. 74

Développer et réduire les expressions suivantes :

a. $-5(4x-7)$

b. $(-4x-3)(5x-1)$

c. $(x+3)(-x+2)(5x-1)$

d. $-3(2-7x)(3x-2)$

2 | ★ | 10 min | ▸ P. 74

Développer les expressions suivantes :

a. $(x-2)^2$ **b.** $(3x+1)^2$ **c.** $(4x-7)^2$

d. $(5-2x)^2$ **e.** $(x-4)(x+4)$ **f.** $(5x-2)(5x+2)$

g. $(1-4x^2)(1+4x^2)$

RÉSOLUTION D'ÉQUATIONS

3 | ★ | 10 min | ▸ P. 74

Résoudre dans $\mathbb{R}$:

a. $x^2+x-8=(x-1)(x+7)$ **b.** $4(x+5)(x-2)=4x^2$

4 | ★ | 5 min | ▸ P. 74

Résoudre dans $\mathbb{R}$:

a. $(3x-2)(2x+5)=0$ **b.** $-5(1-5x)(x+2)^2=0$

5 | ★ | 5 min | ▸ P. 75

Résoudre dans $\mathbb{R}$:

a. $\dfrac{3x-2}{x+4}=0$ **b.** $\dfrac{x^2-100}{2x-1}=0$

c. $\dfrac{2x+1}{4x+1}=\dfrac{x+3}{2x-5}$ **d.** $x-1=\dfrac{1}{x+1}$

6

★ | 10 min | ▶ P. 75

Résoudre dans $\mathbb{R}$:

a. $(x-4)(3-2x)=(x-4)^2$ **b.** $2x(3x-1)-(5x+1)(3x-1)=0$

7

★ | 10 min | ▶ P. 75

Résoudre dans $\mathbb{R}$:

a. $x(x-2)=(x-1)^2$ **b.** $4(x+1)=(x+2)^2-x^2$

ÉTUDE DE SIGNES

8

★ | 5 min | ▶ P. 76

Préciser le signe de :

a. $4x-7$ **b.** $-3x-5$ **c.** $-5(1+2x)^2$ **d.** x^2+5

9

★ | 20 min | ▶ P. 76

Étudier le signe des expressions suivantes :

a. $A(x)=(6x-1)(4x+3)$

b. $B(x)=-4(-3x+1)(-x-7)$

c. $C(x)=\dfrac{2x}{5-x}$

d. $D(x)=-4\,\dfrac{3-5x}{2-x}$

e. $E(x)=-5x^2(x-4)$

10

★ | 5 min | ▶ P. 78

Compléter le tableau de signes suivant en remplissant la première colonne. (Plusieurs réponses sont possibles.)

x	$-\infty$	1	4	$+\infty$
	+	–	–	
	–	–	+	
	–	+	–	

11 ★ | 5 min | ▶ P. 78

Utiliser la conclusion donnée après ce tableau pour retrouver les éléments manquants (plusieurs réponses sont possibles) :

x	$-\infty$		0		2		$+\infty$
		$-$					
$A(x)$			‖				

Ainsi, d'après ce tableau :

- si $x \in]-\infty\,;0[\,\cup\,]2\,;+\infty[$, alors $A(x) < 0$;
- si $x \in]0\,;2]$, alors $A(x) \geqslant 0$.

Résolution d'inéquations

12 ★ | 5 min | ▶ P. 78

Résoudre les inéquations suivantes dans $\mathbb{R}$:

a. $(x-1)^2 \geqslant 0$

b. $(x-1)^2 > 0$

c. $(x-1)^2 \leqslant 0$

d. $(x-1)^2 < 0$

13 ★ | 10 min | ▶ P. 78

Résoudre les inéquations suivantes dans $\mathbb{R}$:

a. $4x(x-2) > (2x-1)^2$

b. $(x-1)(-3x+15) > 0$

c. $-2(3-x)(-x+6) \leqslant 0$

d. $(6-x)(5-x) \leqslant 30$

Algorithmique

14 ★ | 10 min | ▶ P. 79

Écrire un algorithme qui affiche l'unique racine d'une fonction affine f définie par $f(x) = ax + b$. Traiter le cas particulier $a = 0$.

Exercices d'entraînement

Calcul littéral

15 | ★★ | 30 min | ▸ p. 79

Factoriser les expressions suivantes :

a. $4x^2 + 6x$
b. $12x^4 - 16x^2 + 20x$
c. $(x+1)(1-4x) + (x+1)(2x-3)$
d. $4(x+1) + (x+1)^2$
e. $(x+1)^2 - 7(x+1)(2x-3)$
f. $4x(x+3) - 2x^2(x+3)$
g. $-(x-4)^2 + (3-x)(4-x) - 5x(2x-8)$

16 | ★★ | 15 min | ▸ p. 80

Mettre au même dénominateur les expressions suivantes :

a. $\dfrac{1}{x} + \dfrac{1}{x+1}$
b. $\dfrac{x}{x+3} - \dfrac{x-1}{x-4}$
c. $\dfrac{3}{x^2-1} + \dfrac{2}{x-1} - \dfrac{1}{x+1}$

17 | ★★ | 15 min | ▸ p. 80

Factoriser les expressions suivantes :

a. $9x^2 - 1$
b. $49 - 100x^2$
c. $(2x-1)^2 - 16$
d. $(2x-1)^2 - 16x^2$
e. $(2x-1)^2 - (x-4)^2$
f. $9(2x-1)^2 - \dfrac{1}{16}(x-4)^2$

Résolution d'inéquations

18 | ★★ | 10 min | ▸ p. 81

Résoudre les inéquations suivantes dans $\mathbb{R}$:

a. $\dfrac{3x-2}{x(-x+4)} \leqslant 0$
b. $\dfrac{-3x^2}{1+5x} \geqslant 0$

19 | ★★ | 15 min | ▸ p. 82

Résoudre les systèmes d'inéquations :

a. $\begin{cases} 3x+1 < 25 \\ -8x \leqslant 4 \end{cases}$
b. $\begin{cases} -5 < 2x+3 < 13 \\ -7x \geqslant 0 \end{cases}$

20 | ★★★ | 30 min | ▸ p. 82

On considère une expression de la forme $(ax+b)(a'x+b')$, où $a \neq 0$, $a' \neq 0$. Écrire un algorithme qui remplace un tableau de signes et donne le signe de cette expression.

Contrôle

21 QCM

★ 6 points, 10 min ▸ P. 83

Pour chacune des questions, une et une seule proposition est exacte.

1. $100\ 001^2 - 99\ 999^2 = \ldots$:

a. 4. **b.** 8 000. **c.** 100 000. **d.** 400 000.

2. L'équation $x^4 = 81$ admet dans $\mathbb{R}$:

a. 0 solution.
b. une solution.
c. deux solutions.
d. quatre solutions.

3. L'inéquation $-5x < 0$ équivaut à :

a. $x < 5$. **b.** $x < \frac{1}{5}$. **c.** $x > -\frac{1}{5}$. **d.** $x > 0$.

4. Si $A(x) = 5(x^2 + 9)(2x + 1)^2$, alors :

a. pour tout $x \in \mathbb{R}$, $A(x) > 0$.
b. pour tout $x \in \mathbb{R}$, $A(x) \geqslant 0$.
c. $A(x)$ change de signe en -3 et en 3.
d. $A(x)$ change de signe en $-\frac{1}{2}$.

5. L'équation $\frac{2x-8}{x-6} = 0$ admet dans $\mathbb{R}$:

a. 0 solution. **b.** une solution : 2.
c. une solution : 4. **d.** deux solutions : 4 et 6.

6. $x^2 \leqslant 1\ 000^2$ équivaut à :

a. $x \leqslant 1\ 000$. **b.** $x \in [-1\ 000\ ;\ 1\ 000]$.
c. $x \in [0\ ;\ 1\ 000]$. **d.** $x > 1\ 000$.

22

★★ 2 points, 5 min ▸ P. 83

Résoudre dans $\mathbb{R}$ l'équation : $\frac{1}{x+1} - \frac{1}{x+4} = \frac{3}{x}$.

23

★ 2 points, 5 min ▸ P. 84

Résoudre dans $\mathbb{R}$ l'inéquation : $x(2x + 1) > 3x(1 - 3x)$.

24 VRAI OU FAUX ? | ★ | 5 points, 5 min | ▶ P. 84

Dire si les affirmations suivantes sont vraies ou fausses.

1. $2x + 4$ est positif sur $\mathbb{R}$.

2. $x^4 - y^4 = (x - y)(x + y)(x^2 + y^2)$.

3. $x(x + 2) < 2(x + 2)$ équivaut à $x < 2$.

4. Pour tout $x \in \mathbb{R}\backslash\{-1 ; 0\}$, $\dfrac{x+1}{x} - \dfrac{x}{x+1} = \dfrac{2x+1}{x(x+1)}$.

5. L'arrondi à l'unité du carré est égal au carré de l'arrondi à l'unité.

25 | ★ | 1 point, 5 min | ▶ P. 84

Résoudre dans $\mathbb{R}$ l'équation : $-3(x^2 + 2)(x - 4)^2 = 0$.

26 | ★★ | 4 points, 10 min | ▶ P. 84

Résoudre dans $\mathbb{R}$ les inéquations :

a. $4 \leqslant \dfrac{7-2x}{3x} \leqslant 11$.

b. $4x^3 < x$.

Contrôle

27

|★★|10 points, 30 min| ▶P. 85|

Résoudre dans $\mathbb{R}$ les équations suivantes :

a. $3(x+10)(8-3x)=4(8-3x)$

b. $4x^2-x+(4x-1)^2=2(1-4x)$

c. $(x-3)^2=\frac{4}{25}(2x-7)^2$

d. $\frac{8x(1-4x)}{4-5x}=0$

e. $\frac{3}{4x}=\frac{4x}{3}$.

28

|★|2 points, 5 min| ▶P. 86|

Étudier le signe de $A(x)=\frac{-2x^2(-3x+5)}{x+2}$.

29

|★★|2 points, 5 min| ▶P. 86|

Voici la conclusion d'une étude de signe :

Si $x \in \left]-\infty\,;-2\right] \cup \left[\frac{1}{4}\,;+\infty\right[$, alors $A(x) \geqslant 0$.

Si $x \in \left[-2\,;\frac{1}{4}\right]$, alors $A(x) \leqslant 0$.

Sachant que $A(x)$ est sous la forme $(ax+b)(a'x+b')$, proposer, en justifiant la réponse, une expression possible pour $A(x)$.

30

|★★|6 points, 15 min| ▶P. 87|

Résoudre dans $\mathbb{R}$ les inéquations suivantes :

a. $\frac{5-4x}{3x-5} \leqslant 2$

b. $\frac{x}{8} > \frac{8}{x}$

c. $-2(6-5x)(2x+7)<0$.

Corrigés

1 **a.** $-5(4x-7)=-20x+35$.

b. $(-4x-3)(5x-1)=-20x^2+4x-15x+3$.
$=-20x^2-11x+3$.

c. $(x+3)(-x+2)(5x-1)=(-x^2+2x-3x+6)(5x-1)$
$=(-x^2-x+6)(5x-1)$
$=-5x^3+x^2-5x^2+x+30x-6$
$=-5x^3-4x^2+31x-6$.

d. $-3(2-7x)(3x-2)=-3(6x-4-21x^2+14x)$
$=-3(-21x^2+20x-4)$
$=63x^2-60x+12$.

2 **a.** $(x-2)^2=x^2-4x+4$.

b. $(3x+1)^2=9x^2+6x+1$.

c. $(4x-7)^2=16x^2-56x+49$.

d. $(5-2x)^2=4x^2-20x+25$

e. $(x-4)(x+4)=x^2-16$.

f. $(5x-2)(5x+2)=25x^2-4$.

g. $(1-4x^2)(1+4x^2)=1-16x^4$.

3 **a.** $x^2+x-8=(x-1)(x+7) \Leftrightarrow x^2+x-8=x^2-x+7x-7$
$\Leftrightarrow x-8=6x-7$
$\Leftrightarrow x-6x=-7+8$
$\Leftrightarrow -5x=1 \Leftrightarrow x=-\dfrac{1}{5}$.

b. $4(x+5)(x-2)=4x^2 \Leftrightarrow 4(x^2+5x-2x-10)=4x^2$
$\Leftrightarrow 4(x^2+3x-10)=4x^2$
$\Leftrightarrow x^2+3x-10=x^2$
$\Leftrightarrow 3x-10=0$
$\Leftrightarrow x=\dfrac{10}{3}$.

4 **a.** $(3x-2)(2x+5)=0 \Leftrightarrow 3x-2=0$ ou $2x+5=0$
$\Leftrightarrow x=\dfrac{2}{3}$ ou $x=-\dfrac{5}{2}$.

b. $-5(1-5x)(x+2)^2=0 \Leftrightarrow 1-5x=0$ ou $x+2=0$
$\Leftrightarrow x=\dfrac{1}{5}$ ou $x=-2$.

5 **a.** Valeur interdite : -4.

$$\frac{3x-2}{x+4}=0 \Leftrightarrow 3x-2=0$$
$$\Leftrightarrow x=\frac{2}{3}.$$

b. Valeur interdite : $\frac{1}{2}$.

$$\frac{x^2-100}{2x-1}=0 \Leftrightarrow x^2-100=0 \Leftrightarrow x^2=100 \Leftrightarrow x=10 \text{ ou } x=-10.$$

c. Valeurs interdites : $-\frac{1}{4}$ et $\frac{5}{2}$.

$$\frac{2x+1}{4x+1}=\frac{x+3}{2x-5} \Leftrightarrow (2x+1)(2x-5)=(4x+1)(x+3)$$
$$\Leftrightarrow 4x^2-10x+2x-5=4x^2+12x+x+3$$
$$\Leftrightarrow -8x-5=13x+3$$
$$\Leftrightarrow -21x=8$$
$$\Leftrightarrow x=-\frac{8}{21}.$$

d. Valeur interdite : -1.

$$x-1=\frac{1}{x+1} \Leftrightarrow (x-1)(x+1)=1 \Leftrightarrow x^2-1=1 \Leftrightarrow x^2=2$$
$$\Leftrightarrow x=\sqrt{2} \text{ ou } x=-\sqrt{2}.$$

6 **a.** $(x-4)(3-2x)=(x-4)^2 \Leftrightarrow (x-4)(3-2x)-(x-4)^2=0$

$$\Leftrightarrow (x-4)[(3-2x)-(x-4)]=0$$
$$\Leftrightarrow (x-4)(3-2x-x+4)=0$$
$$\Leftrightarrow (x-4)(-3x+7)=0$$
$$\Leftrightarrow x-4=0 \text{ ou } -3x+7=0$$
$$\Leftrightarrow x=4 \text{ ou } x=\frac{7}{3}.$$

b. $2x(3x-1)-(5x+1)(3x-1)=0 \Leftrightarrow (3x-1)[2x-(5x+1)]=0$

$$\Leftrightarrow (3x-1)(2x-5x-1)=0$$
$$\Leftrightarrow (3x-1)(-3x-1)=0$$
$$\Leftrightarrow 3x-1=0 \text{ ou } -3x-1=0$$
$$\Leftrightarrow x=\frac{1}{3} \text{ ou } x=-\frac{1}{3}.$$

7 **a.** $x(x-2)=(x-1)^2 \Leftrightarrow x^2-2x=x^2-2x+1 \Leftrightarrow 0=1$.
Cette équation n'a pas de solution.
b. $4(x+1)=(x+2)^2-x^2 \Leftrightarrow 4x+4=x^2+4x+4-x^2 \Leftrightarrow 0=0$.
Tout nombre réel est solution de cette équation.

8 **a.** $4x-7$ s'annule en $\frac{7}{4}$.

Si $x \leqslant \frac{7}{4}$, alors $4x-7 \leqslant 0$. Si $x \geqslant \frac{7}{4}$, alors $4x-7 \geqslant 0$.

b. $-3x-5$ s'annule en $-\frac{5}{3}$.

Si $x \leqslant -\frac{5}{3}$, alors $-3x-5 \geqslant 0$. Si $x \geqslant -\frac{5}{3}$, alors $-3x-5 \leqslant 0$.

c. $-5(1+2x)^2$ est le produit d'un nombre négatif par un carré, qui est toujours positif. Donc pour tout $x \in \mathbb{R}$, $-5(1+2x)^2 \leqslant 0$.

d. x^2+5 est la somme d'un carré, toujours positif, et d'un nombre positif. Par conséquent, pour tout $x \in \mathbb{R}$, $x^2+5>0$.

9 **a.**

x	$-\infty$		$-\frac{3}{4}$		$\frac{1}{6}$		$+\infty$
$6x-1$		$-$	|	$-$	0	$+$	
$4x+3$		$-$	0	$+$	|	$+$	
$A(x)$		$+$	0	$-$	0	$+$	

Conclusion : si $x \in \left]-\infty\,;-\frac{3}{4}\right] \cup \left[\frac{1}{6}\,;+\infty\right[$, alors $A(x) \geqslant 0$.

Si $x \in \left[-\frac{3}{4}\,;\frac{1}{6}\right]$, alors $A(x) \leqslant 0$.

b. $B(x) = -4(-3x+1)(-x-7) = 4(3x-1)(-x-7)$

x	$-\infty$		-7		$\frac{1}{3}$		$+\infty$
$4(3x-1)$		$-$	|	$-$	0	$+$	
$-x-7$		$+$	0	$-$	|	$-$	
$B(x)$		$-$	0	$+$	0	$-$	

Conclusion : si $x \in]-\infty\,;-7] \cup \left[\frac{1}{3}\,;+\infty\right[$, alors $B(x) \leqslant 0$.

Si $x \in \left[-7\,;\frac{1}{3}\right]$, alors $B(x) \geqslant 0$.

c. Valeur interdite : 5.

x	$-\infty$		0		5		$+\infty$
$2x$		$-$	0	$+$	|	$+$	
$5-x$		$+$	|	$+$	0	$-$	
$C(x)$		$-$	0	$+$	||	$-$	

Conclusion : si $x \in\ ]-\infty\ ;\ 0] \cup\ ]5\ ;\ +\infty[$, alors $C(x) \leqslant 0$.
Si $x \in [0\ ;\ 5[$, alors $C(x) \geqslant 0$.

d. Valeur interdite : 2.

$D(x) = -4\ \dfrac{3-5x}{2-x} = \dfrac{4(-3+5x)}{2-x}$

x	$-\infty$		$\frac{3}{5}$		2		$+\infty$
$4(-3+5x)$		$-$	0	$+$	|	$+$	
$2-x$		$+$	|	$+$	0	$-$	
$D(x)$		$-$	0	$+$	||	$-$	

Conclusion : si $x \in \left]-\infty\ ;\ \dfrac{3}{5}\right] \cup\ ]2\ ;\ +\infty[$, alors $D(x) \leqslant 0$.

Si $x \in \left[\dfrac{3}{5}\ ;\ 2\right[$, alors $D(x) \geqslant 0$.

e.

x	$-\infty$		0		4		$+\infty$
$-5x^2$		$-$	0	$-$	|	$-$	
$x-4$		$-$	|	$-$	0	$+$	
$E(x)$		$+$	0	$+$	0	$-$	

Conclusion : si $x \in\ ]-\infty\ ;\ 4]$, alors $E(x) \geqslant 0$. Si $x \in [4\ ;\ +\infty[$, alors $E(x) \leqslant 0$.

10

x	$-\infty$		1		4		$+\infty$
$-x+1$		+	0	−	|	−	
$x-4$		−	|	−	0	+	
$(-x+1)(x-4)$		−	0	+	0	−	

11

x	$-\infty$		0		2		$+\infty$
$-x+2$		+	|	+	0	−	
x		−	0	+	|	+	
$A(x)=\dfrac{2-x}{x}$		−	||	+	0	−	

12 **a.** Un carré est toujours positif. Cette inéquation est vérifiée pour tout $x \in \mathbb{R}$.

b. Cette inéquation est vérifiée pour tout $x \in \mathbb{R}$, sauf 1. L'ensemble des solutions est $]-\infty\,;\,1[\,\cup\,]1\,;\,+\infty[$.

c. Cette inéquation n'est vérifiée que par un seul réel, le nombre 1.

d. Cette inéquation n'est vérifiée par aucun réel.

13 **a.**

$$\begin{aligned}4x(x-2) > (2x-1)^2 &\Leftrightarrow 4x^2-8x > 4x^2-4x+1\\ &\Leftrightarrow -8x > -4x+1\\ &\Leftrightarrow -4x > 1\\ &\Leftrightarrow x < -\frac{1}{4}.\end{aligned}$$

Les solutions de cette inéquation sont les réels de l'intervalle $\left]-\infty\,;\,-\dfrac{1}{4}\right[$.

b.

x	$-\infty$		1		5		$+\infty$
$x-1$		−	0	+	|	+	
$-3x+15$		+	|	+	0	−	
$(x-1)(-3x+15)$		−	0	+	0	−	

Conclusion : $(x-1)(-3x+15) > 0 \Leftrightarrow x \in\,]1\,;\,5[$.

c.

$$\begin{aligned}-2(3-x)(-x+6) \leqslant 0 &\Leftrightarrow 2(3-x)(x-6) \leqslant 0\\ &\Leftrightarrow 2(x-3)(x-6) \geqslant 0\end{aligned}$$

x	$-\infty$		3		6		$+\infty$
$2(x-3)$		$-$	0	$+$	|	$+$	
$x-6$		$-$	|	$-$	0	$+$	
$2(x-3)(x-6)$		$+$	0	$-$	0	$+$	

Conclusion :
$2(x-3)(x-6) \geqslant 0 \Leftrightarrow x \in]-\infty\,;3] \cup [6\,;+\infty[$.

d. $(6-x)(5-x) \leqslant 30 \Leftrightarrow 30-6x-5x+x^2 \leqslant 30$
$\Leftrightarrow -11x+x^2 \leqslant 0$
$\Leftrightarrow x(x-11) \leqslant 0$

x	$-\infty$		0		11		$+\infty$
x		$-$	0	$+$	|	$+$	
$x-11$		$-$	|	$-$	0	$+$	
$x(x-11)$		$+$	0	$-$	0	$+$	

Conclusion : $x(x-11) \leqslant 0 \Leftrightarrow x \in [0\,;11]$.

14

Racine d'une fonction affine

```
Variables
        a, b, r : réels
Entrées
        Saisir a, b
Traitement
        Si a = 0 alors
                Afficher « pas de racine »
            sinon
                r prend la valeur -b/a
                Afficher r
```

15 **a.** $4x^2+6x=2x(2x+3)$.

b. $12x^4-16x^2+20x=4x(3x^3-4x+5)$.

c. $(x+1)(1-4x)+(x+1)(2x-3)=(x+1)(1-4x+2x-3)$
$=(x+1)(-2-2x)$
$=-2(x+1)(1+x)=-2(x+1)^2$.

d. $4(x+1)+(x+1)^2=(x+1)(4+x+1)=(x+1)(x+5)$.

e. $(x+1)^2-7(x+1)(2x-3)=(x+1)[(x+1)-7(2x-3)]$
$=(x+1)(x+1-14x+21)$
$=(x+1)(-13x+22)$.

f. $4x(x+3) - 2x^2(x+3) = (x+3)(4x - 2x^2)$
$= 2x(x+3)(2-x)$.

g. $-(x-4)^2 + (3-x)(4-x) - 5x(2x-8)$
$= -(x-4)^2 - (3-x)(x-4) - 10x(x-4)$
$= (x-4)[-(x-4) - (3-x) - 10x]$
$= (x-4)(-x+4-3+x-10x) = (x-4)(1-10x)$.

16 **a.** $\frac{1}{x} + \frac{1}{x+1} = \frac{x+1}{x(x+1)} + \frac{x}{x(x+1)} = \frac{2x+1}{x(x+1)}$.

b. $\frac{x}{x+3} - \frac{x-1}{x-4} = \frac{x(x-4)}{(x+3)(x-4)} - \frac{(x+3)(x-1)}{(x+3)(x-4)}$

$= \frac{x^2 - 4x - (x^2 - x + 3x - 3)}{(x+3)(x-4)}$

$= \frac{x^2 - 4x - x^2 + x - 3x + 3}{(x+3)(x-4)} = \frac{-6x+3}{(x+3)(x-4)}$.

c.

$\frac{3}{x^2-1} + \frac{2}{x-1} - \frac{1}{x+1} = \frac{3}{(x-1)(x+1)} + \frac{2(x+1)}{(x-1)(x+1)} - \frac{(x-1)}{(x-1)(x+1)}$

$= \frac{3 + 2x + 2 - x + 1}{(x-1)(x+1)} = \frac{x+6}{(x-1)(x+1)}$.

17 **a.** $9x^2 - 1 = (3x-1)(3x+1)$

b. $49 - 100x^2 = (7 - 10x)(7 + 10x)$.

c. $(2x-1)^2 - 16 = (2x-1-4)(2x-1+4) = (2x-5)(2x+3)$.

d. $(2x-1)^2 - 16x^2 = (2x-1-4x)(2x-1+4x) = (-2x-1)(6x-1)$.

e. $(2x-1)^2 - (x-4)^2 = [(2x-1) - (x-4)][(2x-1) + (x-4)]$
$= (2x-1-x+4)(2x-1+x-4)$
$= (x+3)(3x-5)$.

f. $9(2x-1)^2 - \frac{1}{16}(x-4)^2 = [3(2x-1)]^2 - \left[\frac{1}{4}(x-4)\right]^2$

$= (6x-3)^2 - \left(\frac{1}{4}x - 1\right)^2$

$= \left[(6x-3) - \left(\frac{1}{4}x - 1\right)\right]\left[(6x-3) + \left(\frac{1}{4}x - 1\right)\right]$

$= \left(6x - 3 - \frac{1}{4}x + 1\right)\left(6x - 3 + \frac{1}{4}x - 1\right)$

$= \left(\frac{23}{4}x - 2\right)\left(\frac{25}{4}x - 4\right)$

$= \frac{1}{16}(23x-8)(25x-16)$.

18 **a.** $\dfrac{3x-2}{x(-x+4)} \leqslant 0$.

Valeurs interdites : 0 et 4.

x	$-\infty$		0		$\frac{2}{3}$		4		$+\infty$
$3x-2$		$-$	|	$-$	0	$+$	|	$+$	
x		$-$	0	$+$	|	$+$	|	$+$	
$-x+4$		$+$	|	$+$	|	$+$	0	$-$	
$\dfrac{3x-2}{x(-x+4)}$		$+$	||	$-$	0	$+$	||	$-$	

Conclusion :

$\dfrac{3x-2}{x(-x+4)} \leqslant 0 \Leftrightarrow x \in \left]0\,;\,\dfrac{2}{3}\right] \cup \left]4\,;+\infty\right[$.

b. Valeur interdite : $-\dfrac{1}{5}$.

$\dfrac{-3x^2}{1+5x} \geqslant 0 \Leftrightarrow \dfrac{3x^2}{1+5x} \leqslant 0$

x	$-\infty$		$-\frac{1}{5}$		0		$+\infty$
$3x^2$		$+$	|	$+$	0	$+$	
$1+5x$		$-$	0	$+$	|	$+$	
$\dfrac{3x^2}{1+5x}$		$-$	||	$+$	0	$+$	

Conclusion : $\dfrac{3x^2}{1+5x} \leqslant 0 \Leftrightarrow x \in \left]-\infty\,;-\dfrac{1}{5}\right[\cup \{0\}$.

19 **a.** $\begin{cases} 3x+1<25 \\ -8x \leqslant 4 \end{cases} \Leftrightarrow \begin{cases} 3x<24 \\ x \geqslant -\dfrac{1}{2} \end{cases} \Leftrightarrow \begin{cases} x<8 \\ x \geqslant -\dfrac{1}{2} \end{cases}$

Les nombres réels vérifiant les deux inégalités sont dans l'intervalle $\left[-\dfrac{1}{2}\ ;\ 8\right[$.

b. $\begin{cases} -5<2x+3<13 \\ -7x \geqslant 0 \end{cases} \Leftrightarrow \begin{cases} -5-3<2x<13-3 \\ x \leqslant 0 \end{cases}$

$\Leftrightarrow \begin{cases} -8<2x<10 \\ x \leqslant 0 \end{cases} \Leftrightarrow \begin{cases} -4<x<5 \\ x \leqslant 0 \end{cases}$

Les nombres réels vérifiant les deux inégalités sont dans l'intervalle $]-4\ ;\ 0]$.

20

Tableau de signes

Variables
    a, a', b, b', r, r' : réels
Entrée
    Saisir a, a', b, b'
Traitement
    r prend la valeur $-\dfrac{b}{a}$
    r' prend la valeur $-\dfrac{b'}{a'}$
    Afficher r, r'
    Si $r=r'$, alors si $aa'>0$, alors afficher « positif sur $\mathbb{R}$ » sinon afficher « négatif sur $\mathbb{R}$ ».
    Si $aa'>0$ alors
        si $r<r'$ alors
            afficher « positif si $x<r$ ou $x>r'$, négatif si $r<x<r'$ »
            sinon
            afficher « positif si $x<r'$ ou $x>r$, négatif si $r'<x<r$ »
        sinon
        si $r<r'$ alors
            afficher « négatif si $x<r$ ou $x>r'$, positif si $r<x<r'$ »
            sinon
            afficher « négatif si $x<r'$ ou $x>r$, positif si $r'<x<r$ »

Commentaires

Les racines des termes du premier degré $ax+b$ et $a'x+b'$ sont $-\frac{b}{a}$ et $-\frac{b'}{a'}$.

L'algorithme traite d'abord l'éventuel cas particulier où $a'x+b'$ et $ax+b$ sont des multiples, ce qui revient à dire que $(ax+b)(a'x+b')$ a un signe constant.

Le signe d'une expression de la forme $(ax+b)(a'x+b')$ est différent selon que x est à l'intérieur des racines ou à l'extérieur. Si a et a' sont du même signe (ce qui revient à dire que leur produit aa' est positif), alors $(ax+b)(a'x+b')$ est positif à l'extérieur des racines, négatif à l'intérieur. Dans le cas contraire (aa' négatif), $(ax+b)(a'x+b')$ est négatif à l'extérieur des racines, positif à l'intérieur.

La difficulté consiste aussi à tenir compte de l'ordre des racines, d'où les multiples cas.

21 1. Réponse **d.**

$$100\ 001^2 - 99\ 999^2 = (100\ 000+1)^2 - (100\ 000-1)^2$$
$$= 2 \times 200\ 000 = 400\ 000.$$

2. Réponse **c.** $x^4 = 81 \Leftrightarrow x^2 = 9 \Leftrightarrow x = -3$ ou $x = 3$.

3. Réponse **d.** $-5x < 0 \Leftrightarrow x > \frac{0}{-5} \Leftrightarrow x > 0$.

4. Réponse **b.** $5(x^2+9) > 0$ et $(2x+1)^2 \geqslant 0$.

5. Réponse **c.** $\frac{2x-8}{x-6} = 0 \Leftrightarrow 2x-8=0$ et $x \neq 6 \Leftrightarrow x = 4$.

6. Réponse **b.** $x^2 \leqslant 1\ 000^2 \Leftrightarrow x \in [-1\ 000\ ;\ 1\ 000]$.

22 Pour tout $x \in \mathbb{R}\backslash\{-4\ ;-1\ ;0\}$:

$$\frac{1}{x+1} - \frac{1}{x+4} = \frac{3}{x} \Leftrightarrow \frac{x+4}{(x+1)(x+4)} - \frac{x+1}{(x+1)(x+4)} = \frac{3}{x}$$

$$\Leftrightarrow \frac{3}{(x+1)(x+4)} = \frac{3}{x} \Leftrightarrow (x+1)(x+4) = x$$

et $(x+1)(x+4) = x \Leftrightarrow x^2 + x + 4x + 4 = x \Leftrightarrow x^2 + 4x + 4 = 0$

$$\Leftrightarrow (x+2)^2 = 0 \Leftrightarrow x = -2$$

23 Pour tout $x \in \mathbb{R}$:

$$x(2x+1) > 3x(1-3x) \Leftrightarrow x(2x+1) - 3x(1-3x) > 0$$
$$\Leftrightarrow x(2x+1-3+9x) > 0$$
$$\Leftrightarrow x(11x-2) > 0.$$

x	$-\infty$ 0	$\frac{2}{11}$	$+\infty$
x	$-$	$+$	$+$
$11x-2$	$-$	$-$	$+$
$x(11x-2)$	$+$	$-$	$+$

Conclusion : $x(11x-2) > 0 \Leftrightarrow x \in \left]-\infty\,;0\right[\cup \left]\frac{2}{11}\,;+\infty\right[$.

24 1. **Faux.** $2x+4 \geqslant 0 \Leftrightarrow 2x \geqslant -4 \Leftrightarrow x \geqslant -2$.

2. **Vrai.** $x^4 - y^4 = (x^2-y^2)(x^2+y^2) = (x-y)(x+y)(x^2+y^2)$.

3. **Faux.** $x(x+2) < 2(x+2) \Leftrightarrow x(x+2) - 2(x+2) < 0$
$\Leftrightarrow (x-2)(x+2) < 0$.
Un tableau de signes montre alors que cela équivaut à $x \in]-2\,;2[$.

4. **Vrai.** Pour $x \in \mathbb{R}\backslash\{-1\,;0\}$:

$$\frac{x+1}{x} - \frac{x}{x+1} = \frac{(x+1)(x+1)-x^2}{x(x+1)} = \frac{(x+1)^2-x^2}{x(x+1)} = \frac{2x+1}{x(x+1)}.$$

5. **Faux.** Il suffit de trouver un contre-exemple pour prouver que cette affirmation est fausse. Prenons $x = 9{,}8$ que l'on arrondit à l'unité à $x = 10$.
On a $x^2 = 96{,}04$, que l'on arrondit à l'unité à $x^2 \approx 96$.
Ainsi, le carré de l'arrondi (100) est différent de l'arrondi du carré.

25 $-3(x^2+2)(x-4)^2 = 0 \Leftrightarrow (x-4)^2 = 0$ car $-3(x^2+2) \neq 0$ pour tout x.
Et $(x-4)^2 = 0 \Leftrightarrow x-4=0 \Leftrightarrow x=4$. L'équation admet une seule solution.

26 **a.** $4 \leqslant \frac{7-2x}{3x} \leqslant 11 \Leftrightarrow 12 \leqslant \frac{7-2x}{x} \leqslant 33 \Leftrightarrow 12 \leqslant \frac{7}{x} - 2 \leqslant 33$

$$\Leftrightarrow 14 \leqslant \frac{7}{x} \leqslant 35 \Leftrightarrow 2 \leqslant \frac{1}{x} \leqslant 5 \Leftrightarrow \frac{1}{5} \leqslant x \leqslant \frac{1}{2}.$$

b. $4x^3 < x \Leftrightarrow 4x^3 - x < 0 \Leftrightarrow x(4x^2-1) < 0$
$\Leftrightarrow x(2x-1)(2x+1) < 0$

x	$-\infty$		$-\frac{1}{2}$		0		$\frac{1}{2}$		$+\infty$
x		$-$	|	$-$	0	$+$	|	$+$	
$2x-1$		$-$	|	$-$	|	$-$	0	$+$	
$2x+1$		$-$	0	$+$	|	$+$	|	$+$	
$x(2x-1)(2x+1)$		$-$	0	$+$	0	$-$	0	$+$	

Conclusion : $x(2x-1)(2x+1) < 0 \Leftrightarrow x \in \left]-\infty\,;-\frac{1}{2}\right[\cup \left]0\,;\frac{1}{2}\right[$.

27 **a.**

$$\begin{aligned} 3(x+10)(8-3x) = 4(8-3x) &\Leftrightarrow 3(x+10)(8-3x) - 4(8-3x) = 0 \\ &\Leftrightarrow (8-3x)[3(x+10)-4] = 0 \\ &\Leftrightarrow (8-3x)(3x+26) = 0 \\ &\Leftrightarrow 8-3x = 0 \text{ ou } 3x+26 = 0 \\ &\Leftrightarrow x = \frac{8}{3} \text{ ou } x = -\frac{26}{3}. \end{aligned}$$

b.

$$\begin{aligned} 4x^2 - x + (4x-1)^2 = 2(1-4x) &\Leftrightarrow x(4x-1) + (4x-1)^2 - 2(1-4x) = 0 \\ &\Leftrightarrow x(4x-1) + (4x-1)^2 + 2(4x-1) = 0 \\ &\Leftrightarrow (4x-1)[x + (4x-1) + 2] = 0 \\ &\Leftrightarrow (4x-1)(5x+1) = 0 \\ &\Leftrightarrow 4x-1 = 0 \text{ ou } 5x+1 = 0 \\ &\Leftrightarrow x = \frac{1}{4} \text{ ou } x = -\frac{1}{5}. \end{aligned}$$

c.

$$\begin{aligned} (x-3)^2 = \frac{4}{25}(2x-7)^2 &\Leftrightarrow (x-3)^2 - \left(\frac{2}{5}(2x-7)\right)^2 = 0 \\ &\Leftrightarrow \left[(x-3) - \frac{2}{5}(2x-7)\right]\left[(x-3) + \frac{2}{5}(2x-7)\right] = 0 \\ &\Leftrightarrow \left(x - 3 - \frac{4}{5}x + \frac{14}{5}\right)\left(x - 3 + \frac{4}{5}x - \frac{14}{5}\right) = 0 \\ &\Leftrightarrow \left(\frac{1}{5}x - \frac{1}{5}\right)\left(\frac{9}{5}x - \frac{29}{5}\right) = 0 \\ &\Leftrightarrow (x-1)(9x-29) = 0 \\ &\Leftrightarrow x-1 = 0 \text{ ou } 9x-29 = 0 \\ &\Leftrightarrow x = 1 \text{ ou } x = \frac{29}{9}. \end{aligned}$$

d. L'équation est définie si, et seulement si, $4 - 5x \neq 0$, c'est-à-dire $x \neq \frac{4}{5}$.

$\frac{8x(1-4x)}{4-5x}=0 \Leftrightarrow 8x(1-4x)=0$

$\Leftrightarrow 8x=0$ ou $1-4x=0 \Leftrightarrow x=0$ ou $x=\frac{1}{4}$.

e. L'équation est définie si, et seulement si, $4x \neq 0$, c'est-à-dire si $x \neq 0$.

$\frac{3}{4x}=\frac{4x}{3} \Leftrightarrow 16x^2=9 \Leftrightarrow x^2=\frac{9}{16} \Leftrightarrow x=\frac{3}{4}$ ou $x=-\frac{3}{4}$.

28 Valeur interdite : -2.

x	$-\infty$		-2		0		$\frac{5}{3}$		$+\infty$
$-2x^2$		$-$	|	$-$	0	$-$	|	$-$	
$-3x+5$		$+$	|	$+$	|	$+$	0	$-$	
$x+2$		$-$	0	$+$	|	$+$	|	$+$	
$\frac{-2x^2(-3x+5)}{x+2}$		$+$	||	$-$	0	$-$	0	$+$	

Conclusion :

Si $x \in \left]-\infty\,;-2\right[\cup \left[\frac{5}{3}\,;+\infty\right[$, alors $A(x) \geqslant 0$.

Si $x \in \left]-2\,;\frac{5}{3}\right]$, alors $A(x) \leqslant 0$.

29 Supposons que $ax+b$ s'annule en -2 et $a'x+b'$ s'annule en $\frac{1}{4}$.

Comme on obtient $A(x) \leqslant 0$ pour $x \in \left[-2\,;\frac{1}{4}\right]$, alors les signes de $ax+b$ et de $a'x+b'$ sont différents dans cette colonne.

On peut envisager la situation suivante :

x	$-\infty$		-2		$\frac{1}{4}$		$+\infty$
$ax+b$		$-$	0	$+$	|	$+$	
$a'x+b'$		$-$	|	$-$	0	$+$	
$(ax+b)(a'x+b')$		$+$	0	$-$	0	$+$	

Dans ce cas, on aurait $a>0$ et $a'>0$. Une possibilité pour $A(x)$ est donc $A(x)=(x+2)\left(x-\frac{1}{4}\right)$.

30 **a.** Le nombre $\frac{5}{3}$ est une valeur interdite.

$$\frac{5-4x}{3x-5} \leqslant 2 \Leftrightarrow \frac{5-4x}{3x-5} - 2 \leqslant 0$$

$$\Leftrightarrow \frac{5-4x}{3x-5} - \frac{2(3x-5)}{3x-5} \leqslant 0$$

$$\Leftrightarrow \frac{5-4x-6x+10}{3x-5} \leqslant 0$$

$$\Leftrightarrow \frac{-10x+15}{3x-5} \leqslant 0$$

$$\Leftrightarrow \frac{-2x+3}{3x-5} \leqslant 0.$$

x	$-\infty$		$\frac{3}{2}$		$\frac{5}{3}$		$+\infty$
$-2x+3$		+	0	−	|	−	
$3x-5$		−	|	−	0	+	
$\frac{-2x+3}{3x-5}$		−	0	+	||	−	

L'ensemble des solutions de l'inéquation $\frac{5-4x}{3x-5} \leqslant 2$ est $\left]-\infty\,;\frac{3}{2}\right] \cup \left]\frac{5}{3}\,;+\infty\right[$.

b. Le nombre 0 est une valeur interdite.

$$\frac{x}{8} > \frac{8}{x} \Leftrightarrow \frac{x}{8} - \frac{8}{x} > 0 \Leftrightarrow \frac{x^2-8^2}{8x} > 0 \Leftrightarrow \frac{(x-8)(x+8)}{8x} > 0$$

x	$-\infty$		-8		0		8		$+\infty$
$x-8$		−	|	−	|	−	0	+	
$x+8$		−	0	+	|	+	|	+	
$8x$		−	|	−	0	+	|	+	
$\frac{(x-8)(x+8)}{8x}$		−	0	+	||	−	0	+	

L'ensemble des solutions de l'inéquation $\frac{x}{8} > \frac{8}{x}$ est $]-8\,;0[\cup]8\,;+\infty[$.

c. $-2(6-5x)(2x+7)<0 \Leftrightarrow (6-5x)(2x+7)>0$

x	$-\infty$		$-\frac{7}{2}$		$\frac{6}{5}$		$+\infty$
$6-5x$		+	|	+	0	−	
$2x+7$		−	0	+	|	+	
$(6-5x)(2x+7)$		−	0	+	0	−	

L'ensemble des solutions de l'inéquation $-2(6-5x)(2x+7)<0$ est $\left]-\frac{7}{2}\,;\frac{6}{5}\right[$.

5

Généralités sur les fonctions

I DÉFINITIONS

Soit D un intervalle ou une réunion d'intervalles de $\mathbb{R}$.

On définit une fonction f de D vers $\mathbb{R}$, si à chaque nombre réel x de l'ensemble D, on peut associer un unique réel noté $f(x)$.

Cette association se note :

$$f : x \mapsto f(x).$$

Dans ces conditions, le nombre $f(x)$ est appelé image de x par f.

Les solutions dans D de l'équation $f(x) = a$, s'il y en a, sont appelées antécédents de a par f.

Remarques

• Pour tout $x \in D$, il y a une unique image par f.

• Un nombre donné peut ne pas avoir d'antécédent, ou bien en avoir un ou plusieurs, ou même une infinité.

II DOMAINE DE DÉFINITION

L'ensemble D, que l'on peut aussi noter D_f, est appelé ensemble de définition (ou domaine de définition) de la fonction f.

Il s'agit de l'ensemble des nombres qui ont une image par f.

III REPRÉSENTATION GRAPHIQUE

On se place dans le plan muni d'un repère orthogonal $(O ; I, J)$.

On appelle représentation graphique de f sur l'ensemble D_f l'ensemble des points de coordonnées $(x ; f(x))$, où $x \in D_f$. On peut noter cet ensemble $\mathscr{C}_f$, et on l'appelle aussi courbe représentative de f.

L'équation $y = f(x)$ est vérifiée par les coordonnées de tous les points de la représentation graphique de f.

On dira donc que cette équation est l'équation de la courbe $\mathscr{C}_f$.

IV SENS DE VARIATION

Soit f définie sur un intervalle I.

■ On dit que f est **croissante** sur I si, pour tous réels a et b de I tels que $a < b$, on a $f(a) \leqslant f(b)$.

■ On dit que f est **strictement croissante** sur I si, pour tous réels a et b de I tels que $a < b$, on a $f(a) < f(b)$.

■ On dit que f est **décroissante** sur I si, pour tous réels a et b de I tels que $a < b$, on a $f(a) \geqslant f(b)$.

■ On dit que f est **strictement décroissante** sur I si, pour tous réels a et b de I tels que $a < b$, on a $f(a) > f(b)$.

■ On dit que f est **constante** sur I si, pour tous réels a et b de I tels que $a < b$, on a $f(a) = f(b)$.

V MINIMUM ET MAXIMUM

Soit f définie sur un intervalle I.

■ On dit que f admet un maximum en a sur I, lorsque pour tout $x \in \mathrm{I}$, $f(x) \leqslant f(a)$.

■ On dit que f admet un minimum en a sur I, lorsque pour tout $x \in \mathrm{I}$, $f(x) \geqslant f(a)$.

EXERCICES D'APPLICATION

IMAGES, LECTURES GRAPHIQUES

1 VRAI OU FAUX ? | ★ | 5 min | ▶ P. 100 |

On sait que $f(2) = -1$.

a. -1 a pour image 2.

b. -1 est l'image de 2.

c. 2 est un antécédent de -1.

d. 2 a pour antécédent -1.

e. 2 est une solution de l'équation $f(x) = -1$.

f. Le point M de coordonnées $(2\ ;\ -1)$ est sur la courbe représentant f.

g. Le point de la courbe d'ordonnée 2 a pour abscisse -1.

2 VRAI OU FAUX ? | ★ | 5 min | ▶ P. 100 |

Le graphique ci-dessous représente une fonction f sur l'intervalle $[-1\ ;\ 3]$.

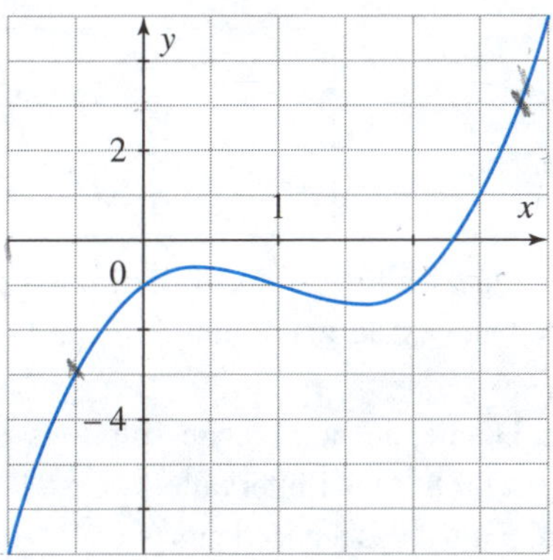

a. -1 a pour image 1.

b. -2 est l'image de 1.

c. 3 a pour image 5.

d. -1 a pour image -7.

e. -1 est un antécédent de 0.

f. -1 a trois antécédents.

g. 1 a deux images.

h. Tout nombre compris entre -1 et 3 a une seule image.

i. Si $x \in [0\ ;\ 2]$, alors son image est élément de $[-2\ ;\ 0]$.

3 | ★ | 10 min | ▶ P. 100 |

Soit f la fonction définie sur $\mathbb{R}$ par $f(x) = \dfrac{2x}{x^2+1}$ représentée par la courbe $\mathscr{C}_f$.

a. Calculer l'image de 3 par f.

b. Le point $A(1\ ;\ 1)$ appartient-il à $\mathscr{C}_f$?
Même question avec le point $B(2\ ;\ 7)$.

c. Déterminer les éventuels antécédents de -1 par f.

d. Résoudre dans $\mathbb{R}$ l'inéquation $f(x) \leqslant 1$.

4

| ★ | 5 min | ▸ P. 100

La courbe ci-contre est la représentation graphique d'une fonction f définie sur $[-4\ ;\ 4]$.

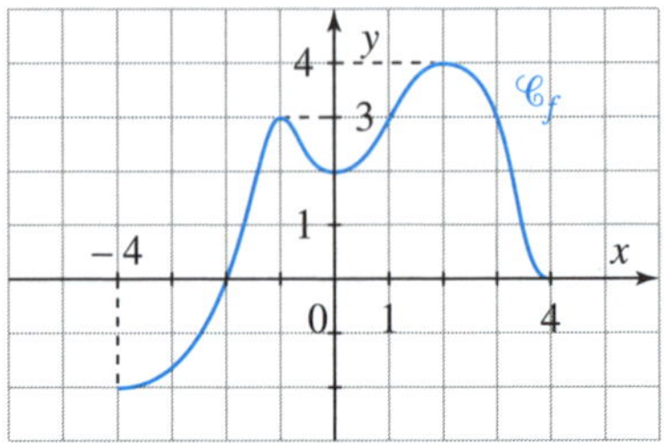

a. Quelle est l'image de 1 par f ?

b. Résoudre dans $[-4\ ;\ 4]$ les équations $f(x)=0$ et $f(x)=-3$.

c. Résoudre dans $[-4\ ;\ 4]$ les inéquations $f(x)<0$ et $f(x)\geqslant 2$.

Sens de variation, ensemble de définition

5

| ★ | 5 min | ▸ P. 101

Dresser le tableau des variations de la fonction représentée dans l'exercice 4 ci-dessus.

6

| ★ | 5 min | ▸ P. 101

On considère une fonction f dont voici le tableau des variations :

x	-6		-1		3		8
f	5	↘	-2	↗	3	↘	0

a. Quel est l'ensemble de définition de f ?

b. Quel est le maximum de f sur $[-6\ ;\ 8]$? Quel est le minimum de f sur $[-6\ ;\ 8]$?

c. Donner le nombre de solutions des équations $f(x)=0$, $f(x)=3{,}5$ et $f(x)=8$ dans l'intervalle $[-6\ ;\ 8]$?

d. 5 a-t-il des antécédents par f ?

7

| ★ | 5 min | ▸ P. 101

Dans chaque cas, construire une courbe qui pourrait représenter une fonction f.

• **Courbe 1 :** f est définie sur $[-4\ ;\ 6]$, croissante sur $[-4\ ;\ 0]$, décroissante sur $[0\ ;\ 3]$, et croissante sur $[3\ ;\ 6]$. De plus, $f(-3)=-2$, $f(0)=2$ et $f(3)=-1$.

• **Courbe 2 :** f est définie sur $[-4\ ;\ 2]$, est croissante et positive sur $[-4\ ;\ -1]$, s'annule deux fois sur $[-1\ ;\ 2]$, et admet un minimum égal à -2 sur $[-1\ ;\ 2]$.

8

★ | 10 min | ▶ P. 101

a. Montrer que la fonction $f : x \mapsto (x+1)^2 - 1$ est croissante sur l'intervalle $[-1\,;+\infty[$.

b. Montrer que la fonction $f : x \mapsto \dfrac{1}{x+7}$ est décroissante sur l'intervalle $]-7\,;+\infty[$.

9

★ | 20 min | ▶ P. 102

Dans chaque cas, déterminer l'ensemble de définition de f.

a. $f(x) = x^4 - x^2$

b. $f(x) = \dfrac{x}{x^2+1}$

c. $f(x) = \sqrt{4 - x^2}$

d. $f(x) = \dfrac{3x+7}{2x-5}$

e. $f(x) = \sqrt{7x-1}$

f. $f(x) = \dfrac{-4}{(1-x)(3x+2)}$

EXERCICES D'ENTRAÎNEMENT

10

★ | 15 min | ▶ P. 102

On considère la fonction $f : x \mapsto \dfrac{3x+2}{x-4}$, définie sur $]4\,;+\infty[$.

a. Montrer que $f(x) = 3 + \dfrac{14}{x-4}$.

b. Étudier le sens de variation de f sur $]4\,;+\infty[$.

11

★ | 5 min | ▶ P. 103

Soit g une fonction définie sur $I = [-4\,;4]$.

Construire, dans le repère de la page suivante, une courbe représentant g sachant que :

- Les nombres $-3{,}5$; $-0{,}5$ et 3 ont tous trois 0 comme image par g.
- L'image de 4 par g est 1.
- $g(-4) > -1$.
- La fonction g admet sur I un minimum en 1.
Ce minimum est égal à -3.
- La fonction g admet sur I un maximum en -2.
Ce maximum est égal à 4.
- La courbe coupe l'axe des ordonnées en un point d'ordonnée -2.

• La fonction g est croissante sur $[-4 ; -2]$, décroissante sur $[-2 ; 1]$, et croissante sur $[1 ; 4]$.

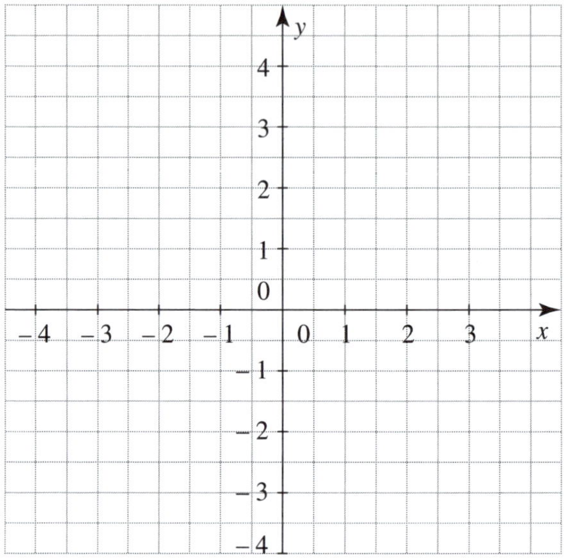

12

★★ | 30 min | ▶ P. 103

Soit f la fonction définie sur $\mathbb{R}$ par :

$$f(x) = \frac{8}{x^2 + 1}.$$

On note $\mathscr{C}_f$ la courbe représentant f dans un repère orthonormal (O ; I, J), l'unité graphique étant 1 cm.

a. Étudier le sens de variation de f sur $[0 ; +\infty[$, puis sur $]-\infty ; 0]$.

b. Dresser le tableau de variations de f sur $\mathbb{R}$.

c. Compléter le tableau de valeurs en donnant des valeurs approchées à 0,01 près :

x	0	1	2	3	4	5
$f(x)$						

d. Construire la courbe $\mathscr{C}_f$ en se limitant à l'intervalle $[-5 ; 5]$.

e. Résoudre graphiquement l'équation $f(x) = 7$ dans l'intervalle $[-5 ; 5]$.

f. Résoudre algébriquement l'équation $f(x) = 7$ dans l'intervalle $[-5 ; 5]$.

13

★★★ | 30 min | ▸ P. 104

Soit f la fonction définie sur $[0\,;+\infty[$ par $f(x)=\dfrac{8x}{x^2+1}$.

On note $\mathscr{C}_f$ la courbe représentant f dans un repère orthonormal $(\mathrm{O}\,;\mathrm{I},\mathrm{J})$, l'unité graphique étant 1 cm.

a. Soit a et b deux réels positifs. Montrer que :

$$f(b)-f(a)=\frac{8(b-a)(1-ab)}{(a^2+1)(b^2+1)}.$$

b. En déduire que f est croissante sur $[0\,;1]$ et décroissante sur $[1\,;+\infty[$.

c. Dresser le tableau de variations de f sur $[0\,;+\infty[$.

d. Compléter le tableau de valeurs en donnant des valeurs approchées à 0,01 près :

x	0	1	2	3	4	5	6
$f(x)$							

e. Construire la courbe $\mathscr{C}_f$ en se limitant à l'intervalle $[0\,;6]$.

14

★★ | 30 min | ▸ P. 106

Soit f une fonction définie sur un intervalle $[a\,;b]$. On suppose que f change de signe sur cet intervalle une et une seule fois. L'équation $f(x)=0$ admet donc une seule racine dans $[a\,;b]$. L'objectif est de trouver une valeur approchée de cette solution à l'aide d'un algorithme utilisant une méthode de dichotomie.

On procède ainsi : on calcule $f\left(\dfrac{a+b}{2}\right)$. Si cette valeur est nulle, on a trouvé la solution et on arrête. Sinon, selon que $f(a)$ et $f\left(\dfrac{a+b}{2}\right)$ ont le même signe ou non, on réduit l'intervalle de recherche à $\left[\dfrac{a+b}{2}\,;b\right]$ ou $\left[a\,;\dfrac{a+b}{2}\right]$. On recommence jusqu'à obtenir la solution ou un intervalle de largeur inférieure à une précision définie à l'avance.

a. Écrire un tel algorithme qui trouve une valeur approchée de cette racine avec une précision de 10^{-4}.

b. Transcrire cet algorithme sur votre calculatrice.

c. Tester le programme avec la fonction f définie par $f(x)=x^3+3x-45$, l'intervalle $[3\,;4]$ et une précision de 10^{-4}.

Contrôle

15 QCM | ★ | 5 points, 10 min | ▶ P. 108

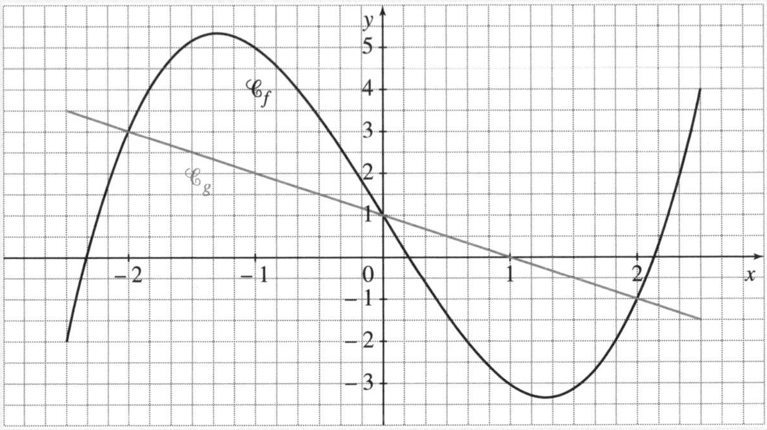

Pour chacune des questions, une et une seule proposition est exacte.

Soit les fonctions f et g, définies sur $I = \left[-\frac{5}{2} ; \frac{5}{2}\right]$, représentées ci-dessus, dans un repère orthogonal du plan.

1. $f(-1) = ...$:

a. 0 **b.** 1 **c.** 5 **d.** 0,4

2. L'équation $f(x) = 2$ admet dans I :

a. 0 solution. **b.** une solution. **c.** deux solutions. **d.** trois solutions.

3. Si $x \in [0 ; 1]$, alors $f(x) \in ...$:

a. $[0 ; 1]$ **b.** $[0{,}2 ; 1]$ **c.** $[-2{,}2 ; 2{,}2]$ **d.** $[-3 ; 1]$

4. $f(x) > g(x)$ équivaut à :

a. $x \in \left]-2 ; 0\right[\cup \left]2 ; 2{,}5\right]$

b. $x \in \left[-2{,}5 ; -2\right[\cup \left]0 ; 2\right[$

c. $x \in \left]2 ; 2{,}5\right]$

d. $x \in \left]-2 ; 0\right[$

5. La fonction f est définie sur $\left[-\frac{5}{2} ; \frac{5}{2}\right]$ par :

a. $f(x) = x^3 + 3x^2 + 1$.

b. $f(x) = x^3 + 3x^2 + x - 1$.

c. $f(x) = x^3 - 5x + 1$.

d. $f(x) = -x^3 - 3x + 1$.

16 | ★★ | 5 points, 20 min | ▶ P. 108

On considère la fonction f définie sur $\mathbb{R}$ par :

$$f(x) = \frac{4x + 2}{x^2 + 2}.$$

1. **a.** Calculer l'image de -1 par f.

b. Déterminer, s'il y en a, les antécédents de 1 par f.

2. **a.** Montrer que, pour tout $x \in \mathbb{R}$:

$$f(x) - 2 = \frac{-2(x-1)^2}{x^2 + 2}.$$

b. Prouver que f admet un maximum sur $\mathbb{R}$.

17 Vrai ou faux ? | ★ | 10 points, 10 min | ▶ P. 108

Voici le tableau de variations d'une fonction f définie sur $[-4\ ;\ 7]$.

x	-4		2		7
f	0	↘	-2	↗	5

Dire si les affirmations suivantes sont vraies ou fausses.

1. $f(0) = -4$.
2. $f(2{,}01) < 0$.
3. $f(-3) > f(-2)$.
4. Si $x \in [-4\ ;\ 2]$, alors $f(x) \in [0\ ;\ -2]$.
5. Pour tout $x \in [-4\ ;\ 2]$, $f(x) \leqslant 0$.
6. L'équation $f(x) = 0$ admet deux solutions dans $[-4\ ;\ 7]$.
7. Le minimum de f sur $[-4\ ;\ 7]$ est 2.

On suppose pour les questions 8. à 10. que $f(4) = 0$.

8. $f(0) < f(6)$.
9. Si $f(x) \in\ ]0\ ;\ 5]$, alors $x \in [2\ ;\ 7]$.
10. $f(x) \leqslant 0 \Leftrightarrow x \in [-4\ ;\ 2]$.

CONTRÔLE

18 | ★★ | 16 points, 50 min | ▸ P. 109

Soit f la fonction définie sur $\mathbb{R}$ par :

$$f(x) = \frac{-x^2+2}{x^2+4}.$$

On note $\mathscr{C}_f$ la courbe représentant f dans un repère orthogonal $(O\ ;\ I, J)$, les unités graphiques étant de 1 cm sur l'axe des abscisses et de 4 cm sur l'axe des ordonnées.

1. a. Montrer que, pour tout $x \in \mathbb{R}$:

$$f(x) = -1 + \frac{6}{x^2+4}.$$

b. Étudier le sens de variation de f sur $[0\ ;+\infty[$, puis sur $]-\infty\ ;0]$.

c. Dresser le tableau de variations de f sur $\mathbb{R}$.

2. Résoudre dans $\mathbb{R}$ l'équation $f(x) = 0$.

3. En utilisant le résultat de la question **1. a.**, montrer que pour tout $x \in \mathbb{R}$, $f(x) > -1$.

4. a. Compléter le tableau de valeurs ci-dessous.
(On donnera des valeurs approchées à 0,01 près.)

x	0	1	2	3	4
$f(x)$					

b. Construire la courbe $\mathscr{C}_f$ en se limitant à l'intervalle $[-4\ ;4]$.

5. a. Résoudre graphiquement dans $[-4\ ;4]$ l'équation :

$$f(x) = 0{,}4.$$

b. Résoudre graphiquement dans $[-4\ ;4]$ l'inéquation :

$$f(x) \geqslant -\frac{1}{4}.$$

19 ★★ 4 points, 5 min ▸ P. 110

Soit g une fonction définie sur $[-6\ ;\ 6]$. Construire ci-dessous une courbe représentant g sachant que :

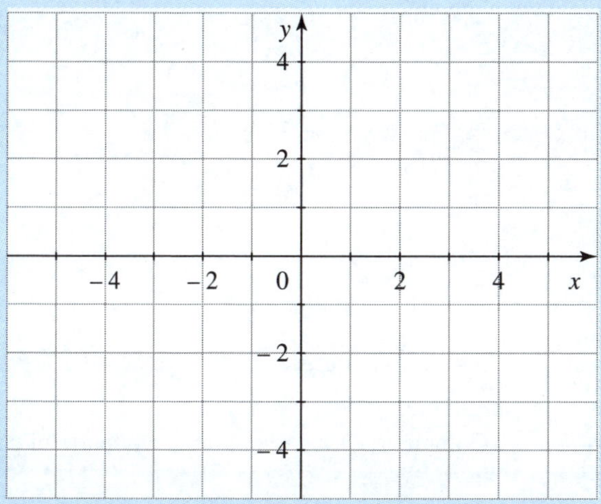

- Les nombres -2 ; 2 et 4 ont 0 comme image par g.
- L'image de 0 par g est -4.
- $g(-6) < 4$ et $g(6) > -2$.
- -4 est l'unique solution dans $[-6\ ;\ 6]$ de l'équation $g(x) = 3$.
- Le maximum de g sur $[0\ ;\ 6]$ est 2, il est atteint en 3.
- La fonction g est décroissante sur $[-6\ ;\ 0]$, croissante sur $[0\ ;\ 3]$, et décroissante sur $[3\ ;\ 6]$.

Corrigés

1 **a.** Faux. **b.** Vrai. **c.** Vrai.
d. Faux. **e.** Vrai. **f.** Vrai.
g. Faux.

2 **a.** Faux. **b.** Faux. **c.** Vrai.
d. Vrai. **e.** Faux. **f.** Vrai.
g. Faux. **h.** Vrai. **i.** Vrai

3 **a.** $f(3) = \frac{2 \times 3}{3^2 + 1} = \frac{6}{10} = \frac{3}{5}$.

b. $f(1) = \frac{2 \times 1}{1^2 + 1} = \frac{2}{2} = 1$. Le point A appartient donc à $\mathscr{C}_f$.

$f(2) = \frac{2 \times 2}{2^2 + 1} = \frac{4}{5}$. Comme $f(2) \neq 7$, le point B n'appartient pas à $\mathscr{C}_f$.

c.
$$\begin{aligned} f(x) = -1 &\Leftrightarrow \frac{2x}{x^2+1} = -1 \\ &\Leftrightarrow x^2 + 1 = -2x \\ &\Leftrightarrow x^2 + 2x + 1 = 0 \\ &\Leftrightarrow (x+1)^2 = 0 \\ &\Leftrightarrow x + 1 = 0 \\ &\Leftrightarrow x = -1 \end{aligned}$$

-1 n'a qu'un seul antécédent, c'est lui-même.

d. $f(x) \leqslant 1 \Leftrightarrow \frac{2x}{x^2+1} \leqslant 1$.

Comme $x^2 + 1$ est toujours strictement positif, on obtient :
$2x \leqslant x^2 + 1$, qui équivaut à $x^2 - 2x + 1 \geqslant 0$, ou encore $(x-1)^2 \geqslant 0$.
Cette dernière inégalité étant toujours vérifiée, cela signifie que pour tout $x \in \mathbb{R}$, $f(x) \leqslant 1$.

4 **a.** L'image de 1 par *f* est 3.
b. Les solutions de l'équation $f(x) = 0$ dans $[-4 ; 4]$ sont -2 et 4.
L'équation $f(x) = -3$ n'a pas de solution dans $[-4 ; 4]$.
c. Les solutions de l'inéquation $f(x) < 0$ dans $[-4 ; 4]$ sont les nombres réels de l'intervalle $[-4 ; -2[$.
Les solutions de l'inéquation $f(x) \geqslant 2$ dans $[-4 ; 4]$ sont les nombres réels de l'intervalle $[-1{,}5 ; 3{,}2]$ (par lecture des bornes de l'intervalle arrondies à 0,1 près).

5

x	-4		-1		0		2		4
f	-2	↗	3	↘	2	↗	4	↘	0

6 **a.** L'ensemble de définition de f est l'intervalle $[-6\ ;\ 8]$.
b. Le maximum de f sur $[-6\ ;\ 8]$ est 5. Le minimum de f sur $[-6\ ;\ 8]$ est -2.
c. L'équation $f(x) = 0$ a trois solutions dans $[-6\ ;\ 8]$.
L'équation $f(x) = 3{,}5$ a une solution dans $[-6\ ;\ 8]$.
L'équation $f(x) = 8$ n'a pas de solution dans $[-6\ ;\ 8]$.
d. 5 n'a qu'un seul antécédent par f, c'est -6.

7 **Courbe 1**

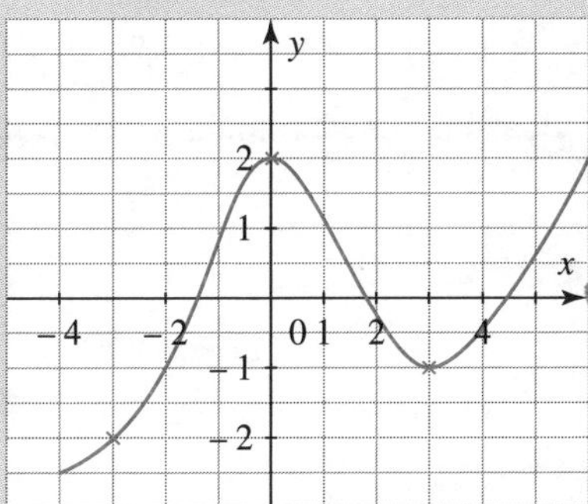

Courbe 2

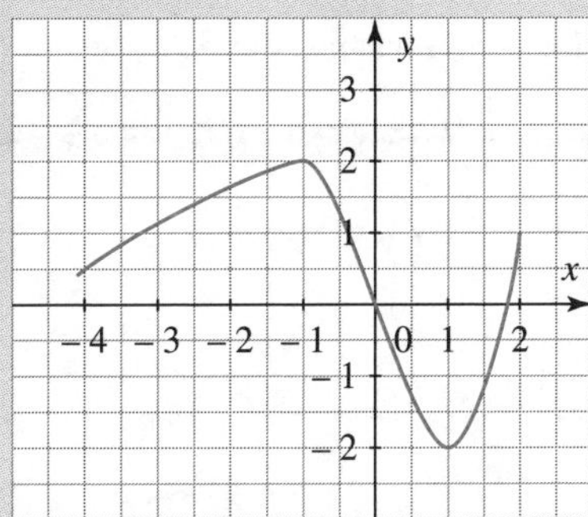

8 **a.** Soit a et b deux nombres réels dans $[-1\ ;\ +\infty[$ tels que $a < b$.
On a donc $a + 1 < b + 1$.
Comme a et b sont dans l'intervalle $[-1\ ;\ +\infty[$, les nombres $a + 1$ et $b + 1$ sont positifs. Donc $(a + 1)^2 < (b + 1)^2$.
Il vient alors $(a + 1)^2 - 1 < (b + 1)^2 - 1$, c'est-à-dire $f(a) < f(b)$.
Par conséquent, la fonction f est croissante sur l'intervalle $[-1\ ;\ +\infty[$.
b. Soit a et b deux nombres réels dans $]-7\ ;\ +\infty[$ tels que $a < b$.
On a donc $a + 7 < b + 7$.

Comme a et b sont dans l'intervalle $]-7\ ;\ +\infty[$, les nombres $a + 7$ et $b + 7$ sont positifs. Donc $\dfrac{1}{b+7} < \dfrac{1}{a+7}$, c'est-à-dire $f(b) < f(a)$.

Par conséquent, la fonction f est décroissante sur l'intervalle $]-7\ ;\ +\infty[$.

9 **a.** $\mathbb{R}$.
b. Le dénominateur ne s'annule pas sur $\mathbb{R}$, donc le domaine de définition de f est $\mathbb{R}$.
c. La fonction f est définie si, et seulement si :

$$4 - x^2 \geqslant 0 \Leftrightarrow x^2 \leqslant 4 \Leftrightarrow -2 \leqslant x \leqslant 2 .$$

Le domaine de définition de f est $[-2 ; 2]$.
d. Le dénominateur s'annule lorsque :

$$2x - 5 = 0 \Leftrightarrow x = \frac{5}{2}.$$

Le domaine de définition de f est $\mathbb{R} - \left\{\frac{5}{2}\right\}$.

e. La fonction f est définie si, et seulement si, $7x - 1 \geqslant 0 \Leftrightarrow x \geqslant \frac{1}{7}$. Le domaine de définition de f est $\left[\frac{1}{7} ; +\infty\right[$.

f. Le dénominateur s'annule lorsque $(1 - x)(3x + 2) = 0 \Leftrightarrow 1 - x = 0$ ou $3x + 2 = 0 \Leftrightarrow x = 1$ ou $x = -\frac{2}{3}$. Le domaine de définition de f est $\mathbb{R} - \left\{-\frac{2}{3} ; 1\right\}$.

10 **a.**

$$f(x) = \frac{3x+2}{x-4} = \frac{3(x-4)+14}{x-4} = 3 + \frac{14}{x-4}.$$

b. Soit a et b deux nombres réels dans $]4 ; +\infty[$ tels que $a < b$.
On a donc $a - 4 < b - 4$.

Comme a et b sont dans l'intervalle $]4 ; +\infty[$, les nombres $a - 4$ et $b - 4$ sont positifs. Donc $\frac{1}{b-4} < \frac{1}{a-4}$. Il vient alors :

$$\frac{14}{b-4} < \frac{14}{a-4}, \text{ puis } 3 + \frac{14}{b-4} < 3 + \frac{14}{a-4}, \text{ c'est-à-dire } f(b) < f(a).$$

Par conséquent, la fonction f est décroissante sur l'intervalle $]4 ; +\infty[$.

11

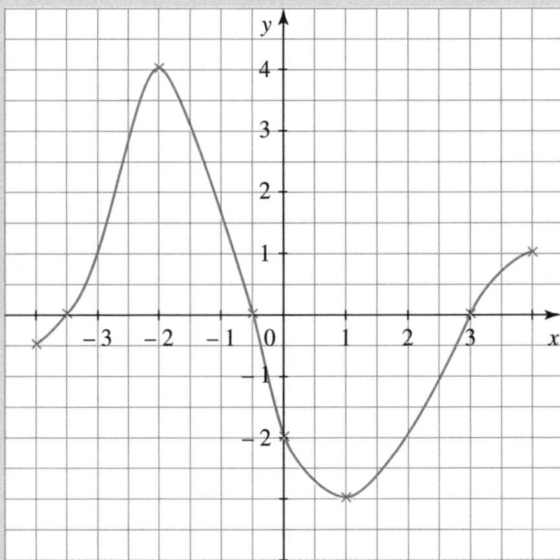

12 **a.** Soit a et b deux nombres réels dans $[0\ ;+\infty[$ tels que $a<b$.
On a donc $a^2<b^2$, d'où $a^2+1<b^2+1$.

Les nombres a^2+1 et b^2+1 sont positifs, donc :

$$\frac{1}{b^2+1}<\frac{1}{a^2+1}.$$

On en déduit :

$$\frac{8}{b^2+1}<\frac{8}{a^2+1}\text{, c'est-à-dire } f(b)<f(a).$$

Par conséquent, la fonction f est décroissante sur l'intervalle $[0\ ;+\infty[$.
Si a et b sont dans $]-\infty\ ;0]$ avec $a<b$, on a $a^2>b^2$, puis finalement $f(b)>f(a)$.
f est donc croissante sur $]-\infty\ ;0]$.

b.

x	$-\infty$	0	$+\infty$
f	↗	8	↘

c.

x	0	1	2	3	4	5
$f(x)$	8	4	1,6	0,8	0,47	0,31

d.

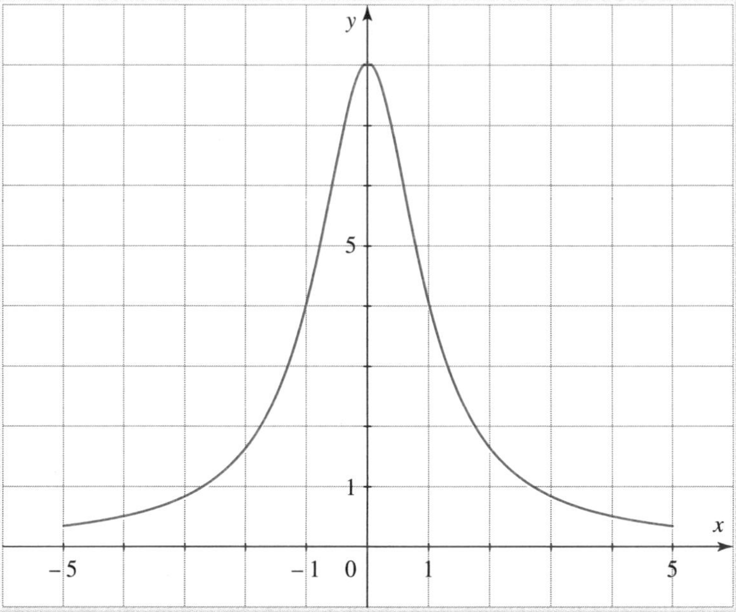

e. L'équation $f(x) = 7$ admet deux solutions dans l'intervalle $[-5 ; 5]$: il s'agit des nombres $-0{,}4$ et $0{,}4$ (valeurs arrondies à 0,1 près).

f. $f(x) = 7 \Leftrightarrow \dfrac{8}{x^2+1} = 7 \Leftrightarrow 8 = 7(x^2+1) \Leftrightarrow 8 = 7x^2 + 7$

$$\Leftrightarrow 7x^2 = 1 \Leftrightarrow x^2 = \frac{1}{7} \Leftrightarrow x = \frac{\sqrt{7}}{7} \text{ ou } x = -\frac{\sqrt{7}}{7}.$$

13

a. $f(b) - f(a) = \dfrac{8b}{b^2+1} - \dfrac{8a}{a^2+1} = \dfrac{8b(a^2+1)}{(a^2+1)(b^2+1)} - \dfrac{8a(b^2+1)}{(a^2+1)(b^2+1)}$

$$= \frac{8b(a^2+1) - 8a(b^2+1)}{(a^2+1)(b^2+1)}$$

$$= 8\,\frac{ba^2 + b - ab^2 - a}{(a^2+1)(b^2+1)}$$

$$= 8\,\frac{(b-a) - ab(b-a)}{(a^2+1)(b^2+1)}$$

$$= 8\,\frac{(b-a)(1-ab)}{(a^2+1)(b^2+1)}.$$

b. Soit a et b deux nombres réels positifs tels que $a < b$.
D'une part, on a $a^2 + 1 > 0$ et $b^2 + 1 > 0$. D'autre part, on a $b - a > 0$.

• Dans $[0\ ;1]$, on a $0 \leqslant ab < 1$, d'où $-1 < -ab \leqslant 0$, puis $0 < 1 - ab \leqslant 1$. On en déduit que $f(b) - f(a) > 0$, c'est-à-dire $f(a) < f(b)$.
Cela signifie que f est croissante sur $[0\ ;1]$.
• Dans $[1\ ;+\infty[$, on a $ab > 1$, d'où $-ab < -1$, puis $1 - ab < 0$. On en déduit que $f(b) - f(a) < 0$, c'est-à-dire $f(b) < f(a)$.
Cela signifie que f est décroissante sur $[1\ ;+\infty[$.

c.

x	0		1		$+\infty$
f	0	↗	4	↘	

d.

x	0	1	2	3	4	5	6
$f(x)$	0	4	3,2	2,4	1,88	1,54	1,46

e.

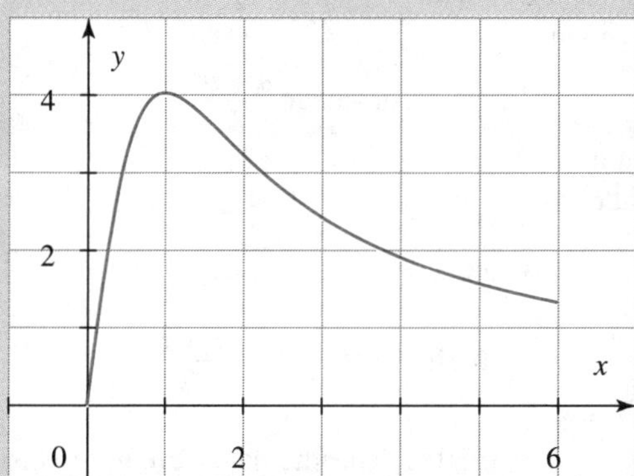

14

Dichotomie

Variables
    a, b, ℓ : réels   #ℓ est la longueur de l'intervalle $[a\ ;\ b]$ #
    p : entier
Entrées
    Saisir a, b, p #$a < b$#
    #p est l'exposant de la précision. Si la précision souhaitée est 10^{-4}, on fixe $p = 4$.#
Traitement
    Tant que $b - a > 10^{-p}$ et $f\left(\dfrac{a+b}{2}\right) \neq 0$
        Si $f\left(\dfrac{a+b}{2}\right)$ et $f(a)$ ne sont pas de même signe alors
            b prend la valeur $\dfrac{a+b}{2}$
        Sinon
            a prend la valeur $\dfrac{a+b}{2}$
        Fin Si
    Fin Tant que
    Si $f\left(\dfrac{a+b}{2}\right) = 0$ alors
            afficher "solution=", $\dfrac{a+b}{2}$
        sinon
            afficher "encadrement=", a, b, "précision=", 10^{-p}
    Fin Si

b. Voici l'algorithme transcrit avec une calculatrice TI. Le lecteur utilisateur d'autres marques pourra facilement l'adapter :

Programme de dichotomie sur TI

```
PROGRAM:DICHO
:Disp "FONCTION f?"
:Input "Y1=",Y1
:Disp "INTERVALLE [A,B]?"
:Input "A=",A
:Repeat B > A
:Input "B=",B
:If B ⩽ A
:Then
:Disp "B DOIT ETRE > A "
:End
:End
:Disp "PRECISION 10^(-P)?"
:Prompt P
:10^(-P) → Q
:While (B–A) > Q and Y1((A+B)/2) ≠ 0
:If Y1((A+B)/2)*Y1(A) < 0
:Then
:(A+B)/2 → B
:Else
:(A+B)/2 → A
:End
:End
:If Y1((A+B)/2)=0
:Then
:Disp "SOLUTION=",(A+B)/2
:Else
:Disp "ENCADREMENT=", A,B
:Disp "PRECISION=",Q
:End
```

c. En testant ce programme avec $f(x) = x^3 + 3x - 45$ sur l'intervalle $[3\ ;\ 4]$, et une précision de 10^{-4}, on trouve un encadrement de la solution par les nombres 3,276 367 188 et 3,276 428 223.

Commentaires La condition « $f\left(\frac{a+b}{2}\right)$ et $f(a)$ ne sont pas de même signe » est écrite $f\left(\frac{a+b}{2}\right)f(a) < 0$.

Au début du programme, l'expression de la fonction Y1 devra être saisie entre guillemets : "X^3+3X–45". En tapant le code, il faudra prendre soin d'écrire Y1 en utilisant la combinaison VARS, Y-VARS, et 1, et pas les touches Y et 1.

15 1. Réponse **c.**
Si $x = -1$, alors $y = 5$.
2. Réponse **d.**
Trois solutions : $x \approx -2{,}1$, $x \approx -0{,}2$, et $x \approx 2{,}3$.
3. Réponse **d.**
La fonction est décroissante sur $[0\ ;\ 1]$, le minimum de la fonction est -3, le maximum est 1.
4. Réponse **a.**
Il s'agit des abscisses pour lesquelles la courbe est située au-dessus de la droite.
5. Réponse **c.**
$f(0) = 1$, donc ce n'est pas **b.** $f(1) = -3$, donc ce n'est pas **a.**
$f(2) = -1$, donc ce n'est pas **d.**

16 1. **a.** $f(-1) = \dfrac{4 \times (-1) + 2}{(-1)^2 + 2} = \dfrac{-2}{3}$. L'image de -1 par f est $-\dfrac{2}{3}$.

b. $f(x) = 1 \Leftrightarrow \dfrac{4x+2}{x^2+2} = 1 \Leftrightarrow 4x + 2 = x^2 + 2 \Leftrightarrow x^2 - 4x = 0$

$$\Leftrightarrow x(x-4) = 0 \Leftrightarrow x = 0 \text{ ou } x = 4.$$

Les nombres 0 et 4 sont les antécédents de 1 par la fonction f.

2. **a.** Pour tout $x \in \mathbb{R}$, $f(x) - 2 = \dfrac{4x+2}{x^2+2} - 2 = \dfrac{4x + 2 - 2x^2 - 4}{x^2+2}$

$$= \frac{-2(x^2 - 2x + 1)}{x^2+2} = \frac{-2(x-1)^2}{x^2+2}.$$

b. Or, $(x-1)^2 \geqslant 0$ et $x^2 + 2 > 0$, donc $f(x) - 2 \leqslant 0 \Leftrightarrow f(x) \leqslant 2$. De plus, si $x = 1$, on a $f(x) = 2$. Cela signifie que f admet un maximum en 1, égal à 2.

17 1. **Faux.** f atteint son minimum, sur l'intervalle $[-4\ ;\ 7]$, pour $x = 2$ et ce minimum est égal à -2.
2. **Faux.** Aucune image n'est connue pour les réels strictement compris entre 2 et 7.
3. **Vrai.** La fonction est décroissante sur $[-4\ ;\ 2]$.
4. **Faux.** La notation $[0\ ;\ -2]$ n'est pas correcte. Si $x \in [-4\ ;\ 2]$, alors $f(x) \in [-2\ ;\ 0]$.
5. **Vrai**, car $f(-4) = 0$ et la fonction est décroissante sur $[-4\ ;\ 2]$.
6. **Vrai.** La première solution est -4, la seconde est inconnue mais appartient à l'intervalle $]2\ ;\ 7[$.
7. **Faux**. Le minimum est -2, il est atteint en 2.
8. **Vrai.** Puisque $f(4) = 0$, $f(6) > 0$, alors que $f(0) < 0$.
9. **Faux.** Si $f(x) \in\ ]0\ ;\ 5]$, alors $x \in\ ]4\ ;\ 7]$.
10. **Faux.** $f(x) \leqslant 0 \Leftrightarrow x \in [-4\ ;\ 4]$.

18 1. **a.** Pour tout $x \in \mathbb{R}$,

$$-1+\frac{6}{x^2+4}=-\frac{x^2+4}{x^2+4}+\frac{6}{x^2+4}=\frac{-x^2-4+6}{x^2+4}=\frac{-x^2+2}{x^2+4}=f(x)\,.$$

b. Soit a et b deux nombres réels dans $[0\,;+\infty[$ tels que $a<b$.
On a donc $a^2<b^2$, d'où $a^2+4<b^2+4$.

Les nombres a^2+4 et b^2+4 sont positifs, donc $\dfrac{1}{b^2+4}<\dfrac{1}{a^2+4}$.

On en déduit $\dfrac{6}{b^2+4}<\dfrac{6}{a^2+4}$, d'où :

$$-1+\frac{6}{b^2+4}<-1+\frac{6}{a^2+4} \text{ c'est-à-dire } f(b)<f(a)\,.$$

Par conséquent, la fonction f est décroissante sur l'intervalle $[0\,;+\infty[$.
Si a et b sont dans $]-\infty\,;0]$ avec $a<b$, on a cette fois $a^2>b^2$, d'où finalement $f(a)<f(b)$. f est donc croissante sur $]-\infty\,;0]$.

c.

x	$-\infty$		0		$+\infty$
f		↗	$0{,}5$	↘	

2. $f(x)=0 \Leftrightarrow \dfrac{-x^2+2}{x^2+4}=0 \Leftrightarrow -x^2+2=0$

$$\Leftrightarrow x^2=2$$

$$\Leftrightarrow x=\sqrt{2} \text{ ou } x=-\sqrt{2}\,.$$

L'équation $f(x)=0$ admet donc deux solutions dans $\mathbb{R}$.

3. On a $f(x)=-1+\dfrac{6}{x^2+4}$.

Comme pour tout $x \in \mathbb{R}$, $\dfrac{6}{x^2+4}>0$, on en déduit que $f(x)>-1$.

4. **a.**

x	0	1	2	3	4
$f(x)$	0,5	0,2	−0,25	−0,54	−0,7

b. Pour le tracé de la courbe, on placera les points correspondant au tableau ci-dessus. En utilisant le résultat trouvé à la question 2., on est amené à placer les points de coordonnées $(\sqrt{2}\,;0)$ et $(-\sqrt{2}\,;0)$.

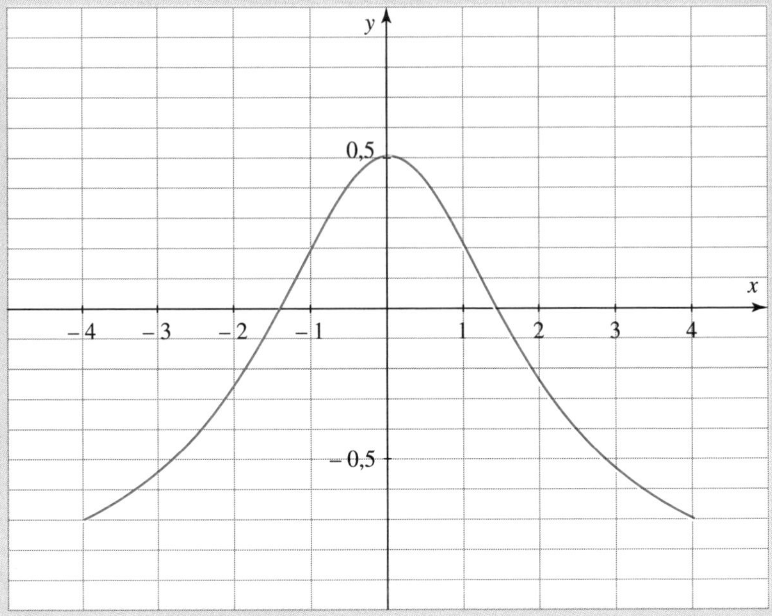

5. **a.** L'équation $f(x) = 0{,}4$ admet deux solutions dans $[-4 ; 4]$: il s'agit des nombres $-0{,}5$ et $0{,}5$ (valeurs arrondies à 0,1 près).

b. On remarque dans le tableau de valeurs que $f(2) = -\frac{1}{4}$. En utilisant la parité de la fonction, on a aussi $f(-2) = -\frac{1}{4}$.

On en déduit que les solutions de l'inéquation $f(x) \geqslant -\frac{1}{4}$ dans $[-4 ; 4]$ sont les nombres de l'intervalle $[-2 ; 2]$.

19

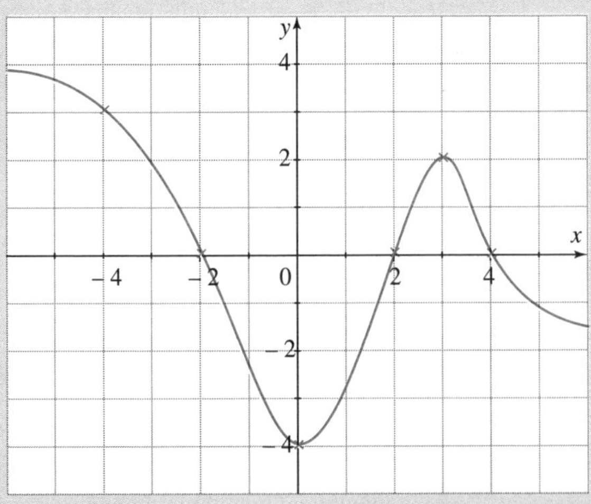

6
Fonctions usuelles

I FONCTIONS AFFINES

Soit a et b deux nombres réels. On appelle fonction affine toute fonction f définie sur $\mathbb{R}$ de la forme $f : x \mapsto ax + b$.

Cas particuliers :

Si $b = 0$, les fonctions du type $x \mapsto ax$ sont appelées **fonctions linéaires**.

Si $a = 0$, les fonctions du type $x \mapsto b$ sont appelées **fonctions constantes**.

1. Représentation graphique

Dans un repère du plan, la représentation graphique d'une fonction affine est une droite.

• Si la fonction est linéaire, cette droite passe par le point de coordonnées $(0 ; 0)$.

• Si la fonction est constante, cette droite est parallèle à l'axe des abscisses.

• On dit que $y = ax + b$ est une équation de la droite représentant la fonction affine $f : x \mapsto ax + b$. Il s'agit d'une relation vérifiée par les coordonnées $(x ; y)$ de tous les points de cette droite.

On dit que a est le coefficient directeur de la droite $\mathcal{D}$ et que b est l'ordonnée à l'origine de la droite $\mathcal{D}$.

2. Propriété

Soit f une fonction affine définie sur $\mathbb{R}$ par $f(x) = ax + b$. On considère deux réels quelconques distincts x_1 et x_2. Alors :

$$a = \frac{f(x_2) - f(x_1)}{x_2 - x_1}.$$

Cela signifie que pour une fonction affine, l'accroissement des images est proportionnel à l'accroissement de la variable.

3. Sens de variation

Soit f une fonction affine définie sur $\mathbb{R}$ par $f(x) = ax + b$.

Si $a > 0$, la fonction f est strictement croissante sur $\mathbb{R}$.

Si $a < 0$, la fonction f est strictement décroissante sur $\mathbb{R}$.

4. Signe d'une fonction affine

Soit f une fonction affine définie sur $\mathbb{R}$ par $f(x) = ax + b$.

• Si $a \neq 0$, la fonction f s'annule en $-\dfrac{b}{a}$.

• Si $a > 0$: $f(x) \leqslant 0$ sur $\left]-\infty\,;-\dfrac{b}{a}\right]$ et $f(x) \geqslant 0$ sur $\left[-\dfrac{b}{a}\,;+\infty\right[$.

• Si $a < 0$: $f(x) \geqslant 0$ sur $\left]-\infty\,;-\dfrac{b}{a}\right]$ et $f(x) \leqslant 0$ sur $\left[-\dfrac{b}{a}\,;+\infty\right[$.

II FONCTION « CARRÉ »

Il s'agit de la fonction $x \mapsto x^2$.
L'ensemble de définition de cette fonction est $\mathbb{R}$.

1. Sens de variation

La fonction $x \mapsto x^2$ est décroissante sur $]-\infty\,;0]$ et croissante sur $[0\,;+\infty[$.

Conséquences :

Si a et b sont deux nombres négatifs tels que $a < b$, alors $a^2 > b^2$.
Si a et b sont deux nombres positifs tels que $a < b$, alors $a^2 < b^2$.

2. Représentation graphique

La représentation graphique de la fonction $x \mapsto x^2$ est symétrique par rapport à l'axe des ordonnées.
Cette courbe est une parabole qui passe par le point de coordonnées $(0\,;0)$.

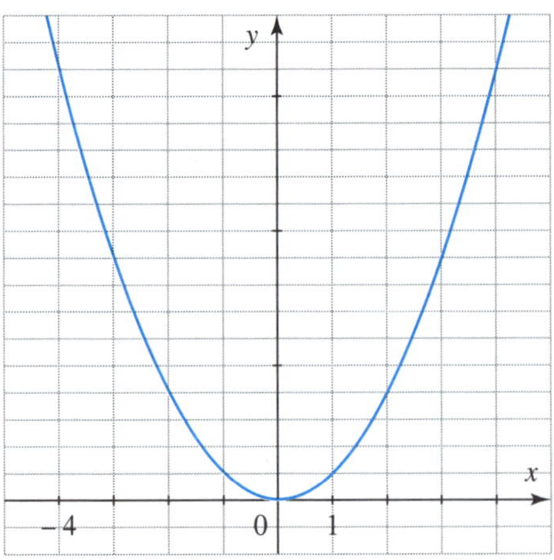

III FONCTIONS POLYNÔMES DU SECOND DEGRÉ

Une fonction $f : x \mapsto ax^2 + bx + c$, où a, b, c sont trois réels $(a \neq 0)$, est appelée fonction polynôme du second degré. Une telle fonction est définie sur $\mathbb{R}$.

1. Sens de variation

• 1er cas : $a > 0$

x	$-\infty$		$-\dfrac{b}{2a}$		$+\infty$
f		↘		↗	

• 2e cas : $a < 0$

x	$-\infty$		$-\dfrac{b}{2a}$		$+\infty$
f		↗		↘	

2. Représentation graphique

La courbe représentative d'une fonction polynôme du second degré est une parabole. Une équation de son axe de symétrie est $x = -\dfrac{b}{2a}$.

Exemples

• La courbe noire (page suivante) représente $f : x \mapsto -\dfrac{1}{2}x^2 - 3x + 2$ $(a < 0$, la concavité est tournée vers le bas).
Son axe de symétrie a pour équation $x = -3$.
• La courbe bleue représente $f : x \mapsto 2x^2 - 10x + 8$ $(a > 0$, la concavité est tournée vers le haut).
Son axe de symétrie a pour équation $x = \dfrac{5}{2}$.

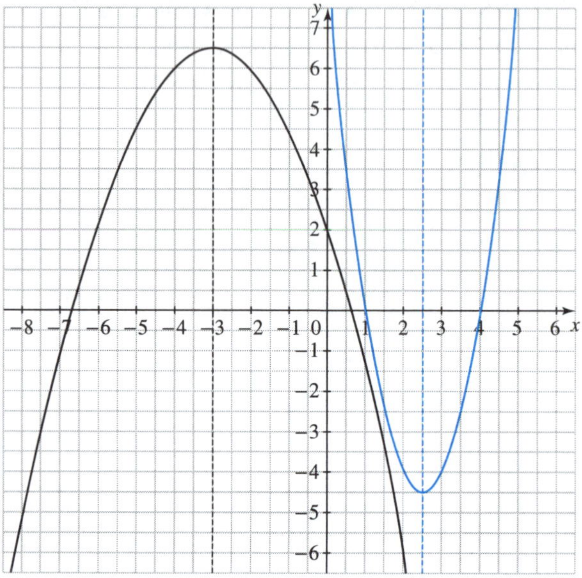

IV FONCTION « INVERSE »

Il s'agit de la fonction $x \mapsto \frac{1}{x}$.

L'ensemble de définition de cette fonction est $\mathbb{R}^*$.

1. Sens de variation

La fonction $x \mapsto \frac{1}{x}$ est décroissante sur $]-\infty\,;0[$ et décroissante sur $]0\,;+\infty[$.

Conséquences

Si a et b sont deux nombres strictement négatifs tels que $a < b$, alors $\frac{1}{a} > \frac{1}{b}$.

Si a et b sont deux nombres strictement positifs tels que $a < b$, alors $\frac{1}{a} > \frac{1}{b}$.

2. Représentation graphique

La représentation graphique de la fonction $x \mapsto \frac{1}{x}$ est symétrique par rapport au point de coordonnées $(0\,;0)$.
Cette courbe (page suivante) est une hyperbole.

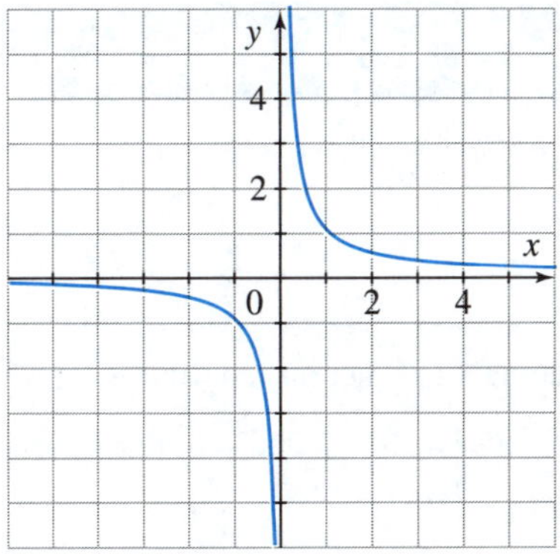

V FONCTIONS HOMOGRAPHIQUES

• Une fonction $f : x \mapsto \dfrac{ax+b}{cx+d}$, où a, b, c, d sont quatre réels ($c \neq 0$ et a, b non tous deux nuls), est appelée fonction homographique.

• L'ensemble de définition est $\mathbb{R} - \left\{-\dfrac{d}{c}\right\}$.

• La représentation graphique d'une fonction homographique est une hyperbole.

Exemple La fonction représentée ci-dessous est définie par $f(x) = \dfrac{x-4}{2x+3}$.

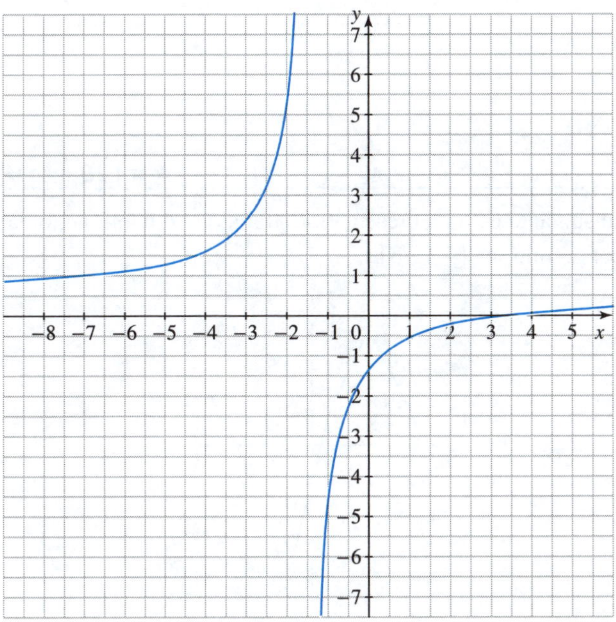

EXERCICES D'APPLICATION

FONCTIONS AFFINES

1

★ | 5 min | ▸ P. 131

Représenter graphiquement la fonction f, définie sur $[-5\ ;\ 5]$ et telle que :

$$f(x) = \begin{cases} -2x-5 & \text{si } -5 \leqslant x \leqslant -1 \\ 3x & \text{si } -1 \leqslant x \leqslant 2 \\ x+4 & \text{si } 2 \leqslant x \leqslant 5 \end{cases}.$$

2

★ | 5 min | ▸ P. 131

Donner l'expression de la fonction affine par morceaux définie sur $[0\ ;\ 3]$ représentée ci-dessous :

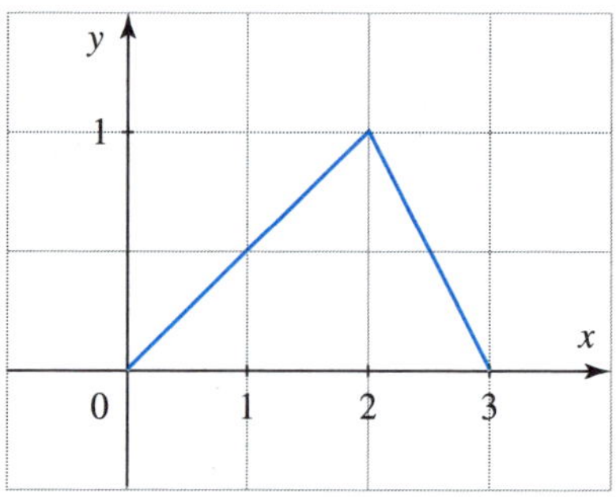

3

★★ | 20 min | ▸ P. 131

La courbe suivante est la représentation graphique d'une fonction affine par morceaux f définie sur $[-3\ ;\ 3]$.

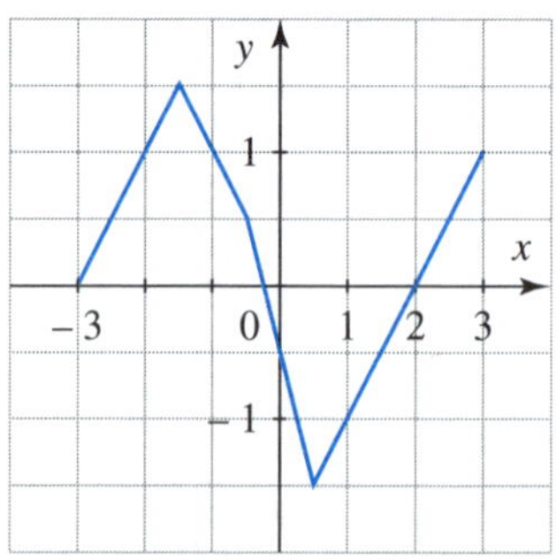

1. Dresser le tableau de variations de cette fonction sur $[-3\ ;\ 3]$.
2. Déterminer le maximum et le minimum de cette fonction sur $[-3\ ;\ 3]$.
3. Pour quelle(s) valeur(s) du réel m l'équation $f(x) = m$ a-t-elle zéro solution dans $[-3\ ;\ 3]$? une solution ? deux ? trois ?
4. Résoudre les inéquations suivantes :

a. $f(x) > 1{,}5$; **b.** $f(x) \geqslant -1{,}5$; **c.** $f(x) < -1$; **d.** $f(x) \geqslant 0{,}5$.

4 | ★★ | 5 min | ▶ p. 132

Une fonction affine f est telle que $f(-1) = -3$ et $f(4) = 7$.
Calculer $f(1)$.

Fonctions usuelles $x \mapsto x^2$ et $x \mapsto \dfrac{1}{x}$

5 Vrai ou faux ? | ★ | 5 min | ▶ p. 132

a. Si $0 \leqslant x \leqslant 3$ alors $0 \leqslant x^2 \leqslant 9$.
b. Si $0 \leqslant x^2 \leqslant 9$ alors $0 \leqslant x \leqslant 3$.
c. Si $x \leqslant y$ alors $\dfrac{1}{x} \geqslant \dfrac{1}{y}$.
d. Le point de coordonnées $(-2\ ;\ -0{,}5)$ est sur la courbe représentative de la fonction inverse.

6 | ★★ | 5 min | ▶ p. 132

En utilisant la courbe représentative de la fonction $x \mapsto x^2$ donner l'intervalle auquel appartient x^2 dans les cas suivants :

a. $x \in\ ]-\infty\ ;\ 0]$ **b.** $x \in\ ]-3\ ;\ 1]$
c. $x \in\ ]-2\ ;\ +\infty[$ **d.** $x \in [-8\ ;\ -2[$

7 | ★★ | 5 min | ▶ p. 132

En utilisant la courbe représentative de la fonction $x \mapsto x^2$, préciser les valeurs possibles de x à l'aide d'inégalités ou d'intervalles.

a. $x^2 \leqslant 4$ **b.** $x^2 > 9$ **c.** $2 < x^2 \leqslant 16$

8 | ★★ | 10 min | ▶ p. 132

En utilisant la courbe représentative de la fonction $x \mapsto \dfrac{1}{x}$, donner l'intervalle auquel appartient $\dfrac{1}{x}$ dans les cas suivants :

a. $x \in\ ]-\infty\ ;\ 0[$ **b.** $x \in\ ]-3\ ;\ -1]$
c. $x \in\ ]1\ ;\ +\infty[$ **d.** $x \in \left[\dfrac{1}{4}\ ;\ 4\right[$

9

★★ | 10 min | ▸ P. 132

En utilisant la courbe représentative de la fonction $x \mapsto \frac{1}{x}$, donner l'intervalle auquel appartient x dans les cas suivants :

a. $\frac{1}{x} < -2$ **b.** $\frac{1}{x} \geqslant \frac{4}{3}$ **c.** $1 \leqslant \frac{1}{x} < 10$ **d.** $-4 \leqslant \frac{1}{x} < -3$

Fonctions polynômes du second degré

10

★ | 5 min | ▸ P. 133

On donne ci-dessous les expressions de quatre fonctions polynômes du second degré. Dans chaque cas, préciser une équation de l'axe de symétrie de la parabole, les coordonnées du sommet de la courbe, et les variations de la fonction.

a. $f(x) = 2x^2 + 8x - 1$. **b.** $f(x) = -x^2 + 7x + 4$.

c. $f(x) = -3x^2 - 1$. **d.** $f(x) = 4x^2 + x$.

11

★ | 5 min | ▸ P. 133

Associer les paraboles ci-dessous aux expressions de fonctions polynômes du second degré suivantes :

a. $f(x) = -x^2 + x + 1$. **b.** $f(x) = x^2 + 3x - 5$.

c. $f(x) = x^2 + 6x$. **d.** $f(x) = -2x^2 - x + 1$.

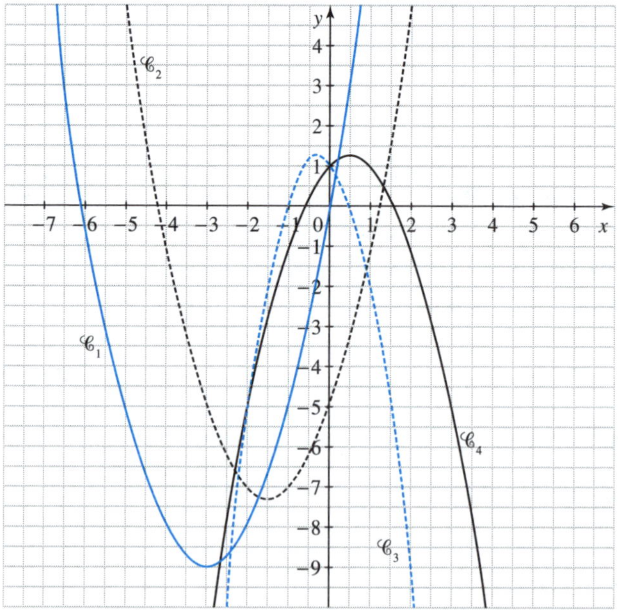

12

★★ | 10 min | ▸ P. 133

On considère la fonction f définie sur $\mathbb{R}$ par $f(x) = 2x^2 + 8x - 1$, représentée dans un repère orthogonal du plan par une parabole $\mathcal{P}$.

a. Montrer que pour tout $x \in \mathbb{R}$, $f(x) = 2(x+2)^2 - 9$.

b. Montrer que $\mathcal{P}$ coupe l'axe des abscisses en deux points. Préciser les coordonnées de ces points.

13

★★ | 10 min | ▸ P. 134

On considère la fonction f définie sur $\mathbb{R}$ par $f(x) = -x^2 + 6x - 3$.

Calculer $f(1)$, puis en déduire, sans aucun calcul, les solutions de l'inéquation $f(x) \geqslant 2$.

Fonctions homographiques

14

★ | 5 min | ▸ P. 134

Dans chaque cas, préciser les ensembles de définition des fonctions homographiques suivantes :

a. $f(x) = \dfrac{x+6}{x-3}$. **b.** $f(x) = \dfrac{3x+4}{7x-5}$. **c.** $f(x) = \dfrac{6-x}{4-3x}$. **d.** $f(x) = \dfrac{x}{x+8}$.

15

★★ | 10 min | ▸ P. 134

On considère la fonction homographique f définie sur $\mathbb{R} - \left\{\dfrac{2}{7}\right\}$ par :

$$f(x) = \frac{35x-6}{7x-2}.$$

a. Montrer que pour tout $x \in \mathbb{R} - \left\{\dfrac{2}{7}\right\}$, $f(x) = 5 + \dfrac{4}{7x-2}$.

b. Étudier le sens de variation de f sur $\left]\dfrac{2}{7} ; +\infty\right[$.

EXERCICES D'ENTRAÎNEMENT

16

★★ | 15 min | ▸ P. 134

Pour mesurer une température, nous utilisons le degré Celsius (°C), mais il est aussi possible d'utiliser le degré Fahrenheit (°F). La correspondance entre les deux se fait au moyen d'une fonction affine.

1. a. Sachant que l'eau gèle à 32 °F et bout à 212 °F, déterminer la fonction affine permettant de donner la température en degrés Fahrenheit connaissant la température en degrés Celsius.

b. Déterminer la fonction affine permettant de donner la température en degrés Celsius connaissant la température en degrés Fahrenheit.

2. a. S'il fait -20 °C, donner la température en degrés Fahrenheit.

b. Un livre de Ray Bradbury s'intitule « Fahrenheit 451 ».
Quelle température en °C cela donne-t-il ?

3. Représenter la première fonction affine, en plaçant les °C en abscisse et les °F en ordonnée.

17

★★ | 15 min | ▸ P. 135

Soit f une fonction affine par morceaux, tracée ci-contre, et définie sur $[0\ ;\ 8]$ par :

$$\begin{cases} f(x) = \ldots\ldots & \text{si } x \in [\ldots\ ;\ \ldots] \\ f(x) = \ldots\ldots & \text{si } x \in [\ldots\ ;\ \ldots] \\ f(x) = \ldots\ldots & \text{si } x \in [\ldots\ ;\ \ldots] \\ f(x) = \ldots\ldots & \text{si } x \in [\ldots\ ;\ \ldots] \end{cases}$$

Sans justifier, compléter les expressions manquantes.

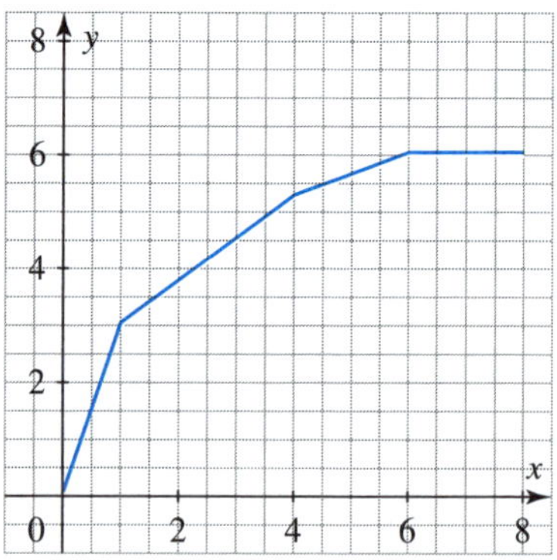

18

★★ | 20 min | ▸ P. 135

On considère la fonction $x \mapsto \sqrt{x}$.

1. Quel est l'ensemble de définition de cette fonction ?

2. a. Soit a et b deux réels positifs tels que $a < b$. Montrer que :

$$\sqrt{b} - \sqrt{a} = \frac{b - a}{\sqrt{b} + \sqrt{a}}.$$

b. En déduire le sens de variation de la fonction $x \mapsto \sqrt{x}$.

3. Construire la représentation graphique de cette fonction sur l'intervalle $[0\ ;\ 10]$.

19

★★ | 20 min | ▸ P. 136

On considère la fonction $x \mapsto x^3$.

1. Quel est l'ensemble de définition de cette fonction ?

2. Soit a et b deux réels positifs tels que $a < b$.

a. Montrer que $b^3 - a^3 = (b-a)(a^2 + ab + b^2)$.

b. Montrer que $a^2 + ab + b^2$ est strictement positif.

c. En déduire le sens de variation de la fonction $x \mapsto x^3$ sur $\mathbb{R}^+$.

3. Établir le sens de variation de la fonction $x \mapsto x^3$ sur $\mathbb{R}^-$.

4. Préciser finalement le sens de variation de f sur $\mathbb{R}$.

5. Construire la représentation graphique de cette fonction sur $[-3\ ;\ 3]$.

20

★★ | 10 min | ▸ P. 136

Les trois fonctions f, g et h définies sur $\mathbb{R}$ par :

$$f(x) = x\ ,\ g(x) = x^2 \text{ et } h(x) = x^3\ ,$$

ont été représentées ci-dessous respectivement par $\mathscr{C}_f$, $\mathscr{C}_g$ et $\mathscr{C}_h$. En observant ces courbes, ranger les nombres x, x^2 et x^3, en distinguant plusieurs cas.

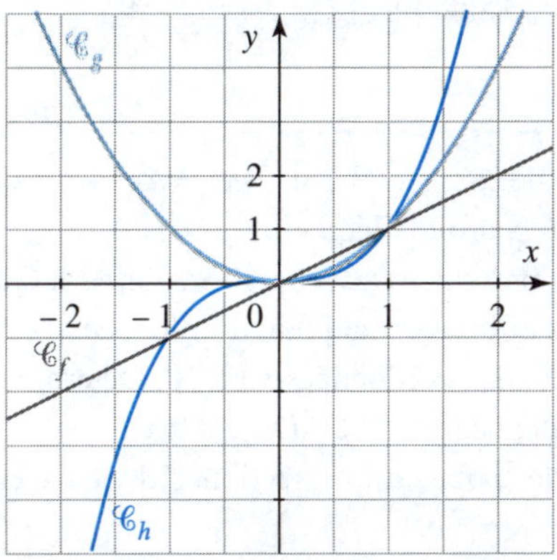

21

★★ | 10 min | ▸ P. 137

On considère la fonction f définie pour tout $x \in \mathbb{R}^*$ par $f(x) = \dfrac{1}{x}$ et les fonctions affines g et h définies pour tout $x \in \mathbb{R}$ par :

$$g(x) = 5x - 4 \text{ et } h(x) = -2x + 1\ .$$

a. Représenter ces trois fonctions dans un repère orthogonal $(O\ ;\ I, J)$ en se limitant à l'intervalle $[-4\ ;\ 4]$.

b. Résoudre graphiquement l'équation $\dfrac{1}{x} = 5x - 4$ dans l'intervalle $[-4\ ;\ 4]$.

c. Résoudre graphiquement l'équation $\dfrac{1}{x} + 2x - 1 = 0$ dans l'intervalle $[-4\ ;\ 4]$.

22 | ★★ | 20 min | ▶ P. 137

On considère la fonction f définie sur $\mathbb{R}$ par $f(x) = x^2 - 4x + 3$, représentée par une parabole $\mathcal{P}$.

a. Dresser le tableau de variation de f sur $\mathbb{R}$.
b. Préciser une équation de l'axe de symétrie de $\mathcal{P}$.
c. Résoudre l'équation $f(x) = 3$.
d. Représenter $\mathcal{P}$.
e. Résoudre graphiquement les équations et inéquations suivantes :
- $f(x) = -2$
- $f(x) > 0$
- $f(x) \leqslant 8$

f. Préciser le nombre de solutions de l'équation $f(x) = m$, selon les valeurs du nombre m.

23 | ★★ | 10 min | ▶ P. 138

a. Montrer que pour tout $x \in \mathbb{R}$, $3x^2 - 6x + 1 = 3(x-1)^2 - 2$.
b. Résoudre dans $\mathbb{R}$ l'inéquation $3x^2 - 6x + 1 > 0$.

24 | ★★ | 20 min | ▶ P. 138

Soit f une fonction définie sur $\mathbb{R}$ par $f(x) = ax^2 + bx + c$, représentée par une parabole $\mathcal{P}$, et $\mathcal{D}$ la droite d'équation $y = ax + b$.

a. $\mathcal{P}$ coupe l'axe des ordonnées au point d'ordonnée 4. Qu'en déduit-on ?
b. $\mathcal{D}$ coupe l'axe des ordonnées au point d'ordonnée -2. Qu'en déduit-on ?
c. $\mathcal{P}$ passe par le point de coordonnées $(3\ ;\ 7)$. Déterminer a.
d. $\mathcal{P}$ admet-elle un axe de symétrie ? Lequel ?
e. (***) Déterminer les points d'intersection, s'il y en a, entre $\mathcal{P}$ et $\mathcal{D}$.

25 | ★★ | 45 min | ▶ P. 139

La résolution des équations du second degré dans le cas général n'est pas au programme de seconde. Aussi, les résultats qui suivent ne sont pas à connaître.

Les équations de la forme $ax^2 + bx + c = 0$, où $a \neq 0$, sont appelées équations du second degré. Pour les résoudre, on procède de la manière suivante :

On calcule le nombre $d = b^2 - 4ac$ (ce nombre est appelé discriminant).
- Si $d < 0$, alors l'équation n'a pas de solution.
- Si $d = 0$, alors l'équation a une solution, le nombre $-\dfrac{b}{2a}$.

• Si $d > 0$, alors l'équation a deux solutions, les nombres $\dfrac{-b-\sqrt{d}}{2a}$ et $\dfrac{-b+\sqrt{d}}{2a}$.

a. Écrire un algorithme qui résout une équation du second degré. Interdire le cas où $a = 0$.

b. Donner la transcription de cet algorithme sur votre calculatrice.

26

★★ | 20 min | ▸ P. 140

On considère la fonction f définie par $f(x) = \dfrac{x-1}{x+3}$.

1. Préciser l'ensemble de définition de f.
2. Montrer que pour tout $x \in \mathbb{R} - \{3\}$, $f(x) = 1 - \dfrac{4}{x+3}$.
3. Étudier le sens de variation de f sur $]-3\,;+\infty[$, puis sur $]-\infty\,;-3[$.

27

★★★ | 30 min | ▸ P. 141

On considère les fonctions homographiques f et g définies par $f(x) = \dfrac{2x-5}{x-1}$ et $g(x) = \dfrac{x-1}{x+1}$, représentées ci-dessous. L'ensemble de définition de f est $D_f = \mathbb{R} - \{1\}$ et l'ensemble de définition de g est $D_g = \mathbb{R} - \{-1\}$.

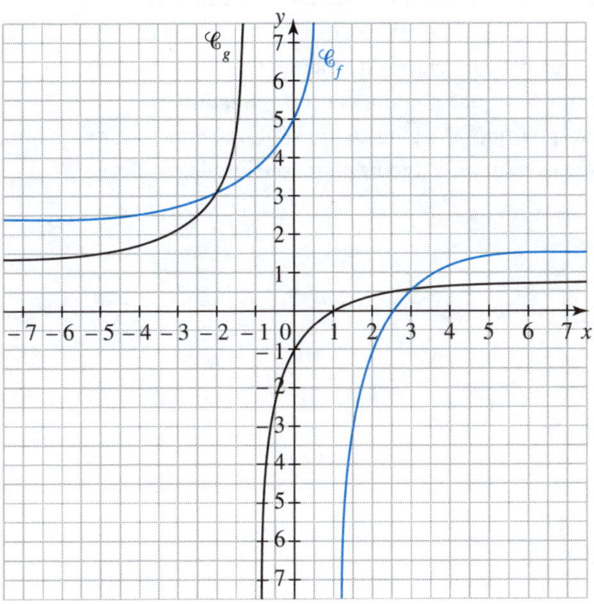

1. Résoudre graphiquement l'équation $f(x) = g(x)$ et l'inéquation $f(x) < g(x)$.

2. Dans cette question, on va retrouver par le calcul le premier résultat de la question **1**.

a. Montrer que si $x \in D_f \cap D_g$, l'équation $f(x) = g(x)$ est équivalente à $x^2 - x - 6 = 0$.

b. Développer $(x-3)(x+2)$, puis conclure.

3. Dans cette question, on va retrouver par le calcul le second résultat de la question **1**.

a. Montrer que si $x \in D_f \cap D_g$, l'inéquation $f(x) < g(x)$ est équivalente à $\dfrac{(x-3)(x+2)}{(x-1)(x+1)} < 0$.

b. Faire un tableau de signes et conclure.

28

★★★ | 30 min | ▶ P. 141

On place un capital de 15 000 euros pendant un an au taux de t %. La deuxième année, le taux est $(t+2)$ %. Le capital récupéré après deux ans est de 17 172 euros. Le but du problème est de trouver les taux d'intérêt pratiqués ces deux années.

Indication : appliquer un taux de t % sur une quantité revient à la multiplier par $\left(1 + \dfrac{t}{100}\right)$.

a. Montrer que le taux t est une solution de l'équation :

$$1{,}5(100+t)(102+t) = 17\ 172.$$

b. Montrer que cette équation équivaut à $t^2 + 202t - 1\ 248 = 0$.

c. Vérifier que 6 est une solution de cette équation.

d. Expliquer pourquoi il y a une autre solution, et préciser sa valeur.

e. Quelle est la solution à retenir pour conclure le problème ?

Contrôle

29 QCM

★ 10 points, 30 min ▸ p. 142

Pour chacune des questions, une et une seule proposition est exacte.

1. Parmi les fonctions f, g et h, définies sur $]0\ ;+\infty[$ par :

$$f(x)=x^2\ ,\ g(x)=\frac{1}{x} \text{ et } h(x)=5-3x\ ,$$

combien sont décroissantes sur $]0\ ;+\infty[$?

a. trois. **b.** deux.
c. une. **d.** aucune.

2. Le minimum de la fonction $x \mapsto \frac{1}{x}$ sur l'intervalle $]-5\ ;-2]$ est :

a. $-\frac{1}{5}$. **b.** $-\frac{1}{2}$.
c. 0. **d.** -2.

3. Si x est un nombre non nul strictement compris entre -4 et 3, alors :

a. $\frac{1}{x}>\frac{1}{3}$. **b.** $\frac{1}{x}<-\frac{1}{4}$.
c. $\frac{1}{x}>\frac{1}{3}$ et $\frac{1}{x}<-\frac{1}{4}$. **d.** $\frac{1}{x}>\frac{1}{3}$ ou $\frac{1}{x}<-\frac{1}{4}$.

Pour les questions **4.** à **6.**, on considère la fonction f définie sur $\mathbb{R}$ par :

$$f(x)=\begin{cases}-2x-10 \text{ si } x<-4\\ x+1 \text{ si } -4\leqslant x\leqslant 3\\ -x+8 \text{ si } x>3\end{cases}.$$

4. f est représentée par :

a. une droite. **b.** trois droites.
c. trois segments. **d.** deux demi-droites et un segment.

5. L'image de 3 par f est égale à :

a. -16. **b.** 3.
c. 4. **d.** 5.

6. L'équation $f(x)=0$ a :

a. aucune solution. **b.** une solution.
c. deux solutions. **d.** trois solutions.

Pour les questions **7.** à **10.**, on considère les fonctions f, g, h et k définies par :

$$f(x) = x^2 \; ; \; g(x) = \frac{1}{x} \; ; \; h(x) = x \; ; \; k(x) = -x \; ;$$

et représentées ci-dessous.

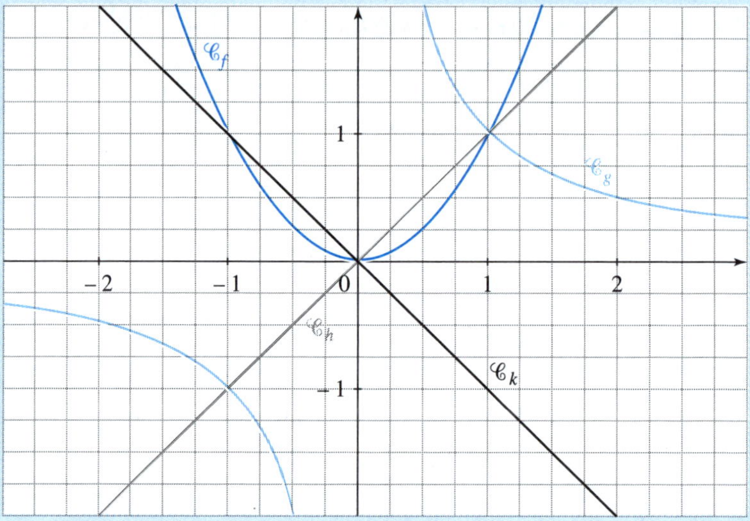

7. L'ensemble des solutions S de l'équation $x^2 = \frac{1}{x}$ est :

a. $S = \varnothing$.
b. $S = \{1\}$.
c. $S = \{0 \; ; 1\}$.
d. $S = \{-1 \; ; 1\}$.

8. L'ensemble des solutions S de l'équation $\frac{1}{x} + x = 0$ est :

a. $S = \varnothing$.
b. $S = \{1\}$.
c. $S = \{0 \; ; 1\}$.
d. $S = \{-1 \; ; 1\}$.

9. L'ensemble des solutions S de l'inéquation $x^2 < -x$ est :

a. $S = \varnothing$.
b. $S =]-1 \; ; 0[$.
c. $S =]0 \; ; 1[$.
d. $S = [-1 \; ; 1]$.

10. L'ensemble des solutions S de l'inéquation $x \geqslant \frac{1}{x}$ est :

a. $S = \varnothing$.
b. $S = [-1 \; ; 0[$.
c. $S = [-1 \; ; 0[\cup]0 \; ; 1]$.
d. $S = [-1 \; ; 0[\cup [1 \; ; +\infty[$.

30 | ★★ | 7 points, 20 min | ▶ p. 142

Soit f la fonction définie sur $\mathbb{R}$ par $f(x) = -x^2 + 4x - 1$.
On note $\mathcal{P}$ la parabole représentative de f dans un repère orthogonal du plan.
a. Donner une équation de l'axe de symétrie de $\mathcal{P}$ et préciser les coordonnées de son sommet.
Donner aussi le sens de variation de f.
b. Calculer $f(-1)$. Pourquoi peut-on connaître la valeur de $f(5)$ sans calculs ? Résoudre sans calculs l'inéquation $f(x) > -6$.
c. Montrer que pour tout $x \in \mathbb{R}$, $f(x) = -(x-2)^2 + 3$.
d. En utilisant le résultat précédent, résoudre l'équation $f(x) = 0$, puis l'inéquation $f(x) \leqslant -97$.

31 | ★★ | 3 points, 5 min | ▶ p. 143

Une fonction affine f est telle que $f(-2) = 2$ et $f(3) = -1$.
Calculer $f(1)$.

Contrôle

32 |★★|2 points, 10 min|▸ P. 143

Soit f une fonction affine par morceaux, définie sur $[-8\,;\,8]$, tracée ci-dessous.

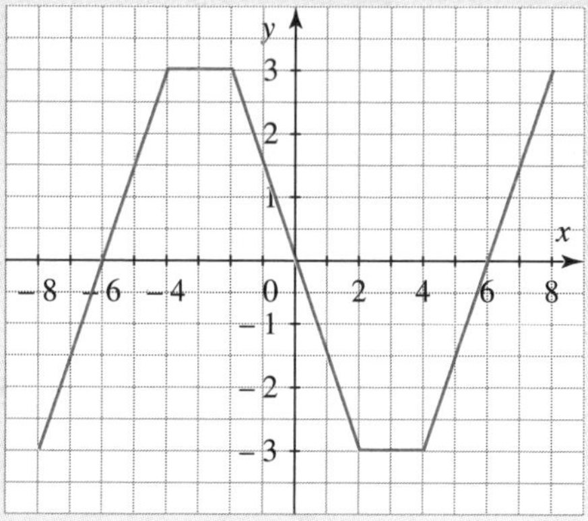

$$\begin{cases} f(x) = \ldots\ldots & \text{si } x \in [-8\,;\,-4] \\ f(x) = \ldots\ldots & \text{si } x \in [-4\,;\,-2] \\ f(x) = \ldots\ldots & \text{si } x \in [-2\,;\,2] \\ f(x) = \ldots\ldots & \text{si } x \in [2\,;\,4] \\ f(x) = \ldots\ldots & \text{si } x \in [4\,;\,8] \end{cases}$$

Sans justifier, compléter les expressions manquantes ci-dessus.

33 Vrai ou faux ? |★★|4 points, 10 min|▸ P. 143

1. **a.** Si $x \leqslant -1$, alors $x^2 \geqslant 1$.
b. Si $-5 < x \leqslant 0$, alors $x^2 \geqslant 25$.
c. Si $4 < x^2 < 9$, alors $2 < x < 3$.
d. Si $-3 \leqslant x \leqslant 3$, alors $x^2 \leqslant 9$.

2. **a.** Si $x \geqslant 1$, alors $\frac{1}{x} \leqslant 1$.
b. Si $x \leqslant -5$, alors $\frac{1}{x} \geqslant \frac{1}{5}$.
c. Si $-2 < x < -1$, alors $-1 < \frac{1}{x} < -\frac{1}{2}$.
d. Si $0 < x < 10$, alors $\frac{1}{x} > \frac{1}{10}$.

34 | ★★ | **2 points, 10 min** | ▶ P. 143

1. La courbe ci-dessous représente une fonction f. Préciser laquelle parmi les quatre ci-dessous, en justifiant.

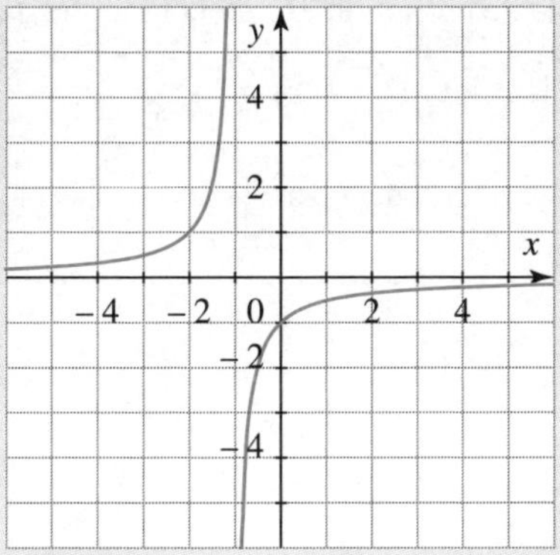

• $x \mapsto \frac{1}{x} + 1$ • $x \mapsto -\frac{1}{x+1}$ • $x \mapsto -\frac{1}{x} - 1$ • $x \mapsto \frac{1}{x-1}$

2. Soit g une fonction affine. Tracer ci-dessus la représentation graphique de g, sachant que $f(x) < g(x)$ pour $x \in]-\infty\,;-2[\cup]-1\,;0[$.

35 | ★★ | **2 points, 5 min** | ▶ P. 143

Soit x un nombre réel strictement supérieur à 1.

a. Sans justifier, ranger par ordre croissant les nombres x, x^2, x^3 et $\sqrt{x}$.

b. En déduire le rangement par ordre croissant des quatre nombres :

$$\frac{1}{x},\quad \frac{1}{x^2},\quad \frac{1}{x^3} \quad \text{et} \quad \frac{1}{\sqrt{x}}.$$

36 | ★★ | **4 points, 15 min** | ▶ P. 144

On considère les fonctions f et g définies pour tout $x \in \mathbb{R}$ par $f(x) = x^2$ et $g(x) = -x + 2$.

a. Représenter ces deux fonctions dans un repère orthogonal (O ; I, J), en se limitant à l'intervalle $[-3\,;3]$.

b. Résoudre graphiquement l'équation $x^2 + x - 2 = 0$ dans l'intervalle $[-3\,;3]$.

37 | ★★ | 6 points, 30 min | ▸ P. 144

On considère la fonction homographique f définie par $f(x)=\dfrac{12x+19}{4x+7}$.

1. Préciser l'ensemble de définition D_f de la fonction f.

2. Montrer que pour tout $x \in D_f$, $f(x)=3-\dfrac{2}{4x+7}$.

3. Étudier le sens de variation de f sur $\left]-\infty\,;-\dfrac{7}{4}\right[$ et sur $\left]-\dfrac{7}{4}\,;+\infty\right[$.

CORRIGÉS

1

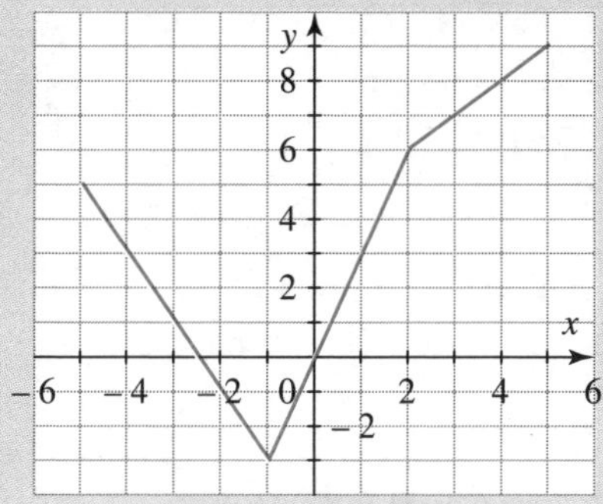

2 $f(x)=\begin{cases}\frac{1}{2}x & \text{si } 0 \leqslant x \leqslant 2\\ -x+3 & \text{si } 2 \leqslant x \leqslant 3\end{cases}$

3 **1.**

x	-3	$-1,5$	$0,5$	3
f	0 ↗	$1,5$ ↘	$-1,5$ ↗	1

2. Le maximum de cette fonction sur $[-3\ ;\ 3]$ est 1,5. Le minimum de cette fonction sur $[-3\ ;\ 3]$ est $-1,5$.

3. Pour déterminer ce nombre de solutions dans $[-3\ ;\ 3]$ on imagine le nombre de points d'intersection de la droite d'équation $y = m$ avec la courbe représentant f.

Si $m < -1,5$ ou si $m > 1,5$, l'équation $f(x) = m$ n'a pas de solution.

Si $m = -1,5$ ou $m = 1,5$, l'équation $f(x) = m$ a une solution.

Si $-1,5 < m < 0$ ou si $1 < m < 1,5$, l'équation $f(x) = m$ a deux solutions.

Si $0 \leqslant m \leqslant 1$, l'équation $f(x) = m$ a trois solutions.

4. **a.** L'inéquation $f(x) > 1,5$ n'a pas de solution dans $[-3\ ;\ 3]$.

b. Les solutions de l'inéquation $f(x) \geqslant -1,5$ sont les nombres de l'intervalle $[-3\ ;\ 3]$.

c. Les solutions de l'inéquation $f(x) < -1$ sont les nombres de l'intervalle $]0,25\ ;\ 1[$.

d. Les solutions de l'inéquation $f(x) \geqslant 0,5$ sont les nombres de l'ensemble $[-2,5\ ;\ -0,5] \cup [2,5\ ;\ 3]$.

4 L'accroissement des images et l'accroissement de la variable sont proportionnels, donc $\dfrac{f(4)-f(-1)}{4-(-1)}=\dfrac{f(4)-f(1)}{4-1}$, c'est-à-dire :

$$\frac{7-(-3)}{4-(-1)}=\frac{7-f(1)}{4-1} \Leftrightarrow \frac{10}{5}=\frac{7-f(1)}{3}.$$
$$\Leftrightarrow 6=7-f(1)$$
$$\Leftrightarrow f(1)=1.$$

5 **a. Vrai**.
b. Faux. Si $0 \leqslant x^2 \leqslant 9$, alors $-3 \leqslant x \leqslant 3$.
c. Faux. C'est incomplet : si x et y sont non nuls et de même signe, et si $x \leqslant y$, alors $\dfrac{1}{x} \geqslant \dfrac{1}{y}$.
d. Vrai, puisque $-0{,}5$ est l'inverse de -2.

6 **a.** Si $x \in \left]-\infty\ ;0\right]$, alors $x^2 \in \left[0\ ;+\infty\right[$.
b. Si $x \in \left]-3\ ;1\right]$, alors $x^2 \in \left[0\ ;9\right[$.
c. Si $x \in \left]-2\ ;+\infty\right[$, alors $x^2 \in \left[0\ ;+\infty\right[$.
d. Si $x \in \left[-8\ ;-2\right[$, alors $x^2 \in \left]4\ ;64\right]$.

7 **a.** $-2 \leqslant x \leqslant 2$.
b. $x \in \left]-\infty\ ;-3\right[\cup \left]3\ ;+\infty\right[$.
c. $x \in \left[-4\ ;-\sqrt{2}\right[\cup \left]\sqrt{2}\ ;4\right]$.

8 **a.** Si $x \in \left]-\infty\ ;0\right[$, alors $\dfrac{1}{x} \in \left]-\infty\ ;0\right[$.
b. Si $x \in \left]-3\ ;-1\right]$, alors $\dfrac{1}{x} \in \left[-1\ ;-\dfrac{1}{3}\right[$.
c. Si $x \in \left]1\ ;+\infty\right[$, alors $\dfrac{1}{x} \in \left]0\ ;1\right[$.
d. Si $x \in \left[\dfrac{1}{4}\ ;4\right[$, alors $\dfrac{1}{x} \in \left]\dfrac{1}{4}\ ;4\right]$.

9 **a.** Si $\dfrac{1}{x} < -2$, alors $x \in \left]-\dfrac{1}{2}\ ;0\right[$.
b. Si $\dfrac{1}{x} \geqslant \dfrac{4}{3}$, alors $x \in \left]0\ ;\dfrac{3}{4}\right]$.
c. Si $1 \leqslant \dfrac{1}{x} < 10$, alors $x \in \left]\dfrac{1}{10}\ ;1\right]$.
d. Si $-4 \leqslant \dfrac{1}{x} < -3$, alors $x \in \left]-\dfrac{1}{3}\ ;-\dfrac{1}{4}\right]$.

10 **a.** Équation de l'axe de symétrie : $x = -2$ (on utilise la formule $x = -\frac{b}{2a}$).
Coordonnées du sommet : $(-2\ ;\ -9)$ (l'abscisse est celle trouvée ci-dessus, l'ordonnée est $f(-2)$).
Variations : f est décroissante sur $]-\infty\ ;\ -2]$ et croissante sur $[-2\ ;\ +\infty[$ (voir cours, ici $a > 0$, la concavité de la parabole est tournée vers le haut).

b. Équation de l'axe de symétrie : $x = \frac{7}{2}$.

Coordonnées du sommet : $\left(\frac{7}{2}\ ;\ \frac{65}{4}\right)$.

Variations : f est croissante sur $\left]-\infty\ ;\ \frac{7}{2}\right]$ et décroissante sur $\left[\frac{7}{2}\ ;\ +\infty\right[$.

c. Équation de l'axe de symétrie : $x = 0$.
Coordonnées du sommet : $(0\ ;\ -1)$.
Variations : f est croissante sur $]-\infty\ ;\ 0]$ et décroissante sur $[0\ ;\ +\infty[$.

d. Équation de l'axe de symétrie : $x = -\frac{1}{8}$.

Coordonnées du sommet : $\left(-\frac{1}{8}\ ;\ -\frac{1}{16}\right)$.

Variations : f est croissante sur $\left]-\infty\ ;\ -\frac{1}{8}\right]$ et croissante sur $\left[-\frac{1}{8}\ ;\ +\infty\right[$.

11 Il suffit de calculer l'abscisse du sommet $\left(-\frac{b}{2a}\right)$ pour chaque parabole. On trouve :
a. $\mathscr{C}_4$ **b.** $\mathscr{C}_2$ **c.** $\mathscr{C}_1$ **d.** $\mathscr{C}_3$

12 **a.** Pour tout $x \in \mathbb{R}$,
$2(x+2)^2 - 9 = 2(x^2 + 4x + 4) - 9 = 2x^2 + 8x + 8 - 9 = 2x^2 + 8x - 1 = f(x)$.

b.
$$f(x) = 0 \Leftrightarrow 2(x+2)^2 - 9 = 0 \Leftrightarrow (x+2)^2 = \frac{9}{2}$$
$$\Leftrightarrow x + 2 = \sqrt{\frac{9}{2}} \text{ ou } x + 2 = -\sqrt{\frac{9}{2}}$$
$$\Leftrightarrow x = -2 + \frac{3\sqrt{2}}{2} \text{ ou } x = -2 - \frac{3\sqrt{2}}{2}.$$

Les deux solutions de l'équation $f(x) = 0$ montrent que $\mathscr{P}$ coupe l'axe des abscisses en deux points. Les coordonnées de ces deux points sont $\left(-2 + \frac{3\sqrt{2}}{2}\ ;\ 0\right)$ et $\left(-2 - \frac{3\sqrt{2}}{2}\ ;\ 0\right)$.

13 $f(1) = -1^2 + 6 \times 1 - 3 = 2$.
Puisque f est une fonction polynôme du second degré, elle est représentée par une parabole symétrique par rapport à la droite d'équation $x = 3$. Par symétrie, on a donc aussi $f(5) = 2$.
De plus, f étant croissante sur $]-\infty\,;3]$ et décroissante sur $[3\,;+\infty[$, on en déduit que :

$$f(x) \geqslant 2 \Leftrightarrow x \in [1\,;5].$$

14 **a.** $x - 3 = 0 \Leftrightarrow x = 3$, donc f est définie sur $\mathbb{R} - \{3\}$.

b. $7x - 5 = 0 \Leftrightarrow x = \dfrac{5}{7}$, donc f est définie sur $\mathbb{R} - \left\{\dfrac{5}{7}\right\}$.

c. $4 - 3x = 0 \Leftrightarrow x = \dfrac{4}{3}$, donc f est définie sur $\mathbb{R} - \left\{\dfrac{4}{3}\right\}$.

d. $x + 8 = 0 \Leftrightarrow x = -8$, donc f est définie sur $\mathbb{R} - \{-8\}$.

15 **a.** Pour tout $x \in \mathbb{R} - \left\{\dfrac{2}{7}\right\}$,

$$5 + \frac{4}{7x-2} = \frac{5(7x-2)}{7x-2} + \frac{4}{7x-2} = \frac{35x - 10 + 4}{7x-2} = \frac{35x-6}{7x-2} = f(x).$$

b. Soit a et b deux nombres réels dans $\left]\dfrac{2}{7}\,;+\infty\right[$ tels que $a < b$.

On a donc $0 < 7a - 2 < 7b - 2$.

D'où $\dfrac{1}{7b-2} < \dfrac{1}{7a-2}$ puis $\dfrac{4}{7b-2} < \dfrac{4}{7a-2}$ et $5 + \dfrac{4}{7b-2} < 5 + \dfrac{4}{7a-2}$,

c'est-à-dire $f(b) < f(a)$. Par conséquent, la fonction f est décroissante sur l'intervalle $\left]\dfrac{2}{7}\,;+\infty\right[$.

16 **1. a.** Soit $f : x \mapsto ax + b$ la fonction affine permettant de donner la température en degrés Fahrenheit connaissant la température en degrés Celsius.
D'après les données de l'énoncé, $f(0) = 32$ et $f(100) = 212$. (L'eau gèle à 0 °C et bout à 100 °C.)

On a donc $b = f(0) = 32$ et $a = \dfrac{f(100) - f(0)}{100 - 0} = \dfrac{212 - 32}{100} = 1{,}8$.

Ainsi, si x désigne la température en degrés Celsius, la température en degrés Fahrenheit est $f(x) = 1{,}8x + 32$.

b. $f(x) = 1{,}8x + 32 \Leftrightarrow f(x) - 32 = 1{,}8x$

$$\Leftrightarrow x = \frac{f(x) - 32}{1{,}8} \Leftrightarrow x = \frac{5}{9} f(x) - \frac{160}{9}$$

Soit g la fonction affine permettant de donner la température en degrés Celsius connaissant la température en degrés Fahrenheit. Si x désigne la température en degrés Fahrenheit, la température en degrés Celsius est $g(x) = \frac{5}{9}x - \frac{160}{9}$.

2. **a.** S'il fait -20 °C, la température est de -4 °F. En effet :

$$f(-20) = 1{,}8 \times (-20) + 32 = -4.$$

b. Cela correspond à une température approximative de 232,8 °C. En effet :

$$g(451) = \frac{5}{9} \times 451 - \frac{160}{9} = \frac{2\,095}{9} \approx 232{,}8.$$

3.

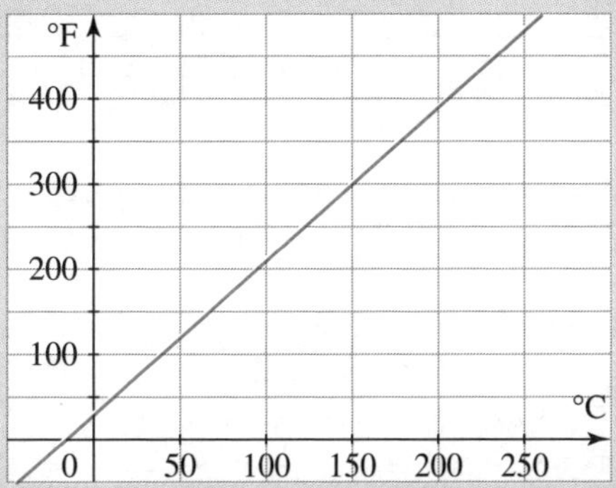

17

$$\begin{cases} f(x) = 3x & \text{si } x \in [0\,;1] \\ f(x) = \frac{3}{4}x + \frac{9}{4} & \text{si } x \in [1\,;4] \\ f(x) = \frac{3}{8}x + \frac{15}{4} & \text{si } x \in [4\,;6] \\ f(x) = 6 & \text{si } x \in [6\,;8] \end{cases}$$

18 1. L'ensemble de définition de la fonction $x \mapsto \sqrt{x}$ est $[0\,;+\infty[$.

2. **a.** Avec une identité remarquable, on écrit :

$$(\sqrt{b} - \sqrt{a})(\sqrt{b} + \sqrt{a}) = (\sqrt{b})^2 - (\sqrt{a})^2 = b - a.$$

Comme la somme $\sqrt{b} + \sqrt{a}$ ne peut s'annuler ($0 \leqslant a < b$, donc b est différent de 0), on obtient $\sqrt{b} - \sqrt{a} = \frac{b-a}{\sqrt{b} + \sqrt{a}}$.

b. On a $a < b$, donc $b - a > 0$. De plus, $\sqrt{b} + \sqrt{a}$ est strictement positif. Ainsi, $\sqrt{b} - \sqrt{a} > 0$, c'est-à-dire $\sqrt{a} < \sqrt{b}$. On en déduit que la fonction $x \mapsto \sqrt{x}$ est strictement croissante sur $[0\,;+\infty[$.

3.

19 1. L'ensemble de définition de la fonction $x \mapsto x^3$ est $\mathbb{R}$.

2. **a.** $(b-a)(a^2+ab+b^2) = ba^2+ab^2+b^3-a^3-a^2b-ab^2$
$= b^3-a^3$.

b. Comme a et b sont tous deux positifs, leur produit ab l'est aussi. La somme de ce nombre avec deux carrés est donc un nombre positif. Comme b n'est pas nul, $(0 \leqslant a < b)$, a^2+ab+b^2 est strictement positif.

c. On a $a<b$, donc $b-a>0$. Le produit $(b-a)(a^2+ab+b^2)$ est donc strictement positif, c'est-à-dire $b^3-a^3>0$, soit $a^3<b^3$. On en déduit que $x \mapsto x^3$ est strictement croissante sur $[0\,;+\infty[$.

3. En procédant de la même façon, on obtient aussi que f est strictement croissante sur $]-\infty\,;0]$.

4. Ainsi, la fonction $x \mapsto x^3$ est strictement croissante sur $]-\infty\,;+\infty[$.

5.

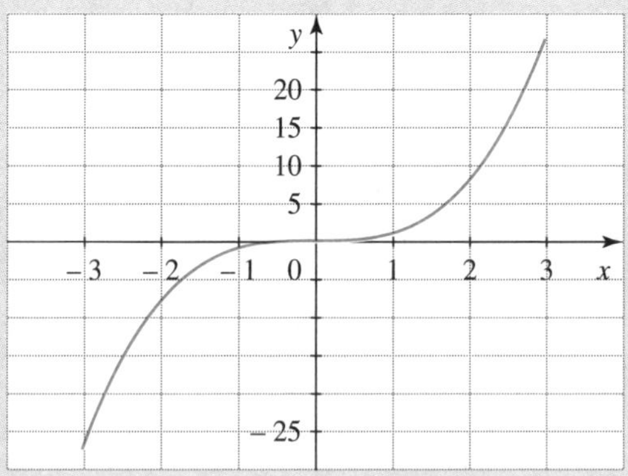

20 Si $x \leqslant -1$, alors $x^3 \leqslant x \leqslant x^2$.
Si $-1 \leqslant x \leqslant 0$, alors $x \leqslant x^3 \leqslant x^2$.
Si $0 \leqslant x \leqslant 1$, alors $x^3 \leqslant x^2 \leqslant x$.
Si $x \geqslant 1$, alors $x \leqslant x^2 \leqslant x^3$.

21 **a.**

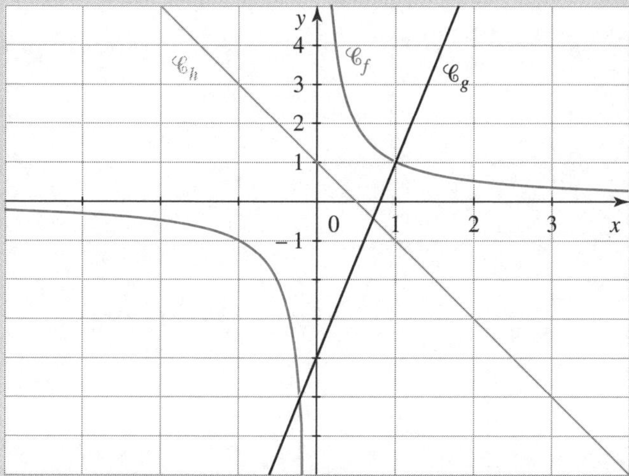

b. Les solutions de cette équation sont les abscisses des points d'intersection des deux courbes représentant f et g. Les solutions sont donc $-\dfrac{1}{5}$ et 1.

> **!** **Remarque : pour la lecture graphique de la première solution, il est plus judicieux de lire l'ordonnée du point d'intersection : comme il s'agit de -5, on en déduit que l'abscisse est $-\dfrac{1}{5}$.**

c. Les deux courbes ne se coupent pas, donc l'équation $\dfrac{1}{x} = -2x + 1$ n'a pas de solution dans $[-4\,;\,4]$. Il en est de même pour l'équation équivalente $\dfrac{1}{x} + 2x - 1 = 0$.

22 **a.**

x	$-\infty$		2		$+\infty$
f		↘	-1	↗	

b. Une équation de l'axe de symétrie de $\mathscr{P}$ est $x = 2$.

c. $f(x) = 3 \Leftrightarrow x^2 - 4x + 3 = 3$

$\Leftrightarrow x^2 - 4x = 0$

$\Leftrightarrow x(x-4) = 0$

$\Leftrightarrow x = 0$ ou $x = 4$.

d.

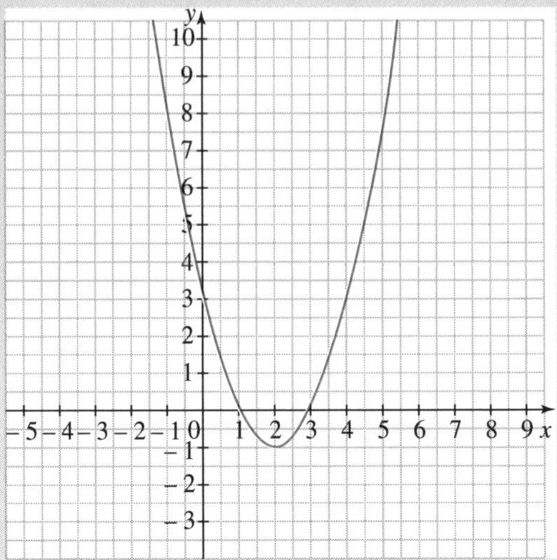

e.

- $f(x) = -2$: $S = \varnothing$
- $f(x) > 0$: $S =]-\infty\,;\,1[\,\cup\,]3\,;\,+\infty[$
- $f(x) \leqslant 8$: $S = [-1\,;\,5]$

f. Si $m < -1$, l'équation $f(x) = m$ n'admet pas de solution.
Si $m = -1$, l'équation $f(x) = m$ admet une solution.
Si $m > -1$, l'équation $f(x) = m$ admet deux solutions.

23 **a.** Pour tout $x \in \mathbb{R}$,
$3(x-1)^2 - 2 = 3(x^2 - 2x + 1) - 2 = 3x^2 - 6x + 3 - 2 = 3x^2 - 6x + 1$.

b. $3x^2 - 6x + 1 > 0 \Leftrightarrow 3(x-1)^2 - 2 > 0 \Leftrightarrow (x-1)^2 > \dfrac{2}{3}$

$$\Leftrightarrow x - 1 > \sqrt{\frac{2}{3}} \text{ ou } x - 1 < -\sqrt{\frac{2}{3}}$$

$$\Leftrightarrow x > 1 + \frac{\sqrt{6}}{3} \text{ ou } x < 1 - \frac{\sqrt{6}}{3}.$$

L'ensemble des solutions de l'inéquation est donc :

$$S = \left]-\infty\,;\,1 - \frac{\sqrt{6}}{3}\right[\cup \left]1 + \frac{\sqrt{6}}{3}\,;\,+\infty\right[.$$

24 **a.** $\mathscr{P}$ coupe l'axe des ordonnées au point d'ordonnée 4, donc $f(0) = 4$.
Or, $f(0) = c$, d'où $c = 4$.
b. $\mathscr{D}$ coupe l'axe des ordonnées au point d'ordonnée -2 , donc $b = -2$.
c. $\mathscr{P}$ passe par le point de coordonnées $(3\,;\,7)$, donc $f(3) = 7$, ce qui donne $7 = a \times 3^2 - 2 \times 3 + 4$, puis $a = 1$.
d. Une équation de l'axe de symétrie de $\mathscr{P}$ est $x = 1$.

e. S'il y a des points d'intersection entre $\mathcal{P}$ et $\mathcal{D}$, leurs abscisses sont des solutions de l'équation :

$$x^2 - 2x + 4 = x - 2 \Leftrightarrow x^2 - 3x + 6 = 0 \ .$$

Or, pour tout $x \in \mathbb{R}$, $x^2 - 3x + 6 = \left(x - \frac{3}{2}\right)^2 - \frac{9}{4} + 6 = \left(x - \frac{3}{2}\right)^2 + \frac{15}{4}$.

Un carré étant toujours positif, on déduit : $\left(x - \frac{3}{2}\right)^2 + \frac{15}{4} \geqslant \frac{15}{4} > 0$, ce qui montre que l'équation $x^2 - 3x + 6 = 0$ n'a pas de solution. Finalement, $\mathcal{P}$ et $\mathcal{D}$ ne sont pas sécantes.

25 **a.**

Équation du second degré

Variables
    a, b, c, d, r, r' : réels
Entrées
    Répéter
        Saisir a
        Jusqu'à $a \neq 0$
    Saisir b, c
Traitement
    d prend la valeur $b^2 - 4ac$
    Si $d > 0$ alors
            r prend la valeur $\dfrac{-b-\sqrt{d}}{2a}$
            r' prend la valeur $\dfrac{-b+\sqrt{d}}{2a}$
            Afficher r, r'
        sinon
            Si $d = 0$ alors
                r prend la valeur $-\dfrac{b}{2a}$
                Afficher r
            sinon
                afficher "pas de solution"

Commentaires

Dans l'instruction « Répéter ... jusqu'à ... », le test est situé à la fin, ce qui signifie que le traitement de l'instruction est exécuté au moins une fois.

b. Programmation sur une calculatrice.

Casio	TI
program name [SECOND] DO: "A"?→A: LpWhile A=0: "B"?→B: "C"?→C: B^2–4AC→D: "DISCRIMINANT=":D◄ If D>0: Then "X1=": (–B–√D)/(2A) ◄ "X2=": (–B+√D)/(2A) ◄ Else If D=0: Then "X0=": –B/(2A)◄ Else "PAS DE SOLUTION" : Stop	PROGRAM:SECOND :Repeat A ≠ 0 :Prompt A :End :Prompt B,C :B^2–4*A*C→D :Disp "DISCRIMINANT",D :If D>0 :Then :Disp "X1=", (–B–√D)/(2A) :Disp "X2=", (–B+√D)/(2A) :Else :If D=0 :Then :Disp "X0=", –B/(2A) :Else :Disp "PAS DE SOLUTION" :End

26 1. $\mathbb{R}-\{-3\}$

2. Pour tout $x \in \mathbb{R}-\{-3\}$,

$$1-\frac{4}{x+3}=\frac{x+3}{x+3}-\frac{4}{x+3}=\frac{x+3-4}{x+3}=\frac{x-1}{x+3}=f(x)$$

3. • Soit a et b deux nombres réels dans $]-3\ ;+\infty[$ tels que $a<b$.
On a donc $0<a+3<b+3$.

D'où $\frac{1}{b+3}<\frac{1}{a+3}$, puis $\frac{4}{b+3}<\frac{4}{a+3}$, $-\frac{4}{a+3}<-\frac{4}{b+3}$ et $1-\frac{4}{a+3}<1-\frac{4}{b+3}$, c'est-à-dire $f(a)<f(b)$.

• Soit a et b deux nombres réels dans $]-\infty\ ;-3[$ tels que $a<b$.
On a donc $a+3<b+3<0$, ce qui conduit comme précédemment à $f(a)<f(b)$.
Par conséquent, la fonction f est croissante sur $]-\infty\ ;-3[$ et croissante sur $]-3\ ;+\infty[$.

27 1. $f(x)=g(x) \Leftrightarrow x \in \{-2\ ;\ 3\}$
$f(x)<g(x) \Leftrightarrow x \in\ ]-2\ ;-1[\ \cup\ ]1\ ;3[$
2. **a.** Pour tout $x \in D_f \cap D_g$,

$$f(x)=g(x) \Leftrightarrow \frac{2x-5}{x-1}=\frac{x-1}{x+1} \Leftrightarrow (2x-5)(x+1)=(x-1)^2$$

$$\Leftrightarrow 2x^2-3x-5=x^2-2x+1 \Leftrightarrow x^2-x-6=0\ .$$

b. $(x-3)(x+2)=x^2-x-6$, donc
$f(x)=g(x) \Leftrightarrow (x-3)(x+2)=0 \Leftrightarrow x=3$ ou $x=-2$.

3. a. Pour tout $x \in D_f \cap D_g$, $f(x)<g(x) \Leftrightarrow \dfrac{2x-5}{x-1}-\dfrac{x-1}{x+1}<0$

$$\Leftrightarrow \frac{(2x-5)(x+1)}{(x-1)(x+1)}-\frac{(x-1)^2}{(x-1)(x+1)}<0$$

$$\Leftrightarrow \frac{x^2-x-6}{(x-1)(x+1)}<0 \Leftrightarrow \frac{(x-3)(x+2)}{(x-1)(x+1)}<0$$

b.

x	$-\infty$		-2		-1		1		3		$+\infty$
$x-3$		$-$		$-$		$-$		$-$	0	$+$	
$x+2$		$-$	0	$+$		$+$		$+$		$+$	
$x-1$		$-$		$-$		$-$	0	$+$		$+$	
$x+1$		$-$		$-$	0	$+$		$+$		$+$	
$\dfrac{(x-3)(x+2)}{(x-1)(x+1)}$		$+$		$-$	‖	$+$	‖	$-$		$+$	

Ainsi, $f(x)<g(x) \Leftrightarrow x \in\ ]-2\ ;-1[\ \cup\ ]1\ ;3[$.

28 **a.** $15\ 000 \times \left(1+\dfrac{t}{100}\right) \times \left(1+\dfrac{t+2}{100}\right)=17\ 172$

$$\Leftrightarrow 15\ 000 \times \left(\frac{100+t}{100}\right)\left(\frac{102+t}{100}\right)=17\ 172$$

$$\Leftrightarrow 1{,}5 \times (100+t)(102+t)=17\ 172$$

b. $1{,}5 \times (100+t)(102+t)=17\ 172 \Leftrightarrow (100+t)(102+t)=11\ 448$
$\Leftrightarrow t^2+202t+10\ 200=11\ 448 \Leftrightarrow t^2+202t-1\ 248=0$.
c. $6^2+202 \times 6-1\ 248=0$.
d. C'est une équation relative à une fonction du second degré, représentée par une parabole qui possède un axe de symétrie. Puisqu'il y a une solution égale à 6, il y en a une autre, symétrique de 6 par rapport à cet axe de symétrie, d'équation $x=-101$. Cette autre solution est donc -208 .
e. On cherche un taux d'intérêt positif donc on ne retient pas la solution négative. Le taux d'intérêt pratiqué la première année est donc 6 %, la seconde année 8 %.

29 **1.** Réponse **b.** f est croissante sur $]0\ ;+\infty[$, les deux autres sont décroissantes.

2. Réponse **b.** La fonction $x \mapsto \frac{1}{x}$ est décroissante sur $]-5\ ;-2]$, donc le minimum est $-\frac{1}{2}$. On remarquera que cette fonction n'a pas de maximum car l'intervalle est ouvert en -5.

3. Réponse **d.** Si $-4 < x < 0$, alors $\frac{1}{x} < -\frac{1}{4}$. Si $0 < x < 3$, alors $\frac{1}{x} > \frac{1}{3}$.

4. Réponse **d.** Le segment correspond à l'intervalle $[-4\ ;3]$, les demi-droites aux intervalles $]-\infty\ ;-4[$ et $]3\ ;+\infty[$.

5. Réponse **c.** $f(3) = 3 + 1 = 4$.

6. Réponse **d.** Première solution : $-2x - 10 = 0 \Leftrightarrow x = -5$ qui est bien dans $]-\infty\ ;-4[$. Deuxième solution : $x + 1 = 0 \Leftrightarrow x = -1$ qui est bien dans $[-4\ ;3]$. Troisième solution : $-x + 8 = 0 \Leftrightarrow x = 8$ qui est bien dans $]3\ ;+\infty[$.

7. Réponse **b.** Un seul point d'intersection entre les courbes des fonctions f et g, d'abscisse 1.

8. Réponse **a.** $\frac{1}{x} + x = 0 \Leftrightarrow \frac{1}{x} = -x$. Les courbes des fonctions g et k ne se coupent pas.

9. Réponse **b.** La courbe de f est strictement au-dessous de celle de k pour les abscisses dans l'intervalle $]-1\ ;0[$.

10. Réponse **d.** La courbe de h est au-dessus de celle de g pour les abscisses dans la réunion d'intervalles $[-1\ ;0[\cup [1\ ;+\infty[$.

30 **a.** Une équation de l'axe de symétrie de $\mathcal{P}$ est : $x = 2$.
Les coordonnées du sommet sont $(2\ ;3)$ puisque $f(2) = 3$.
Variations : f est croissante sur $]-\infty\ ;2]$ et décroissante sur $[2\ ;+\infty[$.

b. $f(-1) = -6$.
Puisque $\mathcal{P}$ est symétrique par rapport à la droite d'équation $x = 2$, on a $f(5) = f(-1) = -6$.
On en déduit que $f(x) > -6 \Leftrightarrow x \in\ ]-1\ ;5[$.

c. Pour tout $x \in \mathbb{R}$,
$-(x-2)^2 + 3 = -(x^2 - 4x + 4) + 3 = -x^2 + 4x - 1 = f(x)$.

d. $f(x) = 0 \Leftrightarrow -(x-2)^2 + 3 = 0 \Leftrightarrow (x-2)^2 = 3$
$\Leftrightarrow x - 2 = \sqrt{3}$ ou $x - 2 = -\sqrt{3}$
$\Leftrightarrow x = 2 + \sqrt{3}$ ou $x = 2 - \sqrt{3}$.

$f(x) \leqslant -97 \Leftrightarrow -(x-2)^2 + 3 \leqslant -97 \Leftrightarrow (x-2)^2 \geqslant 100$
$\Leftrightarrow x - 2 \geqslant 10$ ou $x - 2 \leqslant -10$
$\Leftrightarrow x \geqslant 12$ ou $x \leqslant -8$.

L'ensemble des solutions de l'inéquation est donc :

$$S =]-\infty\ ;-8] \cup [12\ ;+\infty[.$$

31 L'accroissement des images et l'accroissement de la variable sont proportionnels, donc $\dfrac{f(3)-f(-2)}{3-(-2)}=\dfrac{f(3)-f(1)}{3-1}$, c'est-à-dire :

$$\frac{-3}{5}=\frac{-1-f(1)}{2} \Leftrightarrow -\frac{6}{5}=-1-f(1) \Leftrightarrow f(1)=\frac{1}{5}.$$

32

$$\begin{cases} f(x)=\frac{3}{2}x+9 & \text{si } x\in[-8\,;-4] \\ f(x)=3 & \text{si } x\in[-4\,;-2] \\ f(x)=-\frac{3}{2}x & \text{si } x\in[-2\,;2] \\ f(x)=-3 & \text{si } x\in[2\,;4] \\ f(x)=\frac{3}{2}x-9 & \text{si } x\in[4\,;8] \end{cases}$$

33 1. **a.** Vrai. **b.** Faux. **c.** Faux. **d.** Vrai.
2. **a.** Vrai. **b.** Faux. **c.** Vrai. **d.** Vrai.

34 1. Sur le graphique, on voit que -1 n'a pas d'image par f. La seule fonction pour laquelle -1 est une valeur interdite est la deuxième de la liste : $x \mapsto -\dfrac{1}{x+1}$.

2.

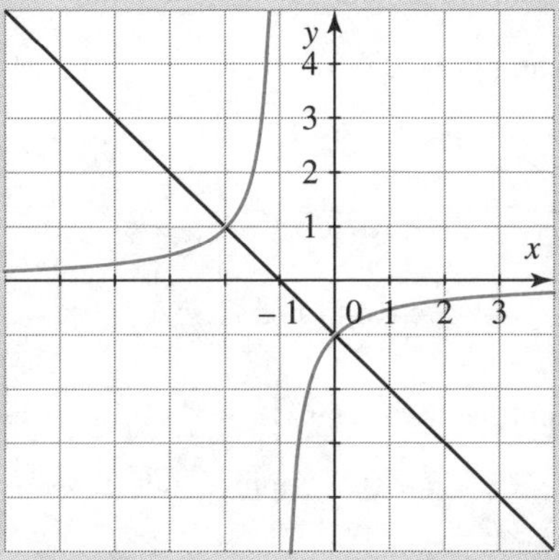

35 **a.** Si $x>1$, alors $\sqrt{x}<x<x^2<x^3$.
b. Des nombres de même signe et leurs inverses sont rangés dans l'ordre contraire, donc $\dfrac{1}{x^3}<\dfrac{1}{x^2}<\dfrac{1}{x}<\dfrac{1}{\sqrt{x}}$.

36 **a.**

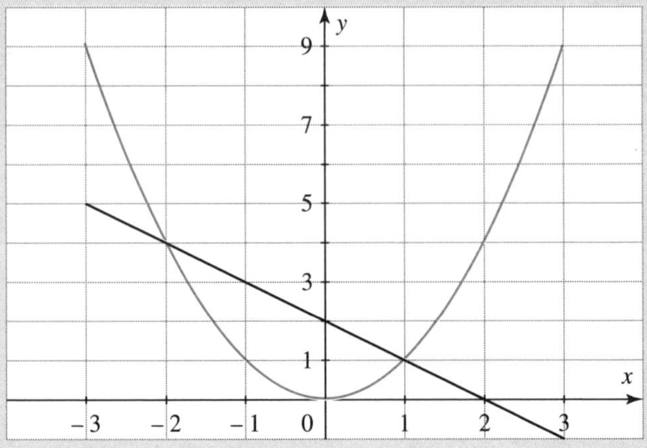

b. Les solutions de cette équation sont les abscisses des points d'intersection des deux courbes. En effet :

$$f(x)=g(x) \Leftrightarrow x^2=-x+2$$
$$\Leftrightarrow x^2+x-2=0\,.$$

Les solutions sont donc -2 et 1.

37 **1.** $D_f=\mathbb{R}-\left\{-\dfrac{7}{4}\right\}$.

2. Pour tout $x\in D_f$,

$$3-\frac{2}{4x+7}=\frac{3(4x+7)}{4x+7}-\frac{2}{4x+7}=\frac{12x+21-2}{4x+7}=\frac{12x+19}{4x+7}=f(x)\ .$$

3. • Soit a et b deux nombres réels dans $\left]-\dfrac{7}{4}\,;+\infty\right[$ tels que $a<b$.

On a donc $0<4a+7<4b+7$.

D'où $\dfrac{1}{4b+7}<\dfrac{1}{4a+7}$, puis $-\dfrac{2}{4b+7}>-\dfrac{2}{4a+7}$

et $3-\dfrac{2}{4b+7}>3-\dfrac{2}{4a+7}$, c'est-à-dire $f(a)<f(b)$.

• Soit a et b deux nombres réels dans $\left]-\infty\,;-\dfrac{7}{4}\right[$ tels que $a<b$.

On a donc $4a+7<4b+7<0$, ce qui conduit comme précédemment à $f(a)<f(b)$.

Par conséquent, la fonction f est croissante sur $\left]-\infty\,;-\dfrac{7}{4}\right[$ et croissante sur $\left]-\dfrac{7}{4}\,;+\infty\right[$.

7 Fonctions trigonométriques

I CERCLE TRIGONOMÉTRIQUE

On se place dans un repère orthonormal $(O\ ;\ I, J)$.

On appelle **cercle trigonométrique** le cercle de centre O et de rayon 1, muni d'un sens de parcours positif.

Par convention, le sens positif est le sens inverse des aiguilles d'une montre.

Le sens positif est aussi appelé sens direct. L'autre sens est le sens négatif ou sens indirect.

II COSINUS ET SINUS D'UN NOMBRE RÉEL

Soit d la droite repérée $(I\ ;\ K)$, perpendiculaire à (OI), passant par I. Soit R un point quelconque sur cette droite, d'abscisse x. (Sur cette droite repérée, l'abscisse de K est égale à 1.)

En imaginant un enroulement de cette droite autour du cercle trigonométrique, le point R se retrouve alors en M.

Ainsi, on peut associer à chaque nombre réel x un unique point M sur le cercle trigonométrique. On dit que M est l'image du réel x.

Ce point est l'image d'une infinité de nombres réels qui peuvent s'écrire $x + 2k\pi$, où $k \in \mathbb{Z}$.

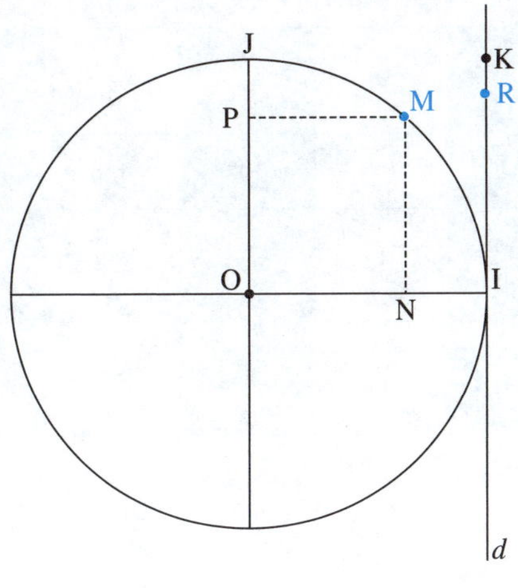

Soit x un nombre réel quelconque et M son image sur le cercle trigonométrique.

Dans le repère du plan $(O ; I, J)$, l'abscisse de M est notée $\cos x$ (on lit « cosinus de x »), l'ordonnée de M est notée $\sin x$ (on lit « sinus de x »).

Les coordonnées de M dans le repère $(O ; I, J)$ sont donc $(\cos x ; \sin x)$.

III PROPRIÉTÉS

• Pour tout $x \in \mathbb{R}$, $-1 \leqslant \cos x \leqslant 1$ et $-1 \leqslant \sin x \leqslant 1$.

• Les carrés de $\cos x$ et $\sin x$ se notent $\cos^2 x$ et $\sin^2 x$.

Pour tout $x \in \mathbb{R}$, $\cos^2 x + \sin^2 x = 1$.

• Pour tout $x \in \mathbb{R}$ et pour tout $x \in \mathbb{Z}$,

$\cos(x + 2k\pi) = \cos x$ et $\sin(x + 2k\pi) = \sin x$.

• Propriétés de symétrie

Pour tout $x \in \mathbb{R}$,

$\cos(-x) = \cos x$ et $\sin(-x) = -\sin x$.

$\cos(x + \pi) = -\cos x$ et $\sin(x + \pi) = -\sin x$.

$\cos(\pi - x) = -\cos x$ et $\sin(\pi - x) = \sin x$.

IV VALEURS REMARQUABLES

Lorsque $0 \leqslant x \leqslant \frac{\pi}{2}$, les cosinus et sinus du nombre réel x coïncident avec ceux de l'angle $\widehat{IOM}$.

En effet, $\cos \widehat{IOM} = \cos \widehat{NOM} = \frac{ON}{OM} = ON = \cos x$,

et $\sin \widehat{IOM} = \sin \widehat{NOM} = \frac{OP}{OM} = OP = \sin x$.

x	0	$\frac{\pi}{6}$	$\frac{\pi}{4}$	$\frac{\pi}{3}$	$\frac{\pi}{2}$
Angle $\widehat{IOM}$	0°	30°	45°	60°	90°
$\cos x$	1	$\frac{\sqrt{3}}{2}$	$\frac{\sqrt{2}}{2}$	$\frac{1}{2}$	0
$\sin x$	0	$\frac{1}{2}$	$\frac{\sqrt{2}}{2}$	$\frac{\sqrt{3}}{2}$	1

Exercices d'application

Cercle trigonométrique

1

★ | 10 min | ▶ P. 152

Placer sur le cercle trigonométrique les points images des nombres réels suivants :

$0 \; ; \; \frac{\pi}{2} \; ; \; \pi \; ; \; \frac{3\pi}{2} \; ; \; 2\pi \; ; \; -\pi \; ; \; -\frac{\pi}{2} \; ; \; \frac{\pi}{4} \; ; \; -\frac{\pi}{4} \; ; \; \frac{3\pi}{4} \; ; \; -\frac{\pi}{6} \; ; \; \frac{\pi}{3} \; ; \; \frac{2\pi}{3} \; ; \; \frac{5\pi}{12}.$

2

★ | 10 min | ▶ P. 152

Quelles sont les valeurs exactes de :

$$\cos\left(\frac{4\pi}{3}\right),\ \sin\left(-\frac{5\pi}{4}\right),\ \sin\left(\frac{17\pi}{3}\right) \text{ et } \cos\left(-\frac{35\pi}{4}\right) \ ?$$

3

★★ | 15 min | ▶ P. 152

En s'aidant du cercle trigonométrique, résoudre dans $[0 \; ; \pi]$ les équations :

a. $\cos x = -\frac{\sqrt{3}}{2}$ **b.** $2\cos x = -1$ **c.** $\sin x = 0$

d. $\sin x = -\frac{3}{2}$ **e.** $\sin x = -\frac{\sqrt{2}}{2}$

4

★★ | 15 min | ▶ P. 154

En s'aidant du cercle trigonométrique, résoudre dans $[0 \; ; \pi]$ les inéquations :

a. $\cos x < -\frac{\sqrt{3}}{2}$ **b.** $\sin x \geqslant \frac{\sqrt{2}}{2}$ **c.** $\sin x > 0$

Avec les formules

5

★★ | 10 min | ▶ P. 155

On a $\cos x = \frac{3}{5}$ et $x \in [0 \; ; \pi]$. Trouver $\sin x$.

6

★ | 5 min | ▶ P. 155

Soit $x \in \mathbb{R}$. Simplifier $(\cos x + \sin x)^2 + (\cos x - \sin x)^2 - 2$.

7 | ★★ | 10 min | ▶ P. 155

En s'aidant des symétries du cercle trigonométrique, calculer la valeur exacte des nombres A et B :

$A = \cos\frac{\pi}{3} + \cos\frac{2\pi}{3} + \cos\frac{4\pi}{3} + \cos\frac{5\pi}{3}$;

$B = \sin\left(-\frac{\pi}{6}\right) + \sin\left(\frac{5\pi}{6}\right) + \sin\left(-\frac{17\pi}{6}\right)$.

8 **Vrai ou Faux ?** | ★ | 10 min | ▶ P. 155

1. **a.** $\cos\left(\frac{\pi}{2}\right) = 0$ **b.** $\sin(1) = 0$ **c.** $\sin(1\,001\pi) = 0$
d. $\cos(1\,001\pi) = 1$ **e.** $\cos\frac{1}{2} = \frac{\pi}{3}$

2. Soit x un nombre réel quelconque.
a. $\cos\left(x + \frac{\pi}{4}\right) = \cos x + \cos\frac{\pi}{4}$ **b.** $\cos\left(x + \frac{\pi}{4}\right) = \cos x + \frac{\pi}{4}$
c. $\cos^2 x = 2\cos x$ **d.** Si $\cos x = -1$, alors $x = -\pi$.
e. Si $x \in [0\,;\,\pi]$ et si $\cos x = -\frac{\sqrt{2}}{2}$ et $\sin x = \frac{\sqrt{2}}{2}$, alors $x = \frac{3\pi}{4}$.

Exercices d'entraînement

9 | ★★ | 10 min | ▶ P. 156

Exprimer en fonction de $\cos x$:

$$A(x) = -4\cos(x-\pi) + \cos(2\pi - x) - \cos(-x) - 3\cos(3\pi - x) - 9\cos(12\pi + x).$$

10 | ★★ | 10 min | ▶ P. 156

Montrer que, pour tout $x \in \mathbb{R}$:

$$(1 + \cos x + \sin x)^2 = 2(1 + \cos x)(1 + \sin x).$$

11 | ★★ | 5 min | ▶ P. 156

Soit x un nombre réel quelconque. En utilisant des encadrements de $\cos x$ et de $\sin x$, déterminer des encadrements de :

a. $\cos x + \sin x$ **b.** $\cos^2 x$ **c.** $\cos\left(x + \frac{\pi}{3}\right)$ **d.** $\cos x \times \sin x$.

12 ★★ | 20 min | ▶ P. 156

Pour tout $x \in \mathbb{R}$ tel que $\cos x \neq 0$, on définit la tangente du nombre x que l'on note $\tan x$, par $\tan x = \dfrac{\sin x}{\cos x}$.

1. Quels sont les nombres pour lesquels le calcul de $\tan x$ n'est pas possible ?

2. Calculer $\tan \dfrac{\pi}{3}$ et $\tan \dfrac{\pi}{4}$.

13 ★★★ | 15 min | ▶ P. 156

Résoudre dans $]-\pi\ ;\ \pi]$ l'équation $\cos^2 x - \sin^2 x = -\dfrac{1}{2}$.

CONTRÔLE

14 | ★ | 3 points, 5 min | ▶ P. 157

Associer les points A, B, C, D, E, et F sur le cercle trigonométrique ci-contre et les réels suivants dont ils sont les images.

$-\frac{3\pi}{4}$; $-\frac{4\pi}{3}$; $-\frac{11\pi}{6}$; 10π ;

$\frac{1\,000\,001\pi}{4}$; $\frac{3\pi}{2}$.

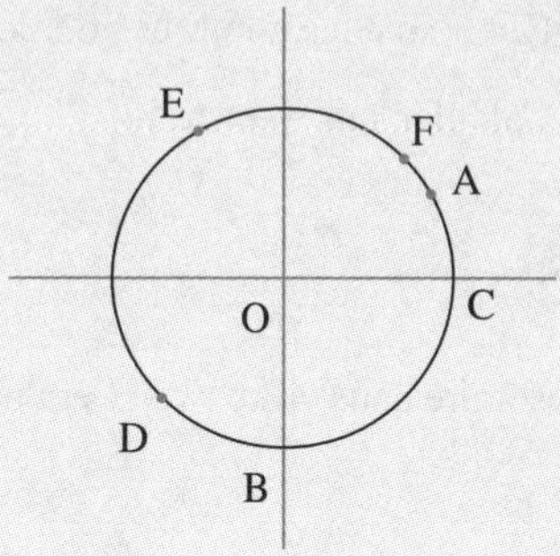

15 QCM | ★ | 4 points, 15 min | ▶ P. 157

Pour chacune des questions, une et une seule proposition est exacte.

1. L'équation $\cos x = -1$ dans $[0 ; 2\pi]$:

a. a deux solutions : $-\pi$ et π **b.** a une solution : π

c. a une solution : $\frac{3\pi}{2}$ **d.** n'a pas de solution

2. Le nombre de solutions de l'équation $\sin x = \frac{1}{2}$ dans $[0 ; 8\pi]$ est :

a. 0 **b.** 2 **c.** 4 **d.** 8

3. $\cos \frac{35\pi}{4} = \ldots$

a. $\frac{\sqrt{2}}{2}$ **b.** $\frac{\sqrt{3}}{2}$ **c.** $-\frac{1}{2}$ **d.** $-\frac{\sqrt{2}}{2}$

4. Si $x \in \left[0 ; \frac{\pi}{2}\right]$ et $\cos x = \sin x$, alors :

a. $x = 0$ **b.** $x = \frac{\pi}{4}$ **c.** $x = \frac{\pi}{3}$ **d.** $x = \frac{\pi}{2}$

16 | ★★ | 3 points, 15 min | ▶ P. 158

a. Résoudre l'équation $\cos x = \frac{\sqrt{2}}{2}$ dans $[0 ; 2\pi]$.

b. Résoudre l'inéquation $\cos x < 0$ dans $[-\pi ; \pi]$.

c. Résoudre l'inéquation $\sin x > \frac{\sqrt{3}}{2}$ dans $\left[0 ; \frac{\pi}{2}\right]$.

17 Vrai ou Faux ?

★ 4 points, 15 min ▶ p. 159

Aucune justification n'est demandée. Les trois questions sont indépendantes.

1. On considère un nombre réel quelconque x et son opposé $-x$.

a. Ces deux nombres ont des points images sur le cercle trigonométrique qui sont symétriques par rapport à l'axe des ordonnées.

b. Les cosinus de ces deux nombres sont égaux.

c. Les sinus de ces deux nombres sont égaux.

d. Le point image du nombre $x + \pi$ est diamétralement opposé au point image de x sur le cercle trigonométrique.

2. On considère deux nombres x et x' dans l'intervalle $\left[-\frac{\pi}{2}\ ;\ 0\right]$, tels que $x < x'$.

a. $\sin x \geqslant 0$.

b. $\cos x \leqslant 0$.

c. $\sin x < \sin x'$.

d. $\cos x < \cos x'$.

18

★★ 1 point, 5 min ▶ p. 159

Déterminer, à l'aide de la calculatrice, une valeur approchée de x à 0,01 près, sachant que $x \in \left[-\pi\ ;\ -\frac{\pi}{2}\right]$ et $\cos x = -0{,}3$.

19

★★ 2 points, 10 min ▶ p. 159

Soit x un nombre réel tel que $\sin x = -\frac{5}{13}$ et $x \in \left[-\frac{\pi}{2}\ ;\ \frac{\pi}{2}\right]$.

Calculer la valeur exacte de $\cos x$.

20

★ 1 point, 5 min ▶ p. 159

Simplifier : $A(x) = -2\cos(x + 3\pi) - \cos(\pi - x) - 3\cos(-x)$.

21

★★ 2 points, 5 min ▶ p. 160

Montrer que, pour tout $x \in \mathbb{R}$, $\cos^4 x - \sin^4 x = 1 - 2\sin^2 x$.

CORRIGÉS

1 Les réels 0 ; $\frac{\pi}{2}$; π ; $\frac{3\pi}{2}$; 2π ; – π ; $-\frac{\pi}{2}$ ont respectivement pour images les points : A, B, C, D, A, C, et D.

Les réels $\frac{\pi}{4}$; $-\frac{\pi}{4}$; $\frac{3\pi}{4}$; $-\frac{\pi}{6}$; $\frac{\pi}{3}$; $\frac{2\pi}{3}$; $\frac{5\pi}{12}$ ont respectivement pour images les points : E, F, G, H, I, J, et K.

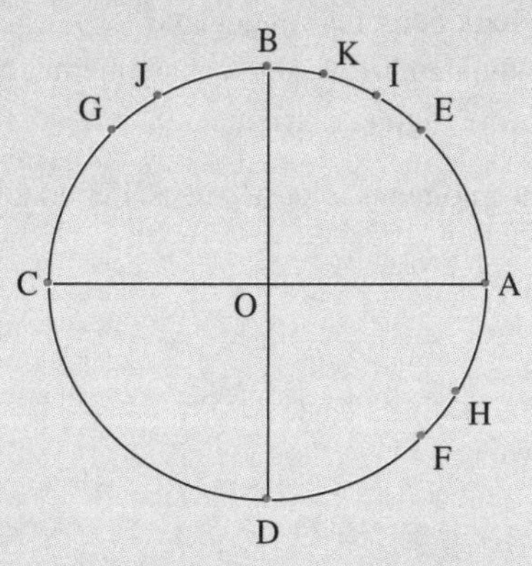

2 $\cos\left(\frac{4\pi}{3}\right)=-\frac{1}{2}$; $\sin\left(-\frac{5\pi}{4}\right)=\frac{\sqrt{2}}{2}$;

$\sin\left(\frac{17\pi}{3}\right)=-\frac{\sqrt{3}}{2}$; $\cos\left(-\frac{35\pi}{4}\right)=-\frac{\sqrt{2}}{2}$.

3 **a.** Sur la figure, les points M et M′ ont pour abscisse $-\frac{\sqrt{3}}{2}$.

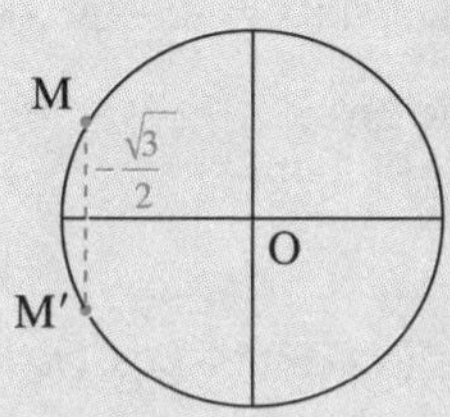

Le seul nombre réel de [0 ; π] ayant pour image M est $\frac{5\pi}{6}$.

Aucun nombre réel de [0 ; π] n'a pour image M′.

Conclusion :

L'équation $\cos x=-\frac{\sqrt{3}}{2}$ admet une solution dans [0 ; π] : $\frac{5\pi}{6}$.

b. $2\cos x = -1 \Leftrightarrow \cos x = -\frac{1}{2}$.

Sur la figure, les points M et M′ ont pour abscisse $-\frac{1}{2}$.

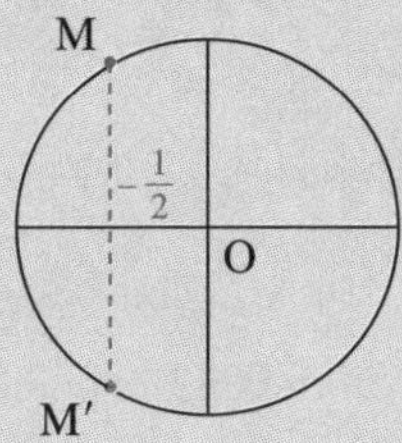

Le seul nombre réel de $[0 ; \pi]$ ayant pour image M est $\frac{2\pi}{3}$.

Aucun nombre réel de $[0 ; \pi]$ n'a pour image M′.

Conclusion :

L'équation $2\cos x = -1$ admet une solution dans $[0 ; \pi]$: $\frac{2\pi}{3}$.

c. Sur la figure, les points M et M′ ont pour ordonnée 0.

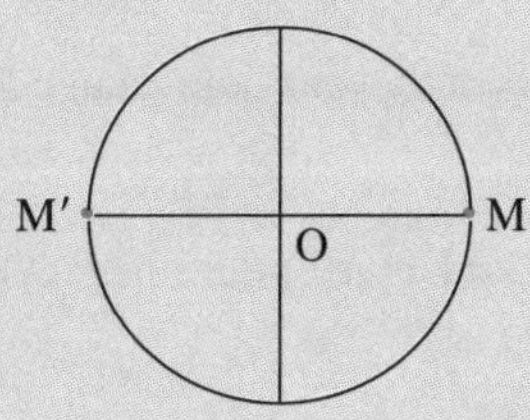

Le seul nombre réel de $[0 ; \pi]$ ayant pour image M est 0.

Le seul nombre réel de $[0 ; \pi]$ ayant pour image M′ est π.

Conclusion :

L'équation $\sin x = 0$ admet deux solutions dans $[0 ; \pi]$: 0 et π.

d. Cette équation n'a pas de solution, puisque pour tout $x \in \mathbb{R}$, $-1 \leqslant \sin x \leqslant 1$.

e. Sur la figure, les points M et M′ ont pour ordonnée $-\frac{\sqrt{2}}{2}$.

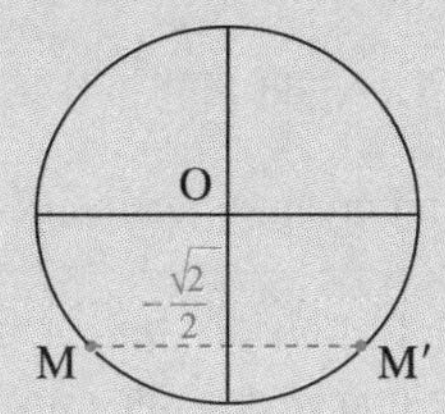

Aucun nombre réel de $[0 ; \pi]$ n'a pour image M ou M′.

Conclusion :

L'équation $\sin x = -\frac{\sqrt{2}}{2}$ n'a pas de solution dans $[0 ; \pi]$.

4 **a.** Sur la figure ci-contre, les points M et M′ ont pour abscisse $-\dfrac{\sqrt{3}}{2}$.

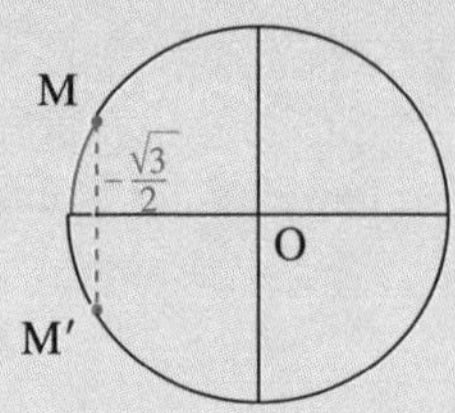

Le seul nombre réel de $[0\ ;\ \pi]$ ayant pour image M est $\dfrac{5\pi}{6}$.

Aucun nombre de $[0\ ;\ \pi]$ n'a pour image M′.

Les nombres réels de $[0\ ;\ \pi]$ dont le cosinus est strictement inférieur à $-\dfrac{\sqrt{3}}{2}$ ont une image sur l'arc de cercle dessiné en couleur.

Conclusion :

Les solutions de l'inéquation $\cos x < -\dfrac{\sqrt{3}}{2}$ dans l'intervalle $[0\ ;\ \pi]$ sont les nombres de l'intervalle $\left]\dfrac{5\pi}{6}\ ;\ \pi\right]$.

b. Sur la figure ci-contre, les points M et M′ ont pour ordonnée $\dfrac{\sqrt{2}}{2}$.

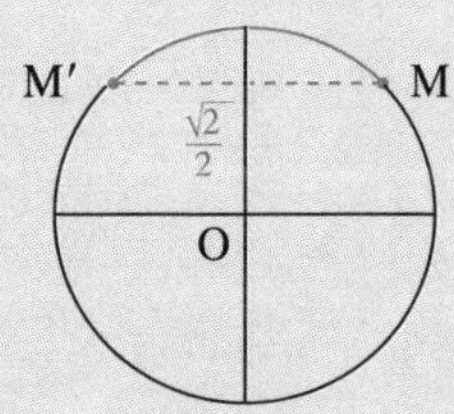

Le seul nombre réel de $[0\ ;\ \pi]$ ayant pour image M est $\dfrac{\pi}{4}$.

Le seul nombre réel de $[0\ ;\ \pi]$ ayant pour image M′ est $\dfrac{3\pi}{4}$.

Les nombres réels de $[0\ ;\ \pi]$ dont le sinus est supérieur à $\dfrac{\sqrt{2}}{2}$ ont une image sur l'arc de cercle dessiné en couleur.

Conclusion :

Les solutions de l'inéquation $\sin x \geqslant \dfrac{\sqrt{2}}{2}$ dans l'intervalle $[0\ ;\ \pi]$ sont les nombres de l'intervalle $\left[\dfrac{\pi}{4}\ ;\ \dfrac{3\pi}{4}\right]$.

c. Sur la figure ci-contre, les points M et M′ ont pour ordonnée 0.

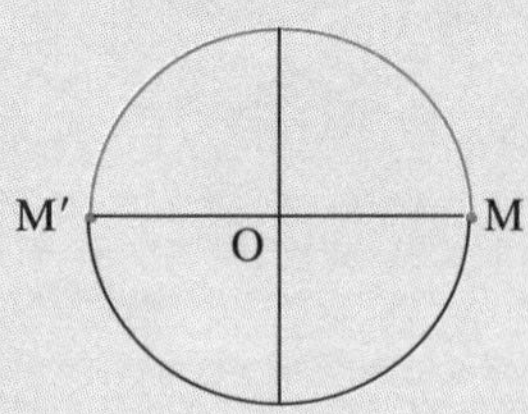

Le seul nombre réel de $[0\ ;\ \pi]$ ayant pour image M est 0.

Le seul nombre réel de $[0\ ;\ \pi]$ ayant pour image M′ est π.

Les nombres réels de $[0\ ;\ \pi]$ dont le sinus est strictement supérieur à 0 ont une image sur l'arc de cercle dessiné en couleur.

Conclusion :

Les solutions de l'inéquation $\sin x > 0$ dans l'intervalle $[0\ ;\ \pi]$ sont les nombres de l'intervalle $]0\ ;\ \pi[$.

5 On a $\cos x = \frac{3}{5}$, donc $\cos^2 x = \left(\frac{3}{5}\right)^2 = \frac{9}{25}$.

Comme $\cos^2 x = 1 - \sin^2 x$, il vient $1 - \sin^2 x = \frac{9}{25}$, d'où :

$$\sin^2 x = 1 - \frac{9}{25} = \frac{16}{25}.$$

On en déduit que $\sin x = \sqrt{\frac{16}{25}} = \frac{4}{5}$ ou $\sin x = -\sqrt{\frac{16}{25}} = -\frac{4}{5}$.

Comme $x \in [0\ ;\ \pi]$, le sinus de x est positif.

Par conséquent, la valeur exacte de $\sin x$ est $\frac{4}{5}$.

6 $(\cos x + \sin x)^2 + (\cos x - \sin x)^2 - 2$

$= \cos^2 x + \sin^2 x + 2\cos x \sin x + \cos^2 x + \sin^2 x - 2\cos x \sin x - 2$

$= 1 + 1 - 2$

$= 0$,

puisque $\cos^2 x + \sin^2 x = 1$.

7 Les points M, N, P et Q sont respectivement les images des nombres $\frac{\pi}{3}$, $\frac{2\pi}{3}$, $\frac{4\pi}{3}$ et $\frac{5\pi}{3}$.

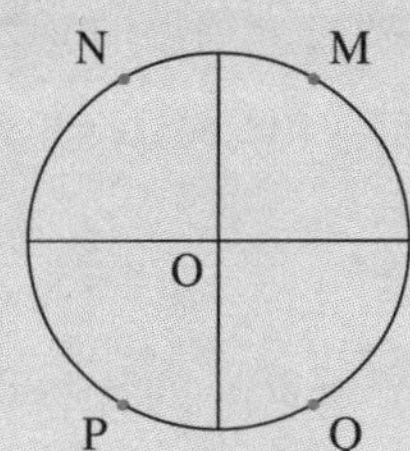

Par symétrie, on remarque que :

$$\cos\frac{\pi}{3} = \cos\frac{5\pi}{3} = \frac{1}{2} \text{ et } \cos\frac{2\pi}{3} = \cos\frac{4\pi}{3} = -\frac{1}{2},$$

d'où $A = \frac{1}{2} - \frac{1}{2} - \frac{1}{2} + \frac{1}{2} = 0$.

Les points M, N, et P sont respectivement les images des nombres $-\frac{\pi}{6}$, $\frac{5\pi}{6}$, et $-\frac{17\pi}{6}$.

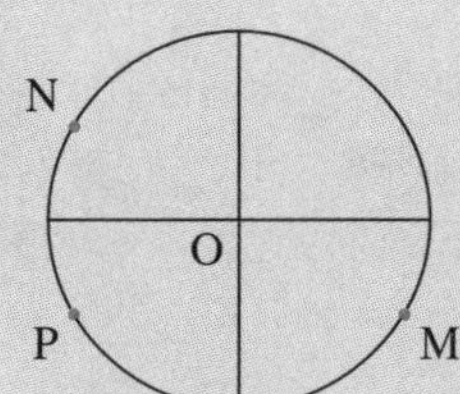

$$\sin\left(-\frac{\pi}{6}\right) = -\sin\left(\frac{\pi}{6}\right) = -\frac{1}{2}.$$

Par symétrie, on remarque que :

$$\sin\frac{5\pi}{6} = -\sin\left(-\frac{17\pi}{6}\right), \text{ d'où } B = -\frac{1}{2}.$$

8 1. **a. Vrai**. **b. Faux**. **c. Vrai**.

d. Faux. On a plutôt $\cos(1\,001\pi) = -1$.

e. Faux. En revanche on a $\cos\frac{\pi}{3} = \frac{1}{2}$.

2. **a. Faux**. **b. Faux**. **c. Faux**.

d. Faux. En revanche, si $x = -\pi$, alors $\cos x = -1$. **e. Vrai**.

9 Pour le premier terme de cette somme, on a $\cos(x-\pi) = -\cos x$.
Les deux suivants s'annulent car $\cos(2\pi - x) = \cos(-x)$.
Pour le quatrième terme, on a $\cos(3\pi - x) = \cos(\pi - x) = -\cos x$.
Pour le dernier terme, $\cos(12\pi + x) = \cos x$.
Donc $A(x) = -4(-\cos x) - 3(-\cos x) - 9\cos x = -2\cos x$.

10 Pour tout $x \in \mathbb{R}$:

$$\begin{aligned}(1+\cos x+\sin x)^2 &= (1+\cos x)^2+\sin^2 x+2(1+\cos x)(\sin x)\\ &= 1+\cos^2 x+2\cos x+\sin^2 x+2(1+\cos x)(\sin x)\\ &= 2+2\cos x+2(1+\cos x)(\sin x)\\ &= 2(1+\cos x)+2(1+\cos x)(\sin x)\\ &= 2(1+\cos x)(1+\sin x).\end{aligned}$$

11 Rappelons tout d'abord les encadrements utilisés. Pour tout $x \in \mathbb{R}$:

$$-1 \leqslant \cos x \leqslant 1 \text{ et } -1 \leqslant \sin x \leqslant 1.$$

a. $-2 \leqslant \cos x + \sin x \leqslant 2$.
b. $0 \leqslant \cos^2 x \leqslant 1$.
c. $-1 \leqslant \cos\left(x+\dfrac{\pi}{3}\right) \leqslant 1$.
d. $-1 \leqslant \cos x \sin x \leqslant 1$.

12 1. Dans $\mathbb{R}$, $\cos x = 0 \Leftrightarrow x = \dfrac{\pi}{2} + k\pi$, avec $k \in \mathbb{Z}$. Le calcul de $\tan x$ n'est donc pas possible pour l'infinité de nombres de la forme :

$$\frac{\pi}{2} + k\pi,\ k \in \mathbb{Z}.$$

2. $\tan\dfrac{\pi}{3} = \dfrac{\sin\frac{\pi}{3}}{\cos\frac{\pi}{3}} = \dfrac{\frac{\sqrt{3}}{2}}{\frac{1}{2}} = \sqrt{3}$ et $\tan\dfrac{\pi}{4} = \dfrac{\sin\frac{\pi}{4}}{\cos\frac{\pi}{4}} = \dfrac{\frac{\sqrt{2}}{2}}{\frac{\sqrt{2}}{2}} = 1$.

13 En utilisant la relation, $\cos^2 x = 1 - \sin^2 x$, on obtient :

$$\begin{aligned}\cos^2 x - \sin^2 x = -\frac{1}{2} &\Leftrightarrow 1 - \sin^2 x - \sin^2 x = -\frac{1}{2}\\ &\Leftrightarrow 1 - 2\sin^2 x = -\frac{1}{2}\\ &\Leftrightarrow 2\sin^2 x = \frac{3}{2}\\ &\Leftrightarrow \sin^2 x = \frac{3}{4}.\end{aligned}$$

D'où $\sin x = \sqrt{\frac{3}{4}} = \frac{\sqrt{3}}{2}$ ou $\sin x = -\sqrt{\frac{3}{4}} = -\frac{\sqrt{3}}{2}$.

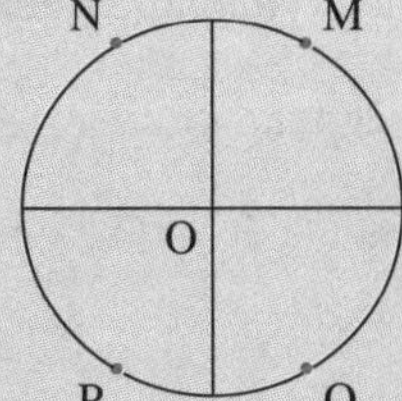

Sur la figure ci-contre, les points M et N ont pour ordonnée $\frac{\sqrt{3}}{2}$, et les points P et Q ont pour ordonnée $-\frac{\sqrt{3}}{2}$.

Le seul nombre réel de $]-\pi\,;\,\pi]$ ayant pour image M est $\frac{\pi}{3}$.

Le seul nombre réel de $]-\pi\,;\,\pi]$ ayant pour image N est $\frac{2\pi}{3}$.

Le seul nombre réel de $]-\pi\,;\,\pi]$ ayant pour image P est $-\frac{2\pi}{3}$.

Le seul nombre réel de $]-\pi\,;\,\pi]$ ayant pour image Q est $-\frac{\pi}{3}$.

Conclusion : l'équation $\cos^2 x - \sin^2 x = -\frac{1}{2}$ admet quatre solutions dans $]-\pi\,;\,\pi]$: $-\frac{2\pi}{3}, -\frac{\pi}{3}, \frac{\pi}{3}, \frac{2\pi}{3}$.

14 $-\frac{3\pi}{4}$: point D ; $-\frac{4\pi}{3}$: point E ; $-\frac{11\pi}{6}$: point A ;
10π : point C ; $\frac{1\,000\,001\pi}{4}$: point F ; $\frac{3\pi}{2}$: point B.

15 **1.** Réponse **b.** $\cos \pi = -1$.

2. Réponse **d.** Il y a deux solutions dans $[0\,;\,2\pi]$, puis deux autres dans $[2\pi\,;\,4\pi]$, dans $[4\pi\,;\,6\pi]$, et dans $[6\pi\,;\,8\pi]$.

3. Réponse **d.** $\cos \frac{35\pi}{4} = \cos\left(\frac{32\pi}{4} + \frac{3\pi}{4}\right) = \cos\left(8\pi + \frac{3\pi}{4}\right)$

$$= \cos \frac{3\pi}{4} = -\frac{\sqrt{2}}{2}.$$

4. Réponse **b.** $\cos \frac{\pi}{4} = \sin \frac{\pi}{4}$.

16 **a.** Sur la figure ci-contre, les points M et M′ ont pour abscisse $\frac{\sqrt{2}}{2}$.

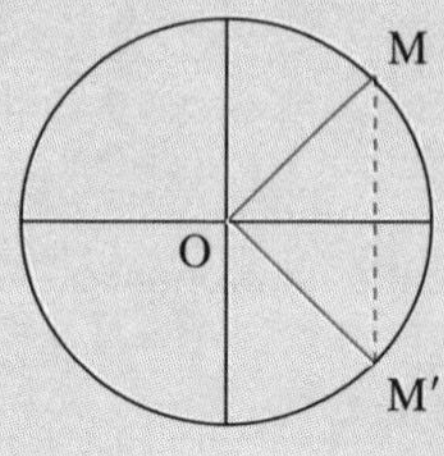

Le seul nombre réel de $[0 ; 2\pi]$ ayant pour image M est $\frac{\pi}{4}$.

Le seul nombre réel de $[0 ; 2\pi]$ ayant pour image M′ est $\frac{7\pi}{4}$.

Conclusion :

L'équation $\cos x = \frac{\sqrt{2}}{2}$ a deux solutions dans $[0 ; 2\pi]$: $\frac{\pi}{4}$ et $\frac{7\pi}{4}$.

b. Sur la figure ci-contre, les points M et M′ ont pour abscisse 0.

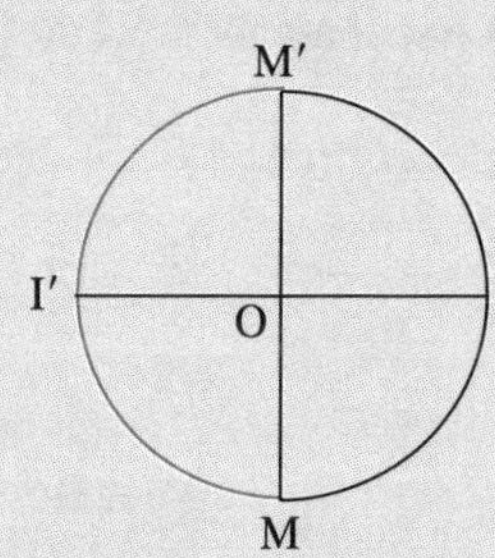

Le seul nombre réel de $[-\pi ; \pi]$ ayant pour image M est $-\frac{\pi}{2}$. Le seul nombre réel de $[-\pi ; \pi]$ ayant pour image M′ est $\frac{\pi}{2}$.

Les nombres réels de $[-\pi ; \pi]$ dont le cosinus est strictement inférieur à 0 ont une image sur les arcs de cercles dessinés en couleur.

Conclusion :

Les solutions de l'inéquation $\cos x < 0$ dans l'intervalle $[-\pi ; \pi]$ sont les nombres de l'intervalle $\left[-\pi ; -\frac{\pi}{2}\right[\cup \left]\frac{\pi}{2} ; \pi\right]$.

c. Sur la figure ci-contre, les points M et M′ ont pour ordonnée $\frac{\sqrt{3}}{2}$.

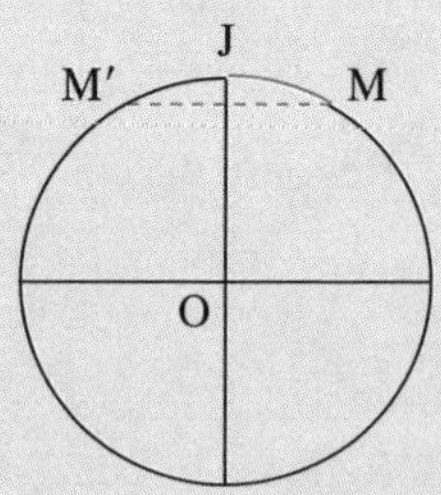

Le seul nombre réel de $\left[0 ; \frac{\pi}{2}\right]$ ayant pour image M est $\frac{\pi}{3}$. Aucun réel de $\left[0 ; \frac{\pi}{2}\right]$ n'a pour image M′.

Les nombres réels de $\left[0 ; \frac{\pi}{2}\right]$ dont le sinus est supérieur à $\frac{\sqrt{3}}{2}$ ont une image sur l'arc de cercle dessiné en couleur.

Conclusion : Les solutions de l'inéquation $\sin x > \frac{\sqrt{3}}{2}$ dans l'intervalle $\left[0 ; \frac{\pi}{2}\right]$ sont les nombres de l'intervalle $\left]\frac{\pi}{3} ; \frac{\pi}{2}\right]$.

17 1. **a. Faux**, il s'agit d'une symétrie par rapport à l'axe des abscisses.
b. Vrai.
c. Faux, ils sont opposés.
d. Vrai, puisque la longueur d'un demi-cercle est π.
2. **a. Faux**.
b. Faux.
c. Vrai.
d. Vrai.

18 Pour $\cos x = -0{,}3$, la calculatrice (réglée en mode radians) indique $x \approx 1{,}27$. Mais cette valeur ne convient pas, car $x \in \left[-\pi\,;\,-\frac{\pi}{2}\right]$.

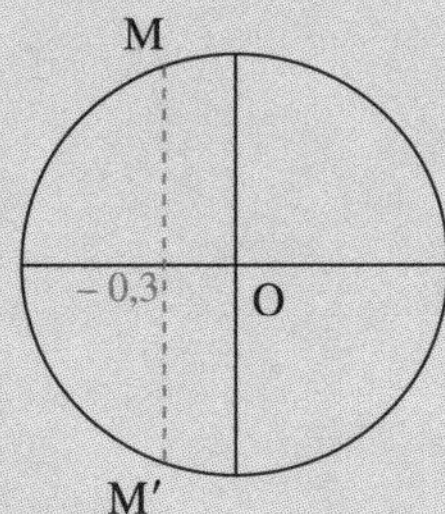

Un cercle trigonométrique nous montre qu'il existe deux points M et M′ ayant pour abscisse $-0{,}3$. La valeur donnée par la calculatrice est un réel qui a pour image M, et le point M′ est l'image du réel $-1{,}27$ qui appartient bien à l'intervalle souhaité.
Conclusion : $x \approx -1{,}27$.

19 On a $\sin x = -\frac{5}{13}$, donc $\sin^2 x = \left(-\frac{5}{13}\right)^2 = \frac{25}{169}$.

Comme $\sin^2 x = 1 - \cos^2 x$, il vient $1 - \cos^2 x = \frac{25}{169}$, d'où :

$$\cos^2 x = 1 - \frac{25}{169} = \frac{144}{169}.$$

On en déduit que :

$$\cos x = \sqrt{\frac{144}{169}} = \frac{12}{13} \quad \text{ou} \quad \cos x = -\sqrt{\frac{144}{169}} = -\frac{12}{13}.$$

Comme $x \in \left[-\frac{\pi}{2}\,;\,\frac{\pi}{2}\right]$, le cosinus de x est positif. Par conséquent, la valeur exacte de $\cos x$ est $\frac{12}{13}$.

20 Pour tout $x \in \mathbb{R}$, on a :
$\cos(x + 3\pi) = -\cos x$, $\cos(\pi - x) = -\cos x$ et $\cos(-x) = \cos x$.
Donc :
$A(x) = -2 \times (-\cos x) - (-\cos x) - 3\cos x = 2\cos x + \cos x - 3\cos x = 0$

21 Pour tout $x \in \mathbb{R}$:

$$\cos^4 x - \sin^4 x = (\cos^2 x)^2 - (\sin^2 x)^2$$
$$= (\cos^2 x - \sin^2 x)(\cos^2 x + \sin^2 x).$$

Or, $\cos^2 x + \sin^2 x = 1$, et $\cos^2 x = 1 - \sin^2 x$.

On obtient $(\cos^2 x - \sin^2 x)(\cos^2 x + \sin^2 x) = (1 - \sin^2 x - \sin^2 x) \times 1$
$$= 1 - 2\sin^2 x.$$

Par conséquent, pour tout $x \in \mathbb{R}$, $\cos^4 x - \sin^4 x = 1 - 2\sin^2 x$.

8 Statistiques

I VOCABULAIRE STATISTIQUE

La statistique étudie les caractères des individus d'une population. Les valeurs du caractère sont appelées modalités. Si ces modalités sont numériques, le caractère étudié est dit quantitatif. Sinon, il est dit qualitatif.
Si des modalités numériques sont rassemblées en plusieurs catégories à l'aide d'intervalles, chacune de ces catégories est appelée classe. La longueur de l'intervalle est appelée amplitude d'une classe.

II QUELQUES CARACTÉRISTIQUES DE POSITION

1. Moyenne

■ Définition

On considère p nombres réels $x_1, x_2, \ldots, x_p$. On note $\bar{x}$ la moyenne arithmétique de ces nombres : $\bar{x} = \dfrac{x_1 + x_2 + \cdots + x_p}{p}$.

■ Calcul d'une moyenne avec des fréquences

On considère une série statistique quantitative. Les modalités sont $x_1, x_2, \ldots, x_p$, les effectifs correspondants sont $n_1, n_2, \ldots, n_p$. L'effectif total est $N = n_1 + n_2 + \cdots + n_p$.
La fréquence d'une modalité est le quotient de l'effectif de cette modalité par l'effectif total.
La somme des fréquences est toujours égale à 1.
La moyenne de la série statistique est :

$$\bar{x} = \frac{n_1x_1 + n_2x_2 + \cdots + n_px_p}{N} = f_1x_1 + f_2x_2 + \cdots + f_px_p.$$

■ Propriétés de linéarité de la moyenne

On considère deux séries de p nombres réels $x_1, x_2, \ldots, x_p$ et $y_1, y_2, \ldots, y_p$, de moyennes $\bar{x}$ et $\bar{y}$. Soit k un nombre réel quelconque.

- La moyenne de la série de nombres $x_1 + y_1, x_2 + y_2, \ldots, x_p + y_p$ est $\bar{x} + \bar{y}$.
- La moyenne de la série de nombres $kx_1, kx_2, \ldots, kx_p$ est $k\bar{x}$.
- La moyenne de la série de nombres $x_1 + k, x_2 + k, \ldots, x_p + k$ est $\bar{x} + k$.

Moyennes avec des sous-groupes

On considère une série de p valeurs, réparties en deux groupes de p_1 et p_2 valeurs, de moyennes $\bar{x}_1$ et $\bar{x}_2$. La moyenne de la série est :

$$\bar{x} = \frac{p_1\bar{x}_1 + p_2\bar{x}_2}{p_1 + p_2}.$$

2. Mode

Il s'agit d'une modalité pour laquelle la fréquence est la plus élevée. Il peut y avoir plusieurs modes. Si les valeurs sont regroupées en classes, on appelle classe modale une classe pour laquelle la fréquence est la plus élevée.

3. Médiane

Un nombre M est une médiane d'une série statistique quantitative lorsqu'il y a autant de valeurs supérieures à M que de valeurs inférieures à M.
En d'autres termes, il s'agit d'une valeur qui partage la population étudiée en deux groupes de même taille : 50 % des valeurs sont inférieures ou égales à M et 50 % des valeurs sont supérieures ou égales à M.
En pratique, on ordonne par ordre croissant les n valeurs de la série. Si n est impair, la médiane est la valeur de rang $\frac{n+1}{2}$. Si n est pair, la médiane est la moyenne des valeurs de rangs $\frac{n}{2}$ et $\frac{n}{2}+1$.

4. Quartiles

Les quartiles ne concernent que les séries quantitatives.
Le premier quartile, noté Q_1, est le plus petit élément des valeurs de la série tel qu'au moins 25 % des valeurs lui sont inférieures ou égales.
Le troisième quartile, noté Q_3, est le plus petit élément des valeurs de la série tel qu'au moins 75 % des valeurs lui sont inférieures ou égales.

III QUELQUES CARACTÉRISTIQUES DE DISPERSION

1. Étendue

Il s'agit de la différence entre la valeur maximale et la valeur minimale de la série.

2. Écart interquartiles

Il s'agit de la différence entre le premier et le troisième quartile $Q_3 - Q_1$.
L'écart interquartiles est un indicateur de dispersion associé à la médiane.
L'intervalle interquartiles est l'intervalle $[Q_1 ; Q_3]$. Il contient toujours 50 % des valeurs de la série.

IV ÉCHANTILLONNAGE

Ce paragraphe doit être étudié après le chapitre sur les probabilités.

1. Définition

Si une population est trop importante pour l'étudier complètement, on utilise un échantillonnage de cette population.
Si une expérience aléatoire est répétée n fois, la série statistique obtenue est un échantillon de taille n. On peut alors déterminer la distribution des fréquences de cet échantillon.

2. Fluctuation d'échantillonnage

Pour une même expérience aléatoire, les distributions de fréquences de deux échantillons de même taille sont le plus souvent différentes. On appelle ceci la fluctuation d'échantillonnage. Le même phénomène s'observe avec le sondage de deux groupes de même taille, mais composés de personnes différentes : les résultats seront le plus souvent différents.
On admettra aussi que plus la taille de l'échantillon est grande, plus la distribution des fréquences s'approche de la distribution théorique des fréquences.

3. Intervalle de fluctuation, intervalle de confiance

Intervalle de fluctuation

On appelle p la proportion d'un caractère qualitatif dans une population.
L'intervalle de fluctuation de seuil 95 % est l'intervalle centré sur p dans lequel on trouve la fréquence observée dans un échantillon de taille n extrait de cette population, avec une probabilité de 0,95.
En pratique, on considère que si $0{,}2 \leqslant p \leqslant 0{,}8$ et si $n \geqslant 25$, alors l'intervalle de fluctuation de niveau 95 % s'écrit :

$$\left[p - \frac{1}{\sqrt{n}}\,;\, p + \frac{1}{\sqrt{n}}\right].$$

Intervalle de confiance

Inversement, on peut estimer la proportion p dans une population à l'aide de la fréquence observée dans un échantillon de taille n extrait de cette population par un intervalle de confiance de niveau 95 % :

$p \in \left[f - \frac{1}{\sqrt{n}}\,;\, f + \frac{1}{\sqrt{n}}\right]$, avec une probabilité de 0,95.

EXERCICES D'APPLICATION

MOYENNE

1 | ★ | 2 min | ▶ P. 176

Dans un groupe composé de 18 hommes et 24 femmes, la taille moyenne est de 1,71 m, et la taille moyenne des hommes est de 1,75 m.
Quelle est la taille moyenne des femmes ?

2 | ★ | 5 min | ▶ P. 176

Lors d'un trimestre, un élève a eu quatre notes : trois notes à coefficient 1, et une note à coefficient 2. Sa moyenne actuelle est de 10,4.
Quelle note lui faut-il, au cinquième et dernier devoir, pour être certain de finir le trimestre avec au moins 10 de moyenne :
a. si le coefficient du cinquième devoir est 1 ?
b. si le coefficient du cinquième devoir est 2 ?

3 | ★ | 2 min | ▶ P. 176

Calculer rapidement et sans calculatrice la moyenne des cinq nombres : 1 004 ; 991 ; 1 003 ; 1 008 ; 995.

4 | ★ | 5 min | ▶ P. 176

Au bac, lors de l'épreuve de mathématiques, les trois classes de Terminale d'un lycée obtiennent des moyennes respectives de 11,2 ; 12 et 9,5.
a. Peut-on dire que la moyenne générale des élèves de Terminale est égale à 10,9 ?
b. Les effectifs des trois classes sont respectivement 31, 30 et 35.
Quelle est la moyenne des élèves de Terminale dans ce lycée ?

5 | ★ | 2 min | ▶ P. 176

Le tableau donne la répartition des élèves d'une classe de Seconde, selon le nombre de frères et sœurs :

Nombre de frères et sœurs	0	1	2	3	4
Nombre d'élèves dans la classe	7	13	10	4	1

Calculer le nombre moyen de frères et sœurs.

6 | ★ | 5 min | ▸ P. 176

Dans une classe de Seconde, on demande aux élèves combien de temps, en heures, ils consacrent à leur travail chaque soir de la semaine :
- 10 % des élèves répondent 0 heure ;
- 30 % répondent 1 heure ;
- 50 % répondent 2 heures ;
- et 10 % répondent 3 heures.

Calculer le temps moyen de travail quotidien des élèves de cette classe.

MÉDIANE ET QUARTILES

7 | ★ | 5 min | ▸ P. 177

1. Déterminer la médiane puis les quartiles de cette série :
40 – 44 – 47 – 49 – 50 – 50 – 51 – 53 – 54 –
55 – 55 – 57 – 58 – 59 – 59 – 60 – 60 – 61.
2. Préciser l'écart interquartiles et l'intervalle interquartiles.

8 | ★ | 5 min | ▸ P. 177

Le tableau donne la répartition selon l'âge dans un groupe d'étudiants :

Âge	20	21	22	23	24
Effectif	5	13	15	10	6

Déterminer la médiane, les quartiles, l'écart interquartiles et l'intervalle interquartiles.

9 | ★ | 5 min | ▸ P. 177

La remise des devoirs par un professeur aux élèves de sa classe donne lieu aux résultats suivants : la moyenne est 8, la médiane est 9, l'étendue est 15, la note minimale étant 2.

a. Comme les notes sont un peu faibles, le professeur, de très bonne humeur ce jour-là, décide d'augmenter la note de chaque élève de deux points.
Donner les nouvelles valeurs de la moyenne, de la médiane, de l'étendue, et des notes extrêmes.

b. Finalement, il se ravise et décide d'augmenter la note de chaque élève de 10 %.
Donner les nouvelles valeurs de la moyenne, de la médiane, de l'étendue et des notes extrêmes.

FLUCTUATION D'ÉCHANTILLONNAGE

10

★ | 10 min | ▶ P. 177

Une compagnie aérienne procède à l'évaluation de l'efficacité de son standard téléphonique. Une étude considère que 20 % des appels téléphoniques ont pour objet l'achat d'un billet.

Dans un échantillon de 100 appels, on en compte 18 dont l'objet est un achat de billets.

Dans un deuxième échantillon de 100 appels, on en compte 29.

Dans un troisième échantillon de 200 appels, on en compte 44.

a. Commenter la représentativité des échantillons utilisés.

b. Combien d'appels ayant pour objet un achat de billet peut-on s'attendre à trouver dans un échantillon de 2 000 appels téléphoniques ?

11

★ | 5 min | ▶ P. 177

Dans une population donnée, on considère que le taux de personnes atteintes d'une certaine maladie est 25 %. On prend au hasard un échantillon de 400 personnes dans cette population.

Déterminer l'intervalle de fluctuation du taux de personnes atteintes de la maladie dans cet échantillon, au seuil de 95 %.

12

★ | 5 min | ▶ P. 178

On souhaite connaître la proportion des personnes qui fument dans la population française. Pour cela, on réalise un sondage sur un échantillon représentatif de taille 1 000 personnes, et on constate que la proportion observée dans cet échantillon est de 40 %.

Déterminer l'intervalle de confiance de niveau 95 % de la proportion des fumeurs dans la population française.

13

★ | 20 min | ▶ P. 178

On étudie un caractère qualitatif dans une population P. Pour cela, on extrait un échantillon de taille $n \geqslant 25$ et on mesure la fréquence observée f dans cet échantillon $(0{,}2 \leqslant f \leqslant 0{,}8)$.

Écrire un algorithme qui donne les bornes de l'intervalle de confiance de la proportion théorique p du caractère étudié dans la population P. L'algorithme devra vérifier les conditions de validité de l'estimation, c'est-à-dire imposer à l'utilisateur de saisir n et f dans les bons intervalles.

REPRÉSENTATIONS GRAPHIQUES

14

★ | 5 min | ▸ P. 179

Le segment ci-contre, tracé dans un repère (O ; I, J) a pour extrémités les points de coordonnées (10 ; 40) et (30 ; 90).

a. Déterminer (par un calcul) l'abscisse du point de ce segment ayant une ordonnée égale à 60.

b. Déterminer (par un calcul) l'ordonnée du point de ce segment ayant une abscisse égale à 23.

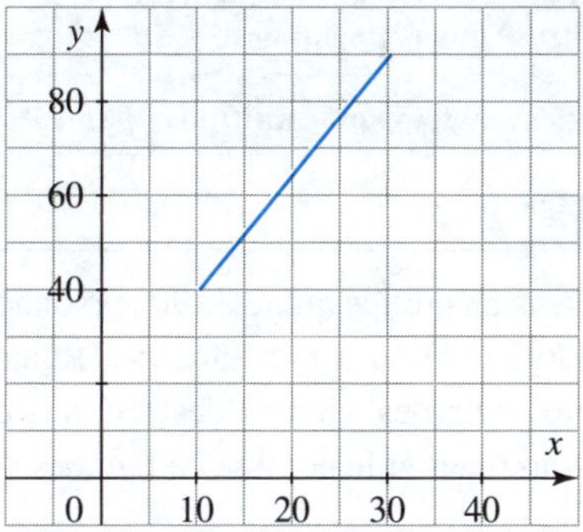

15

★★ | 20 min | ▸ P. 179

On a représenté ci-contre la courbe des effectifs cumulés croissants d'une série statistique.

a. Quel est l'effectif total de cette série ?

b. Combien de valeurs de cette série sont-elles inférieures à 40 ?

c. Combien de valeurs de cette série sont-elles supérieures à 30 ?

d. Déterminer la médiane et les quartiles par le calcul.

e. Dessiner l'histogramme de cette série.

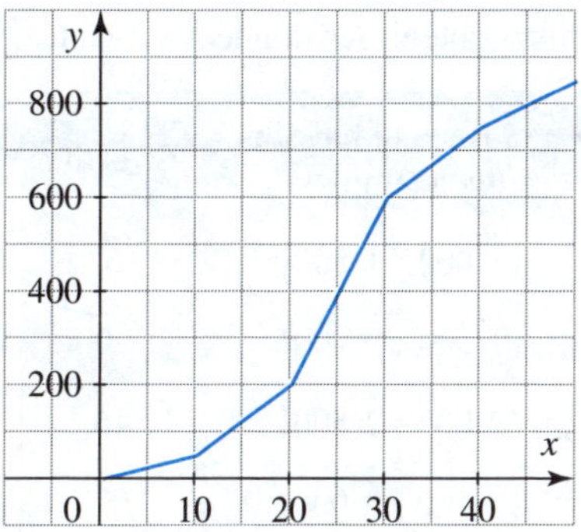

EXERCICES D'ENTRAÎNEMENT

16

★ | 10 min | ▸ P. 180

a. Si l'on considère la population d'un pays, le salaire moyen est-il supérieur ou inférieur au salaire médian ?

b. Dans une entreprise, le salaire mensuel moyen est 1 700 euros, le salaire mensuel médian est 1 500 euros, et l'étendue des salaires est 60 000 euros. Compléter le tableau (page suivante).

	Moyenne	Médiane	Étendue
Les salaires sont augmentés de 80 euros par mois			
Les salaires sont multipliés par 1,01			

17 | ★★ | 10 min | ▶ P. 180

Dans un groupe mixte de 90 personnes, la moyenne globale des salaires est de 1 891 euros. La moyenne des salaires des hommes est de 1 940 euros, la moyenne des salaires des femmes est de 1 850 euros. Quel est le nombre d'hommes et le nombre de femmes dans ce groupe ?

18 | ★★ | 30 min | ▶ P. 180

Une étude statistique portant sur le poids de 1 200 filles à la naissance a permis d'obtenir les données suivantes.

« Poids » à la naissance (en grammes)	Effectifs	Fréquences (en %)	Fréquences cumulées croissantes (en %)
[1 000 ; 1 500[	3		
[1 500 ; 2 000[	10		
[2 000 ; 2 500[	46		
[2 500 ; 3 000[	255		
[3 000 ; 3 500[	536		
[3 500 ; 4 000[	288		
[4 000 ; 4 500[	62		100

a. Compléter le tableau.

b. Calculer une estimation du poids moyen des filles.

c. Tracer la courbe des pourcentages cumulés.

On placera les poids en abscisse (graduer de 1 000 à 4 500), et les pourcentages cumulés en ordonnée.

d. Lire graphiquement le % de filles dont le poids à la naissance est compris entre 2 250 g et 3 750 g.

e. Déterminer graphiquement la médiane m.

f. Retrouver cette médiane par le calcul.

19

★★ | 15 min | ▸ P. 182

Avant une élection politique, un institut de sondage publie les résultats d'une enquête pour les trois candidats en lice, appelés A, B et C.
Le nombre de personnes interrogées n est égal à 1 100.
Le tableau suivant indique les intentions de vote pour chaque candidat :

Candidat	A	B	C
Intentions de vote	407	374	319

a. Calculer les fréquences d'intentions de vote pour chaque candidat.
b. L'institut de sondage précise que l'indice de confiance pour cette étude est de 95 %.
Cela signifie qu'il y a 95 % de chances que la fréquence réelle d'intentions de vote pour le candidat A appartienne à l'intervalle :

$$\left[f_A - \frac{1}{\sqrt{n}} \,;\, f_A + \frac{1}{\sqrt{n}}\right].$$

Il en est de même pour les candidats B et C.
Écrire les intervalles pour chaque candidat.
c. Peut-on envisager, à l'aide de ces intervalles, un résultat différent de celui annoncé par le sondage ?
d. Déterminer la taille minimale de l'échantillon pour être certain de l'ordre annoncé.

20

★★ | 15 min | ▸ P. 182

Dans deux maternités A et B, on relève les données suivantes : dans la maternité A, il y a 45 naissances de filles pour 100 naissances au total ; dans la maternité B, il y a 2 400 naissances de filles pour 5 000 naissances au total.
1. Calculer les fréquences f_A et f_B des naissances de filles dans chaque maternité.
2. À l'aide de ces données, on souhaite savoir si l'on peut mettre en doute l'hypothèse selon laquelle il naît autant de garçons que de filles. Pour cela, effectuer les calculs permettant d'obtenir les intervalles de fluctuation au seuil de 95 % des taux de naissances de filles dans chaque maternité et donner une conclusion.

21

★★ | 10 min | ▶ P. 183

On étudie ici les durées des communications d'un standard téléphonique.
Sur le graphique ci-dessous, on a représenté les effectifs cumulés croissants en ordonnée, et les durées en secondes en abscisse.
Les durées des communications ont été regroupées en classes de même amplitude. La 1re classe est la classe [0 ; 30[.

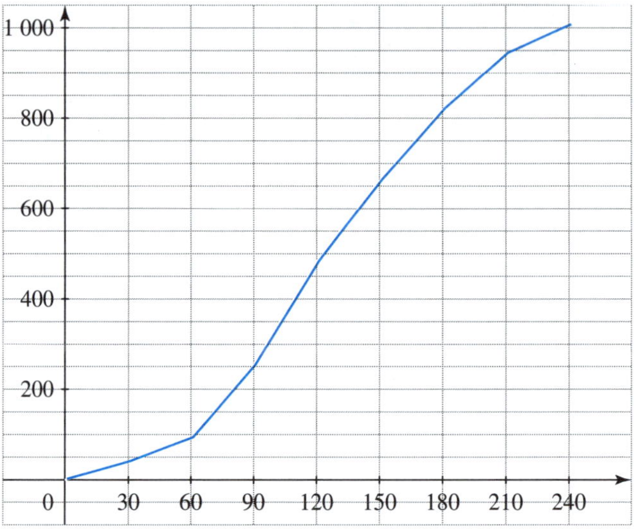

Pour chaque question, une seule réponse est correcte.

Quel est le nombre total de communications téléphoniques étudiées ?	30	100	240	1 000
Quelle est l'amplitude d'une classe ?	8	30	200	240
Quel est l'effectif de la 3e classe ?	3	90	150	240
Quel est le centre de la dernière classe ?	225	240	930	965
Quelle est la médiane ?	50	120	123	500
Quelle est la valeur du premier quartile ?	25	60	90	250
Quel est le nombre de communications dont la durée dépasse 3 minutes ?	180	190	620	810
Quelle est la durée maximale des 200 communications les plus courtes ?	0	82	178	890

CONTRÔLE

22 QCM

★ 5 points, 10 min ▶ P. 183

Pour chacune des questions, une et une seule proposition est exacte.

1. La médiane des 100 nombres entiers de 1 à 100 est :

a. 49,5. **b.** 50. **c.** 50,5. **d.** 51.

2. Lequel est un paramètre de dispersion ?

a. le mode. **b.** la moyenne. **c.** la médiane. **d.** l'étendue.

3. Si les valeurs d'une série numérique sont toutes augmentées de 10 %, alors leur moyenne est :

a. multipliée par 10. **b.** multipliée par 1,1.

c. multipliées par 0,1. **d.** Cela dépend de l'effectif total de la série.

4. Dans une classe de 35 élèves, il y a 20 filles et 15 garçons. La moyenne des filles est 11,5, celle des garçons est 10,1. La moyenne de la classe est :

a. 10,7. **b.** 10,8. **c.** 10,9. **d.** 11.

5. Dans la situation de la question précédente, en supposant que le professeur ajoute un point aux cinq copies les plus faibles, comment est modifiée la moyenne de la classe ?

a. Elle est augmentée de $\frac{1}{7}$. **b.** Elle est augmentée de $\frac{1}{5}$.

c. Elle est augmentée de 1. **d.** Elle est augmentée de 0,1.

23

★★ 5 points, 20 min ▶ P. 183

Un contrôle d'alcoolémie a donné les résultats suivants un samedi soir à la sortie d'une discothèque :

Taux d'alcool (en mg/L)	]0 ; 0,1]	]0,1 ; 0,3]	]0,3 ; 0,5]	]0,5 ; 0,8]	]0,8 ; 2]	]2 ; 4]	Total
Effectif	25	95	90	60	25	5	300

a. Calculer une estimation du taux moyen d'alcoolémie.

b. Que peut-on dire du taux médian d'alcoolémie ?

c. Quelle est la classe modale ?

d. Si le taux constaté est supérieur à 0,8 mg/L, c'est un délit. Quelle est la proportion de conducteurs en délit ce soir-là ?

e. Représenter l'histogramme de cette série.

24

| ★ | 2 points, 5 min | ▶ p. 184

On effectue un sondage. À la question : « Combien de fois allez-vous au cinéma par mois ? », voici les pourcentages de réponses obtenues :

Nombre de séances/mois	0	1	2	3	4	5
Pourcentage	40 %	25 %	18 %	10 %	5 %	2 %

a. Calculer le nombre de séances moyen par mois.
b. Déterminer la médiane puis le troisième quartile.

25 Vrai ou Faux ?

| ★ | 6 points, 5 min | ▶ p. 184

On réalise un intervalle de confiance de niveau 95 % d'une fréquence p comprise entre 0,2 et 0,8 d'un événement dans une population P, à partir d'un échantillon représentatif de taille n supérieure à 25, où la fréquence observée vaut f.

Les affirmations suivantes sont-elles exactes ? Justifier les réponses.

1. Cet intervalle de confiance est d'autant plus étroit que n est faible.
2. Si n est multiplié par 4, alors l'amplitude de l'intervalle est multipliée par 2.
3. Cet intervalle de confiance serait plus étroit au niveau 90 %.

26

| ★ | 2 points, 5 min | ▶ p. 185

Dans un groupe de 120 personnes, la moyenne globale des âges est de 28 ans.
La moyenne des âges des 50 hommes est de 33 ans.
Calculer la moyenne des âges des femmes.
(On donnera une réponse arrondie au mois près, comme par exemple 26 ans et 8 mois.)

CONTRÔLE

27 | ★★ | 5 points, 10 min | ▶ P. 185

On considère cinq séries différentes de 100 nombres. Chacun des nombres peut être 1, 2 ou 3.

Répondre aux questions suivantes en justifiant rapidement.

• Série A : La moyenne est 2, et il y a 30 fois le nombre 1.
Combien y a-t-il de fois le nombre 3 ?

• Série B : La médiane est 3.
Quelle est la plus petite moyenne possible ?

• Série C : La médiane est 1,5.
Combien y a-t-il de fois le nombre 1 ?

• Série D : L'étendue est 1 et la moyenne est strictement supérieure à 2.
Que peut-on dire de cette série ?

• Série E : La moyenne est 3.
Que peut-on dire de cette série ?

28 | ★★ | 9 points, 30 min | ▶ P. 185

L'étude statistique sur une plantation de 500 pommiers a permis d'établir la courbe des **effectifs cumulés croissants** ci-après, en fonction de la production de pommes, exprimée en kg de fruits.

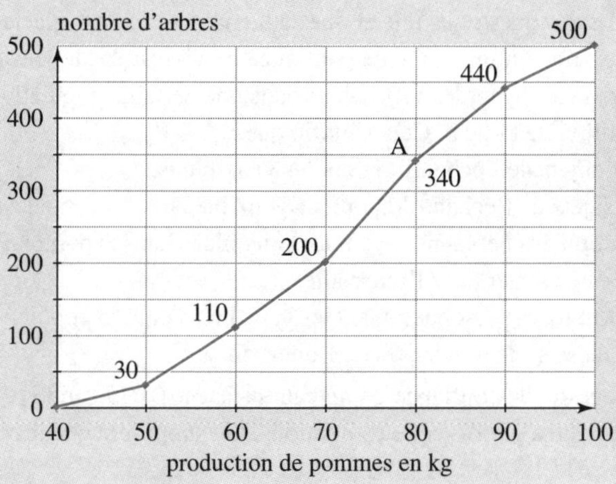

1. Interpréter les coordonnées du point A.

2. Compléter le tableau des effectifs :

Classe (nombre de kg de pommes)	[40 ; 50[	[50 ; 60[	[60 ; 70[	[70 ; 80[	[80 ; 90[	[90 ; 100]
Effectifs (nombre de pommiers)						

3. En expliquant rapidement votre réponse, donner la classe modale. L'amplitude des classes est-elle constante ?

4. **a.** Montrer que la production moyenne d'un pommier dans ce verger peut être estimée à environ 72,6 kg.

b. Cet exploitant destine sa production entière à la fabrication de cidre. Avec 100 kg de pommes, on peut produire 60 litres de cidre.

Quel est le volume de cidre, exprimé en litres, produit par cet exploitant ?

5. **a.** Lire sur le graphique la médiane et les deux quartiles.

Donner une valeur approchée à 1 kg près.

b. Retrouver cette médiane par le calcul.

6. Quel est le pourcentage d'arbres dans cette plantation dont la production de pommes est comprise entre 60 et 80 kg ?

29 QCM

★★★ | 6 points, 15 min | ▶ P. 186

Pour chacune des questions, une et une seule proposition est exacte.

1. On a déterminé un intervalle de confiance de niveau 95 % pour la proportion des personnes ayant les yeux bleus dans une certaine population, à partir d'un échantillon de taille n. Cela signifie que :

a. 95 % des sujets de l'échantillon ont les yeux bleus.

b. 5 % des sujets de l'échantillon ont les yeux bleus.

c. La proportion des personnes ayant les yeux bleus dans la population a 95 % de chances de se situer dans l'intervalle.

d. La proportion des personnes ayant les yeux bleus dans la population a 95 % de chances de se situer en dehors de l'intervalle.

2. Si un intervalle de confiance de niveau 95 % est $[0{,}25 ; 0{,}35]$, quelle est la valeur de n qui a permis cette estimation ? On supposera que les conditions sont réunies pour utiliser l'intervalle $\left[f-\frac{1}{\sqrt{n}} ; f+\frac{1}{\sqrt{n}}\right]$, où f désigne la fréquence observée dans l'échantillon.

a. 30 **b.** 400 **c.** 900 **d.** 2 500

3. Dans les mêmes conditions que la question précédente, on suppose maintenant que l'échantillon présente la même fréquence observée f avec un effectif 100 fois plus grand. L'intervalle de confiance serait :

a. [0,025 ; 0,375] **b.** [0,25 ; 0,35]

c. [0,275 ; 0,325] **d.** [0,295 ; 0,305]

CORRIGÉS

1 Les tailles sont exprimées en mètres. La somme des tailles est égale à : $42 \times 1{,}71 = 71{,}82$,
et la somme des tailles des hommes est égale à : $18 \times 1{,}75 = 31{,}5$.
La somme des tailles des femmes est donc égale à : $71{,}82 - 31{,}5 = 40{,}32$.
Ainsi, la taille moyenne des femmes est égale à : $\dfrac{40{,}32}{24} = 1{,}68$.

2 Nombre total de points obtenus après quatre devoirs : $5 \times 10{,}4 = 52$.
a. La somme des coefficients sera égale à 6. Pour obtenir une moyenne de 10, il lui faut 60 points. Comme il en a déjà obtenu 52, une note de 8 au moins au dernier devoir est nécessaire.
b. La somme des coefficients sera égale à 7. Pour obtenir une moyenne de 10, il lui faut 70 points. Comme il en a déjà obtenu 52, 18 points au moins sont nécessaires au dernier devoir. Le coefficient du dernier devoir étant 2, la note requise pour terminer le trimestre avec une moyenne de 10 est 9.

3 En effectuant la moyenne des différences par rapport à 1 000, on obtient :

$$\frac{4 - 9 + 3 + 8 - 5}{5} = 0{,}2.$$

Par conséquent, la moyenne des 5 nombres est égale à 1 000,2.

4 **a.** En effectuant la moyenne des nombres 11,2 ; 12, et 9,5, on trouve effectivement 10,9. Mais ce nombre ne correspond à rien, car il faut considérer les effectifs de chaque classe.
b. $\dfrac{11{,}2 \times 31 + 12 \times 30 + 9{,}5 \times 35}{96} \approx 10{,}83$. En tenant compte des effectifs, on obtient une moyenne de 10,83, en arrondissant au centième près.

5 $\dfrac{7 \times 0 + 13 \times 1 + 10 \times 2 + 4 \times 3 + 1 \times 4}{35} = \dfrac{49}{35} = 1{,}4$.
Dans cette classe, le nombre moyen de frères et sœurs est de 1,4.

6 Les pourcentages donnés sont en fait des fréquences (0,1 pour 10 %, 0,3 pour 30 %, …) pour chacune des modalités qui sont ici le nombre d'heures de travail quotidien. La moyenne est donc :

$$0{,}1 \times 0 + 0{,}3 \times 1 + 0{,}5 \times 2 + 0{,}1 \times 3 = 1{,}6.$$

Le temps de travail quotidien moyen des élèves de cette classe est donc de 1,6 heure, soit 1 heure et 36 minutes.

7 1. L'effectif total est 18. La médiane est donc la moyenne de la 9e et de la 10e valeur lorsque celles-ci sont classées dans l'ordre croissant.
On trouve donc 54,5.
En appliquant les définitions des quartiles, on trouve :

$$Q_1 = 50 \text{ et } Q_3 = 59.$$

2. Écart interquartiles : $59 - 50 = 9$. Intervalle interquartiles : $[50\ ;\ 59]$.

8 L'effectif total est 49. La médiane est donc la 25e valeur de l'âge si ces valeurs sont classées dans l'ordre croissant. Comme 18 étudiants ont 21 ans ou moins et 33 étudiants ont 22 ans ou moins, alors la médiane est 22 ans.
De même, le premier quartile est la 13e valeur. Donc $Q_1 = 21$ ans.
Le troisième quartile est la 37e valeur. Donc $Q_3 = 23$ ans.
Écart interquartiles : 2 ans. Intervalle interquartiles : $[21\ ;\ 23]$.

9 Précisons d'abord que la note maximale est 17.
a. Si la note de chaque élève est relevée de deux points :
la moyenne devient 10, la médiane devient 11, l'étendue est inchangée, la note minimale devient 4, la note maximale devient 19.
b. Si la note de chaque élève est augmentée de 10 % :
la moyenne devient 8,8, la médiane devient 9,9, l'étendue devient 16,5, la note minimale devient 2,2, la note maximale devient 18,7.

10 **a.** Dans un échantillon de 100 appels, on pouvait s'attendre à obtenir 20 appels ayant pour objet l'achat d'un billet. Pour le premier échantillon, l'écart entre 18 et 20 est suffisamment faible pour être dû aux fluctuations d'échantillonnage. La représentativité de l'échantillon semble correcte.
Pour le deuxième échantillon, l'écart entre 29 et 20 est assez important. La représentativité de l'échantillon peut être mise en doute.
Pour le troisième échantillon, on pouvait s'attendre à compter 40 appels ayant pour objet l'achat d'un billet. L'écart entre 44 et 40 est suffisamment faible pour être dû aux fluctuations d'échantillonnage. La représentativité de l'échantillon semble correcte.
b. On peut s'attendre à obtenir en théorie 20 % de 2 000, soit 400 appels ayant pour objet l'achat d'un billet. Les fluctuations d'échantillonnage laissent penser que ce nombre, en pratique, sera situé autour de cette valeur de 400. Si le nombre observé est nettement différent de 400 (par exemple 600), alors on pourra mettre en doute la représentativité de l'échantillon.

11 Ici, $p = 0{,}25$ et $n = 400$. Puisque $0{,}2 \leqslant p \leqslant 0{,}8$ et $n \geqslant 25$, l'intervalle de fluctuation de niveau 95 % s'écrit :

$$\left[p - \frac{1}{\sqrt{n}}\ ;\ p + \frac{1}{\sqrt{n}}\right] = \left[0{,}25 - \frac{1}{\sqrt{400}}\ ;\ 0{,}25 + \frac{1}{\sqrt{400}}\right] = [0{,}20\ ;\ 0{,}30].$$

12 Intervalle de confiance de niveau 95 % :

$$\left[f-\frac{1}{\sqrt{n}}\,;f+\frac{1}{\sqrt{n}}\right]=\left[0,4-\frac{1}{\sqrt{1\,000}}\,;\,0,4+\frac{1}{\sqrt{1\,000}}\right]\approx[0,368\,;\,0,432]\;.$$

La proportion de fumeurs en France est donc estimée dans une « fourchette de sondage », entre environ 36,8 % et 43,2 %.

13

Intervalle de confiance

Variables
    f, a, b : réel
    n : entier
Initialisations
    n initialisé à 0
    f initialisé à 0
Entrées
    Tant que $n < 25$
        Saisir n
        Si $n < 25$ alors afficher "Saisir une valeur supérieure à 25"
        Fin si
    Fin Tant que
    Tant que $f < 0,2$ ou $f > 0,8$
        Saisir f
        Si $f < 0,2$ ou $f > 0,8$ alors afficher "Saisir une valeur comprise entre 0,2 et 0,8"
        Fin si
    Fin Tant que
Traitement
    a prend la valeur $f - 1/\sqrt{n}$
    b prend la valeur $f + 1/\sqrt{n}$
Sorties
    Afficher a, b

Commentaires

Les initialisations de n et f à 0 permettent de donner des valeurs aux variables qui vont être testées dans l'instruction « Tant que ». Ces valeurs initiales doivent nécessairement être en dehors des intervalles souhaités, afin de permettre au moins une fois l'exécution de la boucle. En l'absence d'initialisation, il y aura une erreur d'exécution.

Dans les conditions de l'énoncé, on rappelle que l'intervalle de confiance de niveau 95 % est l'intervalle centré sur f dans lequel on trouve la proportion théorique p, avec une probabilité de 0,95.

Cet intervalle s'écrit $\left[f-\frac{1}{\sqrt{n}}\,;f+\frac{1}{\sqrt{n}}\right]$.

14 **a.** Notons A et B les extrémités du segment et C le point de coordonnées $(x\ ;\ 60)$. En écrivant que les coefficients directeurs des droites (AC) et (AB) sont identiques, on obtient :

$$\frac{60-40}{x-10}=\frac{90-40}{30-10} \Leftrightarrow \frac{20}{x-10}=\frac{5}{2} \Leftrightarrow x-10=20\times\frac{2}{5} \Leftrightarrow x=18.$$

Ainsi, l'abscisse du point de ce segment ayant une ordonnée égale à 60 est 18.

b. Notons D le point de coordonnées $(23\ ;\ y)$. En écrivant que les coefficients directeurs des droites (AD) et (AB) sont identiques, on obtient :

$$\frac{y-40}{23-10}=\frac{90-40}{30-10} \Leftrightarrow \frac{y-40}{13}=\frac{5}{2} \Leftrightarrow y-40=13\times\frac{5}{2} \Leftrightarrow x=72{,}5.$$

Ainsi, l'ordonnée du point de ce segment ayant une abscisse égale à 23 est 72,5.

15 **a.** L'ordonnée maximale est l'effectif total, il s'agit de 850.

b. 750 valeurs sont inférieures à 40.

c. 600 valeurs sont inférieures à 30, donc 250 valeurs sont supérieures à 30.

d. La médiane m est l'abscisse du point C de cette courbe ayant une ordonnée égale à la moitié de l'effectif total, soit 425. Ainsi, les coordonnées de C sont $(m\ ;\ 425)$. Ce point est sur le segment d'extrémités A et B, points de coordonnées $A(20\ ;\ 200)$ et $B(30\ ;\ 600)$. En écrivant que les coefficients directeurs des droites (AC) et (AB) sont identiques, on obtient :

$$\frac{425-200}{m-20}=\frac{600-200}{30-20} \Leftrightarrow \frac{225}{m-20}=40 \Leftrightarrow m-20=\frac{225}{40} \Leftrightarrow m=25{,}625.$$

La médiane est donc égale à 25,625.

De même en utilisant un point de coordonnées $(Q_1\ ;\ 212{,}5)$, puis un autre de coordonnées $(Q_3\ ;\ 637{,}5)$, on obtient $Q_1 \approx 20{,}3$ et $Q_3 = 32{,}5$.

e. Par lecture graphique, les effectifs des cinq classes $[0\ ;\ 10]$, $[10\ ;\ 20]$, $[20\ ;\ 30]$, $[30\ ;\ 40]$ et $[40\ ;\ 50]$ sont respectivement 50 ; 150 ; 400 ; 150 et 100. L'amplitude des classes étant constante, les hauteurs des rectangles sont proportionnelles aux effectifs. On obtient l'histogramme suivant :

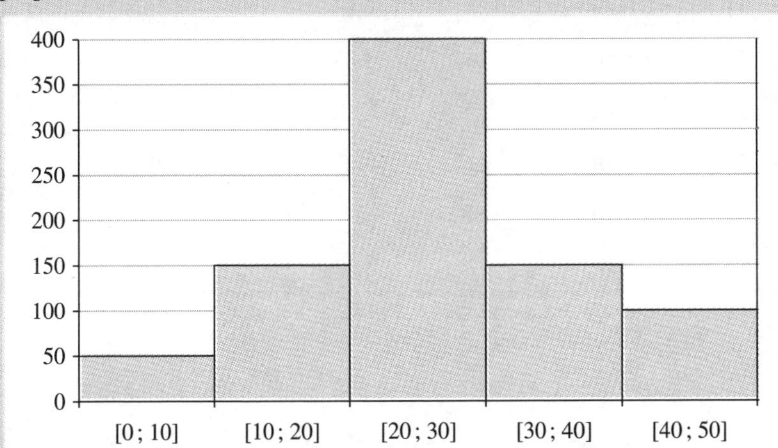

16 **a.** On peut considérer qu'il y a beaucoup de salaires faibles ou moyens, alors qu'il y a, relativement, peu de salaires très importants. Contrairement à la moyenne, la médiane n'est pas sensible aux valeurs extrêmes que sont ces revenus importants. Ainsi, le salaire moyen sera supérieur au salaire médian.

b.

	Moyenne	Médiane	Étendue
Les salaires sont augmentés de 80 euros par mois	1 780	1 580	60 000
Les salaires sont multipliés par 1,01	1 717	1 515	60 600

17 Soit x le nombre de femmes dans ce groupe. Le nombre d'hommes est alors $90 - x$. La masse salariale (somme des salaires distribués) globale est, en euros, $90 \times 1\,891$. La masse salariale pour les hommes est $(90 - x) \times 1\,940$, alors que pour les femmes, c'est $x \times 1\,850$. On obtient donc l'équation :

$(90 - x) \times 1\,940 + x \times 1\,850 = 90 \times 1\,891$, équivalente à :

$$90 \times 1\,940 - 1\,940x + 1\,850x = 90 \times 1\,891$$
$$-90x = 90 \times 1\,891 - 90 \times 1\,940$$
$$-x = 1\,891 - 1\,940$$
$$x = 49.$$

Il y a donc 49 femmes et 41 hommes dans ce groupe.

18 **a.** Si nécessaire, les nombres ont été arrondis à 0,01 près.

« Poids » à la naissance (en grammes)	Effectifs	Fréquences (en %)	Fréquences cumulées croissantes (en %)
[1 000 ; 1 500[	3	0,25	0,25
[1 500 ; 2 000[	10	0,83	1,08
[2 000 ; 2 500[	46	3,83	4,91
[2 500 ; 3 000[	255	21,25	26,16
[3 000 ; 3 500[	536	44,67	70,83
[3 500 ; 4 000[	288	24	94,83
[4 000 ; 4 500[	62	5,17	100

b. Pour chaque classe, on calcule son centre.
Le « poids » moyen des filles à la naissance, exprimé en grammes, est alors :

$$\frac{3\times 1\ 250 + 10\times 1\ 750 + 46\times 2\ 250 + 255\times 2\ 750 + 536\times 3\ 250}{1\ 200}$$

$$+\frac{288\times 3\ 750 + 62\times 4\ 250}{1\ 200}\approx 3\ 259{,}58\ .$$

On peut même arrondir ce résultat à 3 260 grammes.

c.

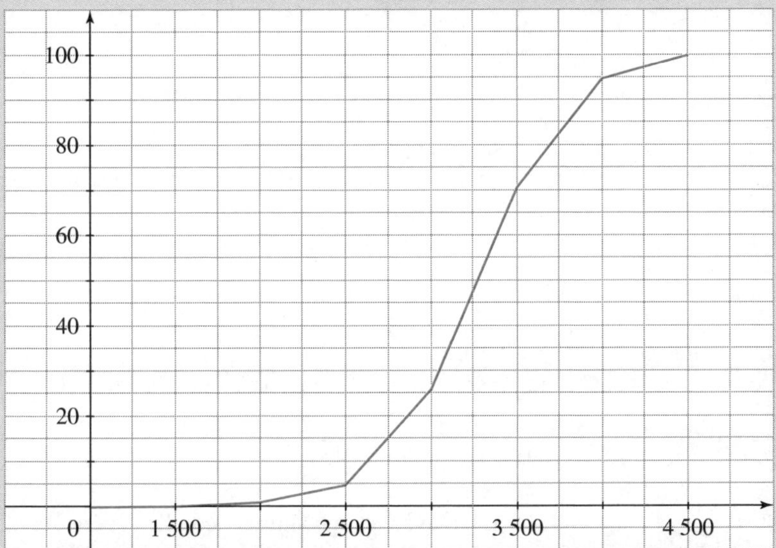

d. Pour l'abscisse 2 250, on lit une ordonnée de 2. Pour l'abscisse 3 750, on lit une ordonnée de 83. Par conséquent, le pourcentage de filles dont le poids à la naissance est compris entre 2 250 g et 3 750 g est environ égal à 81 %.
e. L'abscisse du point de cette courbe dont l'ordonnée est 50 est environ égale à 3 250. La médiane est environ 3 250 grammes.
f. Soit C le point dont l'abscisse est la médiane m. Les coordonnées de ce point sont $C(m\ ;\ 50)$; il est situé sur le segment d'extrémités A et B de coordonnées $A(3\ 000\ ;\ 26{,}16)$ et $B(3\ 500\ ;\ 70{,}83)$.
En écrivant que les coefficients directeurs des droites (AC) et (AB) sont identiques, on obtient :

$$\frac{50-26{,}16}{m-3\ 000}=\frac{70{,}83-26{,}16}{3\ 500-3\ 000}\Leftrightarrow\frac{23{,}84}{m-3\ 000}=\frac{44{,}67}{500}$$

$$\Leftrightarrow m-3\ 000=500\times\frac{23{,}84}{44{,}67}$$

$$\Leftrightarrow m\approx 3\ 267\ ,$$

en arrondissant à l'entier le plus proche.
La médiane est environ égale à 3 267 grammes.

19 **a.** $f_A = \dfrac{407}{1\,100} = 0{,}37$; $f_B = \dfrac{374}{1\,100} = 0{,}34$; $f_C = \dfrac{319}{1\,100} = 0{,}29$.

b. $\left[f_A - \dfrac{1}{\sqrt{n}} ; f_A + \dfrac{1}{\sqrt{n}}\right] = \left[0{,}37 - \dfrac{1}{\sqrt{1\,100}} ; 0{,}37 + \dfrac{1}{\sqrt{1\,100}}\right]$

$= [0{,}34 ; 0{,}40]$

$\left[f_B - \dfrac{1}{\sqrt{n}} ; f_B + \dfrac{1}{\sqrt{n}}\right] = \left[0{,}34 - \dfrac{1}{\sqrt{1\,100}} ; 0{,}34 + \dfrac{1}{\sqrt{1\,100}}\right]$

$= [0{,}31 ; 0{,}37]$

$\left[f_C - \dfrac{1}{\sqrt{n}} ; f_C + \dfrac{1}{\sqrt{n}}\right] = \left[0{,}29 - \dfrac{1}{\sqrt{1\,100}} ; 0{,}29 + \dfrac{1}{\sqrt{1\,100}}\right]$

$= [0{,}26 ; 0{,}32]$.

c. Oui, au lieu de l'ordre annoncé ABC, l'ordre des candidats pourrait être ACB ou BAC.

d. L'écart des fréquences annoncées entre les candidats A et B est de 0,03. Si le nombre $\dfrac{1}{\sqrt{n}}$ est inférieur à 0,015, alors les deux intervalles auront une intersection vide et A sera toujours devant B.

L'écart entre B et C étant plus important, B sera aussi toujours devant C.

$\dfrac{1}{\sqrt{n}} < 0{,}015 \Leftrightarrow \sqrt{n} > \dfrac{1}{0{,}015} \Leftrightarrow n > \left(\dfrac{1}{0{,}015}\right)^2$.

Or, $\left(\dfrac{1}{0{,}015}\right)^2 \approx 4\,444{,}4$. Ainsi, avec un échantillon de taille supérieure ou égale à 4 445 personnes, on aurait un ordre ABC avec un indice de confiance de 95 %.

20 **1.** $f_A = \dfrac{45}{100} = 0{,}45$ et $f_B = \dfrac{2\,400}{5\,000} = 0{,}48$. Le taux de naissances de filles est plus important dans la maternité B.

2. En supposant que la proportion des naissances de filles est de $p = 0{,}5$, on obtient les intervalles de fluctuation suivants :

pour la maternité A, $\left[0{,}5 - \dfrac{1}{\sqrt{100}} ; 0{,}5 + \dfrac{1}{\sqrt{100}}\right] = [0{,}4 ; 0{,}6]$;

pour la maternité B, $\left[0{,}5 - \dfrac{1}{\sqrt{5\,000}} ; 0{,}5 + \dfrac{1}{\sqrt{5\,000}}\right] \approx [0{,}486 ; 0{,}514]$.

Conclusion

Bien que $f_A < f_B$, on constate que f_A appartient à l'intervalle de fluctuation $[0{,}4 ; 0{,}6]$, mais que f_B n'appartient pas à l'intervalle de fluctuation $[0{,}486 ; 0{,}514]$: ainsi, l'hypothèse d'équirépartition des naissances selon le sexe ne peut être mise en doute dans la maternité A, mais est rejetée dans la maternité B, avec un risque d'erreur de 5 %.

21 Nombre total de communications téléphoniques étudiées : 1 000
Amplitude d'une classe : 30
Effectif de la 3e classe : 150
Centre de la dernière classe : 225
Médiane : 123
Valeur du premier quartile : 90
Nombre de communications dont la durée dépasse 3 minutes : 190
Durée maximale des 200 communications les plus courtes : 82

22 1. Réponse **c.** La 50e valeur de la série est 50 et la 51e est 51.
2. Réponse **d.** Les trois autres paramètres sont des paramètres de position.
3. Réponse **b.** Si une valeur de la série x est augmentée de 10 % de sa valeur, cela signifie que l'on obtient $x + x \times \frac{10}{100} = x + 0{,}1x = 1{,}1x$.
4. Réponse **c.** $\frac{20 \times 11{,}5 + 15 \times 10{,}1}{35} = 10{,}9$.
5. Réponse **a.** $\frac{35 \times 10{,}9 + 5}{35} = 10{,}9 + \frac{5}{35} = 10{,}9 + \frac{1}{7}$.

23 **a.** On utilise la valeur centrale de chaque classe :
$$\frac{25 \times 0{,}05 + 95 \times 0{,}2 + 90 \times 0{,}4 + 60 \times 0{,}65 + 25 \times 1{,}4 + 5 \times 3}{300} \approx 0{,}48.$$
Le taux moyen d'alcoolémie relevé ce soir-là était de 0,48 mg/L environ.
b.

Taux d'alcool (en mg/L)	]0 ; 0,1]	]0,1 ; 0,3]	]0,3 ; 0,5]	]0,5 ; 0,8]	]0,8 ; 2]	]2 ; 4]
Effectif cumulé croissant	25	120	210	270	295	300

En cumulant les effectifs, on remarque que les 150e et 151e personnes contrôlées se situent dans la classe]0,3 ; 0,5]. La médiane se trouve donc dans cet intervalle.
On peut éventuellement estimer ce taux médian par interpolation linéaire : cela signifie que l'on suppose que les taux des 90 personnes de la troisième classe sont répartis uniformément dans l'intervalle.
En imaginant le polygone des effectifs cumulés croissants, cela revient à chercher la médiane M, ordonnée d'un point d'abscisse 150 sur un segment d'extrémités les points de coordonnées (120 ; 0,3) et (210 ; 0,5).
On obtient : $\frac{0{,}5 - 0{,}3}{210 - 120} = \frac{0{,}5 - M}{210 - 150} \Leftrightarrow 0{,}5 - M = \frac{12}{90} \Leftrightarrow M \approx 0{,}37$. Par cette méthode, le taux médian d'alcoolémie relevé ce soir-là était d'environ 0,37 mg/L.

c. C'est la classe]0,1 ; 0,3], celle qui a le plus fort effectif.
d. 30 conducteurs sur 300 étaient en situation de délit, soit 10 %.
e. Rappel : dans un histogramme, les effectifs sont proportionnels aux aires des rectangles. Ici, 1 carreau = 2 conducteurs. Exemple de construction d'un rectangle, celui correspondant à la troisième classe. La longueur de l'intervalle est 0,2, donc la largeur du rectangle est de 2 carreaux. Pour représenter un effectif de 90 conducteurs, il faut un rectangle contenant 45 carreaux.

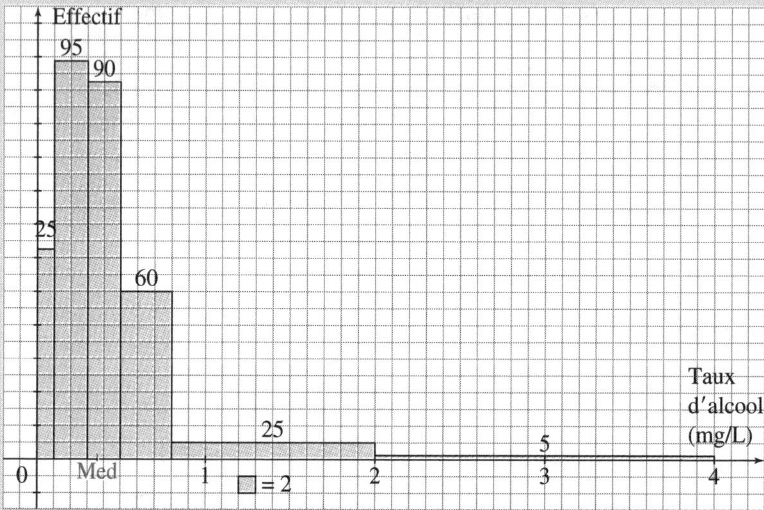

24 **a.** Le nombre moyen de séances est :

$$0{,}4 \times 0 + 0{,}25 \times 1 + 0{,}18 \times 2 + 0{,}1 \times 3 + 0{,}05 \times 4 + 0{,}02 \times 5 = 1{,}21.$$

b. Puisque le nombre de séances par mois est de 0 pour 40 % des gens interrogés et 1 pour 65 % des gens interrogés, la médiane est 1. En effet, 50 % des gens interrogés vont au cinéma au plus 1 fois par mois.
De même, le troisième quartile est 2 puisque 75 % des gens interrogés vont au cinéma au plus deux fois par semaine.

25 1. **Faux**. L'intervalle $\left[f - \frac{1}{\sqrt{n}} ; f + \frac{1}{\sqrt{n}}\right]$ montre que si n diminue, alors $\frac{1}{\sqrt{n}}$ augmente ainsi que l'amplitude de l'intervalle.

2. **Faux**. Si n est multiplié par 4, alors on obtient :

$$\left[f - \frac{1}{\sqrt{4n}} ; f + \frac{1}{\sqrt{4n}}\right] = \left[f - \frac{1}{2\sqrt{n}} ; f + \frac{1}{2\sqrt{n}}\right].$$

L'amplitude qui était $\frac{2}{\sqrt{n}}$ est maintenant $\frac{1}{\sqrt{n}}$, elle a été divisée par 2.

3. **Vrai**. En choisissant un risque consenti d'erreur plus important, on obtient une meilleure précision sur l'intervalle.

26 La somme des âges des 120 personnes est $120 \times 28 = 3\ 360$ ans, alors que la somme des âges des hommes est $50 \times 33 = 1\ 650$ ans. La somme des âges des 70 femmes est donc : $3\ 360 - 1\ 650 = 1\ 710$.

L'âge moyen des femmes est donc $\frac{1\ 710}{70} \approx 24,43$. La partie décimale 0,43 correspond à un nombre de mois égal à $0,43 \times 12 \approx 5,2$.
Par conséquent, l'âge moyen des femmes est donc 24 ans et 5 mois.

27 • Série A. Comme la moyenne est 2, il y autant de fois le nombre 1 que le nombre 3, c'est-à-dire 30 fois.
• Série B. Avec 100 nombres, la médiane est la moyenne du 50e et du 51e si ceux-ci sont écrits dans l'ordre croissant. Si cette médiane est égale à 3, cela signifie que le 50e nombre est un 3. En prenant les 49 premiers nombres égaux à 1, afin de rendre la moyenne la plus petite possible, on obtient :

$$\frac{49 \times 1 + 51 \times 3}{100} = 2,02.$$

• Série C. Nécessairement, le 50e nombre est un 1, le 51e est un 2.
Les 49 premiers sont aussi des 1, il y a donc 50 fois le nombre 1.
• Série D. Si l'étendue est 1, la série est composée de 1 et de 2, ou de 2 et de 3. Puisque la moyenne est strictement supérieure à 2, c'est qu'il n'y a que des 2 et des 3 dans cette série.
• Série E. La série est composée exclusivement de 3. En effet, s'il n'y avait qu'un seul 1 ou 2, la moyenne serait strictement inférieure à 3.

28 **1.** Les coordonnées du point A sont (80 ; 340). Elles signifient que, parmi les 500 arbres dans cette plantation, 340 arbres ont une production de pommes inférieure ou égale à 80 kg.

2.

Classe (nombre de kg de pommes)	[40 ; 50[	[50 ; 60[	[60 ; 70[	[70 ; 80[	[80 ; 90[	[90 ; 100[
Effectifs (nombre de pommiers)	30	80	90	140	100	60

3. La classe modale est celle dont l'effectif est le plus important. Il s'agit de la classe [70 ; 80[.
L'amplitude des classes est constante, elle est égale à 10 kg.

4. a. Pour chaque classe, on va utiliser son centre :

$$\frac{30 \times 45 + 80 \times 55 + 90 \times 65 + 140 \times 75 + 100 \times 85 + 60 \times 95}{500} = 72{,}6 .$$

Ainsi, la production moyenne d'un pommier dans ce verger peut être estimée à 72,6 kg.

b. La production totale de pommes dans ce verger est de $500 \times 72{,}6 = 36\ 300 \text{ kg}$.

Comme 100 kg de pommes donnent 60 litres de cidre, le nombre de litres de cidre total est : $\frac{36\ 300 \times 60}{100} = 21\ 780$.

L'exploitant peut donc obtenir 21 780 litres de cidre.

5. a. La médiane est l'abscisse du point de la courbe d'ordonnée 250 (la moitié de l'effectif total) : nous lisons environ 73 kg.

Le premier quartile est l'abscisse du point de la courbe d'ordonnée 125. On lit environ 62 kg.

Le troisième quartile est l'abscisse du point de la courbe d'ordonnée 375. On lit environ 83 kg.

b. La médiane se trouve dans la classe $[70\ ;\ 80[$; nous allons donc utiliser les points K et A de coordonnées $K(70\ ;\ 200)$ et $A(80\ ;\ 340)$. Notons m la médiane, c'est l'abscisse d'un point de coordonnées $M(m\ ;\ 250)$.

En écrivant que les coefficients directeurs des droites (KM) et (KA) sont identiques, on obtient :

$$\frac{250 - 200}{m - 70} = \frac{340 - 200}{80 - 70} \Leftrightarrow m - 70 = 50 \times \frac{10}{140}$$

$$\Leftrightarrow m \approx 73{,}57 .$$

6. Il y a 110 arbres dont la production est inférieure à 60 kg, et 340 dont la production est inférieure à 80 kg. Par conséquent, il y a 230 arbres dont la production est comprise entre 60 et 80 arbres.

Or, $\frac{230}{500} \times 100 = 46$. Donc 46 % des arbres ont une production comprise entre 60 et 80 kg de pommes.

29 **1.** Réponse **c.** Voir rappels de cours.

2. Réponse **b.** La fréquence observée est le centre de l'intervalle $f = 0{,}3$.

Puisque $\left[f - \frac{1}{\sqrt{n}}\ ;\ f + \frac{1}{\sqrt{n}}\right] = [0{,}25\ ;\ 0{,}35]$, on obtient :

$$\frac{1}{\sqrt{n}} = 0{,}05 \Leftrightarrow n = 400 .$$

3. Réponse **d.** $\frac{1}{\sqrt{100n}} = \frac{1}{10\sqrt{n}} = 0{,}005$ et l'intervalle de confiance devient $[0{,}3 - 0{,}005\ ;\ 0{,}3 + 0{,}005] = [0{,}295\ ;\ 0{,}305]$.

9 Probabilités

I EXPÉRIENCE ALÉATOIRE

On appelle expérience aléatoire une situation dont le résultat est imprévisible, dû au hasard.
On appelle univers, noté Ω, de cette expérience aléatoire l'ensemble des résultats possibles.
Chacun des éléments de Ω est appelé éventualité ou issue. Une éventualité est donc l'un des résultats possibles.

Exemple

On lance un dé à six faces et on observe le nombre sur la face de dessus : il s'agit d'une expérience aléatoire. L'univers de cette expérience aléatoire est composé de six éventualités : $\Omega = \{1 ; 2 ; 3 ; 4 ; 5 ; 6\}$.

II LOI DE PROBABILITÉ

1. Définitions et remarques

On considère une expérience aléatoire donnant lieu à n éventualités notées $e_1, e_2, e_3, ..., e_n$. On note $\Omega = \{e_1 ; e_2 ; ... ; e_n\}$ son univers.
Une loi de probabilité P sur Ω est la donnée d'un nombre positif p_i pour chaque issue e_i, de telle façon que :

$$\sum_{i=1}^{n} p_i = 1 .$$

Ce nombre p_i est alors appelé la probabilité de l'issue e_i.
Modéliser une expérience aléatoire, c'est choisir une loi de probabilité sur l'univers de cette expérience Ω, de telle façon que les probabilités p_i représentent au mieux les chances de réalisation de chaque issue.
Le modèle ainsi choisi pourra être confronté à l'expérience en comparant ces probabilités théoriques et les distributions de fréquences observées.

2. Loi des grands nombres

Pour une expérience aléatoire donnée, dans le modèle défini par une loi de probabilité P, les distributions de fréquences obtenues sur des séries de taille n, se rapprochent de P quand n devient grand.

3. Cas particulier

Si tous les p_i sont égaux (hypothèse d'équiprobabilité), on dit que la loi de probabilité P est équirépartie.

Exemple

En choisissant la loi équirépartie pour l'univers de l'expérience consistant à lancer un dé à six faces, on obtient : pour tout entier i compris entre 1 et 6, $p_i = \frac{1}{6}$.

III PROBABILITÉ D'UN ÉVÉNEMENT

1. Événement

On appelle événement toute partie de Ω (c'est donc un sous-ensemble de l'univers).

Dire qu'une éventualité e_i réalise l'événement A signifie que $e_i \in \mathrm{A}$.

Un événement élémentaire est formé d'un seul élément.

2. Probabilité d'un événement

Soit une expérience aléatoire d'univers Ω, muni d'une loi de probabilité P. La probabilité d'un événement A est la somme des probabilités des événements élémentaires qui le composent.

Ce nombre est compris entre 0 (événement impossible) et 1 (événement certain).

En d'autres termes, $\mathrm{P}(\varnothing) = 0$ et $\mathrm{P}(\Omega) = 1$.

P est une application de Ω dans $[0\ ;\ 1]$, qui à un événement A de Ω, associe le nombre $\mathrm{P}(\mathrm{A})$.

3. Hypothèse d'équiprobabilité

Si la loi P est équirépartie, la probabilité d'un événement élémentaire est égale à :

$$\frac{1}{\text{nombre d'éléments de } \Omega}.$$

La probabilité d'un événement A est égale à :

$$\mathrm{P}(\mathrm{A}) = \frac{\text{nombre d'éléments de A}}{\text{nombre d'éléments de } \Omega}.$$

Exemple

On reprend la situation des exemples précédents. Cherchons la probabilité d'obtenir un nombre premier (un nombre premier est un nombre entier positif qui a exactement deux diviseurs : 1 et lui-même ; les entiers premiers sont 2 ; 3 ; 5 ; 7 ; 11 ; 13 ; 17 ; ...).

Notons A l'événement consistant à obtenir un nombre premier.

Alors $A = \{2 ; 3 ; 5\}$ et $P(A) = \dfrac{\text{nombre d'éléments de A}}{\text{nombre d'éléments de } \Omega} = \dfrac{3}{6} = 0{,}5$.

La probabilité d'obtenir un nombre premier est donc 0,5.

IV INTERSECTION ET RÉUNION DE DEUX ÉVÉNEMENTS

1. Définitions

• On appelle intersection de deux événements A et B d'un univers Ω, l'événement « A et B », que l'on note $A \cap B$, constitué des éventualités qui appartiennent simultanément à A et à B.

• On appelle réunion de deux événements A et B d'un univers Ω, l'événement « A ou B », que l'on note $A \cup B$, constitué des éventualités qui appartiennent à A ou à B (il ne s'agit pas du « ou » exclusif : ce sont les éventualités qui appartiennent à A ou à B ou aux deux).

Exemple

Avec l'expérience consistant à lancer un dé à six faces, on note $A = \{2 ; 3 ; 4\}$ et $B = \{1 ; 2 ; 4\}$.

Alors $A \cap B = \{2 ; 4\}$ et $A \cup B = \{1 ; 2 ; 3 ; 4\}$.

2. Propriété

Si A et B sont deux événements quelconques d'un univers Ω muni d'une loi de probabilité P, alors $P(A \cup B) = P(A) + P(B) - P(A \cap B)$.

3. Événements incompatibles

Deux événements A et B d'un univers Ω sont incompatibles (ou disjoints) si leur intersection est vide, c'est-à-dire si aucun résultat ne les réalise en même temps. Dans ce cas, on note $A \cap B = \varnothing$.

Si A et B sont deux événements incompatibles d'un univers Ω muni d'une loi de probabilité P, alors $P(A \cup B) = P(A) + P(B)$.

Exemple

Avec l'expérience consistant à lancer un dé à six faces, les événements « obtenir un nombre pair » et « obtenir un nombre impair » sont incompatibles : $\{2 ; 4 ; 6\} \cap \{1 ; 3 ; 5\} = \varnothing$.

V ÉVÉNEMENTS CONTRAIRES

1. Définition

Le complémentaire d'un événement A dans l'univers Ω, noté $\overline{A}$, est appelé événement contraire de A. C'est l'ensemble de tous les éléments de Ω qui n'appartiennent pas à A.

Exemple

Avec l'expérience consistant à lancer un dé à six faces, l'événement contraire de $\{2\ ;\ 6\}$ est $\{1\ ;\ 3\ ;\ 4\ ;\ 5\}$, et l'événement contraire de « obtenir un nombre supérieur ou égal à 2 » est l'événement « obtenir le 1 ».

2. Propriétés

• $A \cap \overline{A} = \varnothing$ et $A \cup \overline{A} = \Omega$.

• Si A est un événement d'un univers Ω, muni d'une loi de probabilité P, alors $P(\overline{A}) = 1 - P(A)$.

Exemple

Si $P(A) = 0{,}3$, alors $P(\overline{A}) = 1 - 0{,}3 = 0{,}7$.

3. Contraire d'une réunion ou d'une intersection

Si A et B sont deux événements quelconques d'un univers Ω, alors :

• le contraire de la réunion est l'intersection des contraires :

$$\overline{A \cup B} = \overline{A} \cap \overline{B}\ ;$$

• le contraire de l'intersection est la réunion des contraires :

$$\overline{A \cap B} = \overline{A} \cup \overline{B}.$$

EXERCICES D'APPLICATION

VOCABULAIRE DES PROBABILITÉS

1

| ★ | 5 min | ▸ P. 203

Expliciter les événements contraires des événements suivants :

A : « Toutes les fleurs dans ce vase sont rouges. »

B : « Le temps est chaud et orageux. »

C : « Au moins un arbre de ce jardin est un cerisier. »

D : « Les élèves de cette classe ont 15 ans ou 16 ans. »

2

| ★ | 5 min | ▸ P. 203

On lance un dé non truqué à six faces.

1. Vrai ou faux ?

a. L'événement « obtenir un nombre inférieur ou égal à six » est certain.

b. Les événements P : « obtenir un nombre pair » et C : « obtenir un multiple de cinq » sont incompatibles.

c. L'événement contraire de l'événement P est l'événement Q : « obtenir un multiple de deux ».

2. Expliciter la réunion de P et C.

3

| ★ | 5 min | ▸ P. 203

On tire une carte au hasard dans un jeu de 32 cartes. On considère les événements suivants :

A : « On obtient un valet. »

B : « On obtient un roi. »

C : « On obtient un carreau. »

a. Les événements A et B sont-ils incompatibles ? Et les événements B et C ?

b. Décrire par une phrase sans négation l'événement contraire de l'événement C.

c. Proposer un événement D incompatible avec l'événement C.

CALCULS DE PROBABILITÉS, INTERSECTION ET RÉUNION

4

| ★ | 5 min | ▸ P. 203

A et B sont deux événements quelconques d'un univers Ω.

Montrer, en s'aidant d'un schéma, que $\overline{A} \cup \overline{B} = \overline{A \cap B}$.

5

★ | 10 min | ▶ P. 203

A et B sont deux événements incompatibles d'un univers Ω muni d'une loi de probabilité P.
On donne $P(A) = 0{,}2$ et $P(A \cup B) = 0{,}7$.
Calculer :
a. $P(\overline{A})$ **b.** $P(\overline{A} \cup \overline{B})$ **c.** $P(B)$ **d.** $P(\overline{B})$ **e.** $P(\overline{A} \cap \overline{B})$.

6

★ | 5 min | ▶ P. 204

On tire une carte dans un jeu de 32 cartes. Calculer la probabilité de tirer :
a. un pique ; **b.** une dame ;
c. la dame de pique ; **d.** une dame ou un pique.

7

★ | 5 min | ▶ P. 204

Un sac contient des bonbons au citron, à l'orange et à la fraise. Trois bonbons sur huit sont au citron, deux bonbons sur sept sont à l'orange. On prend un bonbon au hasard dans ce sac.
a. Quelle est la probabilité d'obtenir un bonbon au citron ou à l'orange ?
b. En déduire la probabilité d'obtenir un bonbon à la fraise.

8

★ | 5 min | ▶ P. 205

Une urne contient cinq boules blanches, sept rouges et six bleues, toutes indiscernables au toucher. On tire une boule au hasard.
a. Quelle est la probabilité de tirer une boule blanche ou rouge ?
b. Quelle est la probabilité de ne pas tirer une boule rouge ?

9

★ | 5 min | ▶ P. 205

La répartition des salaires dans une entreprise est donnée par l'histogramme ci-dessous. Si on rencontre un salarié au hasard dans cette entreprise (et que l'on admet une hypothèse d'équiprobabilité pour cette rencontre), quelle est la probabilité que ce salarié gagne plus de 1 500 euros ?

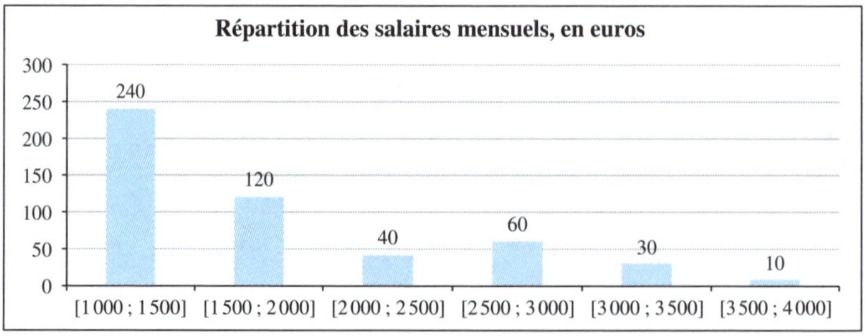

10

| ★ | 5 min | ▸ P. 205

Un sondage révèle que parmi les abonnés d'un journal, 38 % lisent régulièrement la page « TV et spectacles », 65 % lisent la page « Sports », 23 % lisent les deux. On interroge l'un de ces abonnés au hasard. Calculer la probabilité que cet abonné ne lise ni la page « TV et spectacles » ni la page « Sports ».

11

| ★ | 10 min | ▸ P. 205

Un standard téléphonique chargé de fournir des renseignements par téléphone emploie 80 % de standardistes titulaires et 20 % d'intérimaires. 70 % des intérimaires et 15 % des titulaires sont bilingues français-anglais. Un interlocuteur anglais appelle ce standard.

a. Quelle est la probabilité qu'un intérimaire parlant anglais lui réponde ? qu'un titulaire parlant anglais lui réponde ? qu'une personne parlant anglais lui réponde ?

b. La personne qui répond parle l'anglais. Quelle est la probabilité que ce soit un intérimaire ?

ÉPREUVES MULTIPLES

12

| ★★ | 10 min | ▸ P. 206

On considère l'expérience aléatoire qui consiste à lancer une pièce de monnaie trois fois de suite. Réaliser un arbre décrivant la situation.

Calculer les probabilités d'obtenir :

• une fois « PILE » ;

• deux fois « PILE » ;

• trois fois « PILE » ;

• aucune fois « PILE ».

Exercices d'entraînement

13 | ★★ | 15 min | ▶ P. 206

Un sac contient sept boules indiscernables au toucher : quatre boules blanches et trois boules noires.

On tire successivement et avec remise deux boules de l'urne.

1. Calculer les probabilités que :

a. la première boule soit blanche et la seconde boule soit noire ;

b. les deux boules aient la même couleur.

2. Mêmes questions en supposant que le tirage s'effectue sans remise.

14 | ★★ | 20 min | ▶ P. 207

Un sac contient dix boules indiscernables au toucher : cinq boules rouges, trois boules noires, et deux boules blanches.

On tire deux boules au hasard, l'une après l'autre, sans remise.

1. Calculer les probabilités des événements :

a. X : « tirer deux boules blanches » ;

b. Y : « tirer deux boules noires ».

2. a. Calculer la probabilité de ne tirer aucune boule blanche.

b. En déduire la probabilité de tirer une et une seule boule blanche.

15 | ★★ | 15 min | ▶ P. 208

Au casino, la boule est un jeu de roulette à 9 numéros. Les numéros 1, 4, 6 et 9 sont rouges. Les numéros 2, 3, 7 et 8 sont noirs. Le 5 n'a pas de couleur.

1. On joue une fois à ce jeu. Calculer la probabilité d'obtenir :

a. un numéro pair et rouge ;

b. un numéro pair ou rouge.

2. Maintenant, on joue trois parties de ce jeu. Le résultat d'une telle expérience aléatoire est une suite de trois numéros comme par exemple 7, 1, 5 ou 8, 8, 2.

a. Combien y a-t-il de résultats possibles ?

b. Calculer la probabilité d'obtenir au moins une fois le numéro 5.

16

★★ | 15 min | ▸ P. 208

Dans un jeu de 32 cartes, on tire successivement cinq cartes, sans remise dans le paquet des cartes tirées.

a. Calculer le nombre de tirages possibles de cinq cartes.

b. Quelle est la probabilité d'avoir cinq cartes de même couleur ?

c. Quelle est la probabilité d'avoir au moins un as ?

17

★★ | 60 min | ▸ P. 209

Au XVIIe siècle, le duc de Toscane jouait à un jeu qui consistait à lancer trois dés et à totaliser les points obtenus. En jouant très souvent à ce jeu, il avait constaté que la somme 10 était obtenue plus souvent que la somme 9.

Pourtant, il avait aussi observé que 9 et 10 se décomposent tous deux de six façons différentes comme sommes de trois entiers compris entre 1 et 6.

Le but de l'exercice est d'expliquer (comme le fit à l'époque Galilée, précepteur du duc de Toscane) ce paradoxe.

a. Écrire les six différentes décompositions de 9 et 10 comme sommes de trois entiers compris entre 1 et 6.

b. Effectuer une simulation de 5 000 lancers de trois dés à l'aide d'un tableur. La feuille de calcul devra aussi calculer le total des points pour chaque lancer de trois dés, et calculer les fréquences pour chaque total possible. Enfin, on fera apparaître l'histogramme de la distribution des fréquences ainsi obtenue.

c. En supposant qu'un lancer de trois dés revient à lancer un dé trois fois de suite, déterminer les probabilités d'obtenir un total de 9 et un total de 10.

18

★★ | 10 min | ▸ P. 210

La combinaison d'un digicode à l'entrée d'un immeuble s'effectue au moyen d'un clavier comportant les chiffres de 0 à 9 et les lettres A et B. Une personne souhaite entrer dans cet immeuble mais a oublié le code. Heureusement, elle se souvient que la combinaison contient cinq caractères dont deux lettres.

a. Montrer qu'il y a 40 000 combinaisons possibles.

b. Après un effort de mémoire, cette personne se souvient que la combinaison commence et finit par une lettre, que ces deux lettres sont différentes, et qu'aucun des chiffres n'est répété. Quelle est alors la probabilité qu'une combinaison effectuée au hasard ouvre la porte ?

19 | ★★ | 10 min | ▶ P. 211

Une usine fabrique des écrans pour ordinateurs. Elle dispose pour cela de trois unités de fabrication différentes A, B et C qui produisent respectivement 30 %, 45 % et 25 % de la production totale. Les probabilités qu'un écran soit sans défaut à la sortie des unités de production sont 0,99 pour l'unité A, 0,95 pour l'unité B et 0,90 pour l'unité C.
Calculer la probabilité qu'un écran sortant de l'usine soit défectueux.

20 | ★★ | 20 min | ▶ P. 211

Le sang d'un être humain appartient à un des quatre groupes sanguins : A, B, AB, et O. De plus, le sang d'un individu possède ou non l'antigène Rhésus. On suppose que, dans une population donnée, la répartition des groupes sanguins est approximativement :

Groupe sanguin	A	B	AB	O
Répartition dans la population	44 %	8 %	3 %	45 %
Possèdent l'antigène Rhésus	86 %	81 %	87 %	84 %

Les personnes dont le sang est du groupe O, ne possédant pas l'antigène Rhésus (on dit O–) sont des donneurs universels.
a. Quelle est la probabilité qu'une personne prise au hasard soit un donneur universel ?
b. Quelle est la probabilité qu'une personne prise au hasard ne possède pas l'antigène Rhésus ?
c. Quelle est la probabilité qu'une personne prise au hasard parmi ceux ne possédant pas l'antigène Rhésus soit du groupe O ?

21 Vrai ou Faux ? | ★★ | 20 min | ▶ P. 211

Les caractéristiques d'un alcootest sont les suivantes :
92 % des individus ivres sont déclarés positifs par ce test.
99,5 % des individus sobres sont déclarés négatifs par ce test.
Lors d'un contrôle, on constate qu'il y a 2,5 % d'automobilistes en infraction (leur taux d'alcoolémie est au-dessus du seuil fixé par la loi).
Un gendarme contrôle un automobiliste au hasard.
a. La probabilité que cet automobiliste soit contrôlé positif est 0,027 875.
b. La probabilité que cet automobiliste ne soit pas en infraction et contrôlé positif est 0,002.
c. La probabilité que cet automobiliste ne soit pas en infraction alors qu'il est contrôlé positif est environ 0,175.

22

|★★★| 10 min | ▸ P. 212

Dans un lycée, la probabilité que l'alarme se déclenche au cours des vacances d'été est de 0,002 s'il n'y a pas de danger et de 0,999 s'il y a un danger. La probabilité qu'un danger se présente est de 0,003. Quelle est la probabilité que l'alarme se déclenche pendant l'été ?

ALGORITHMIQUE

23

|★★★| 90 min | ▸ P. 212

Dans une classe de 35 élèves, on se demande la probabilité que deux d'entre eux partagent la même date d'anniversaire. Dans la première partie de ce problème, on réalise une simulation de cette situation. Dans la seconde partie, un raisonnement permet de donner une réponse théorique au problème dans le cas général d'un groupe de n personnes.

Partie A

a. Écrire un algorithme qui simule le tirage au sort de 35 dates d'anniversaire (parmi 365 possibles), puis qui cherche si deux d'entre elles sont identiques.

b. Améliorer cet algorithme en réalisant 100 fois cette simulation, et en comptant le nombre de fois où deux dates d'anniversaire identiques ont été constatées.

c. Que peut-on conclure ?

Partie B

1. Dans cette question, on cherche la probabilité que, dans un groupe de quatre personnes prises au hasard, deux d'entre elles au moins partagent le même mois d'anniversaire.

Pour cela, on suppose que tous les mois d'anniversaire sont équiprobables.

a. Expliciter l'événement contraire de celui dont on cherche la probabilité.

b. Montrer que la probabilité de cet événement contraire est égale à $\dfrac{12 \times 11 \times 10 \times 9}{12^4}$.

c. Répondre à la question en donnant une valeur approchée à 0,01 près.

2. **a.** En s'inspirant de la première question, donner une expression de la probabilité que dans un groupe de n personnes prises au hasard, deux d'entre elles au moins partagent le même jour d'anniversaire.

b. Écrire un algorithme de calcul de cette probabilité selon la valeur de n.

c. En remplaçant n par 35, comparer le résultat obtenu avec celui de la **partie A**.

3. Écrire un autre algorithme permettant de déterminer la plus petite valeur de n à partir de laquelle cette probabilité dépasse un seuil noté s. Combien trouve-t-on si $s = 0{,}5$? si $s = 0{,}9$? si $s = 0{,}999$?

24 ★★★ | 45 min | ▶ P. 215

On souhaite estimer le nombre de lancers nécessaires pour sortir toutes les faces d'un dé à six faces, bien équilibré.

Écrire un algorithme qui simule 1 000 fois une expérience qui consiste à compter le nombre de lancers nécessaires pour que toutes les faces soient sorties une fois, et qui calcule ensuite le nombre moyen de lancers nécessaires.

Transcrire l'algorithme sur une calculatrice ou un logiciel afin d'obtenir un résultat numérique.

CONTRÔLE

25 QCM

|★★|5 points, 20 min| ▸ P. 216

Les cinq questions sont indépendantes. Pour chacune des questions, une et une seule proposition est exacte.

1. Un marin consulte la météo du jour, un matin à 8 h. Il apprend que pour cette matinée, jusqu'à 12 h, les probabilités de pluie sont de 25 %.
Choisir la meilleure interprétation de cette information.
a. Il pleuvra sur un quart de la zone concernée par les prévisions.
b. Il pleuvra pendant une heure ce matin.
c. 25 bateaux sur 100 qui sortiront en mer auront de la pluie.
d. Si la même prévision était faite pour une année, il pleuvrait environ 90 jours.

2. On tire au hasard une boule dans une urne contenant trois boules blanches et cinq noires, indiscernables au toucher. La probabilité d'obtenir une boule noire après avoir sorti une boule noire est égale à :
a. $\frac{1}{4}$ **b.** $\frac{4}{7}$ **c.** $\frac{2}{5}$ **d.** $\frac{25}{64}$

3. On lance deux dés non truqués, et on effectue la somme des points obtenus. La probabilité d'obtenir 12 est égale à :
a. $\frac{1}{12}$ **b.** $\frac{1}{11}$ **c.** $\frac{1}{36}$ **d.** $\frac{1}{2}$

4. On considère une population composée de 55 % d'hommes et de 45 % de femmes. La probabilité qu'un homme soit daltonien est de 0,05 et qu'une femme soit daltonienne de 0,002 5.
La proportion de daltoniens dans cette population est :
a. 2,5 % **b.** 2,637 5 % **c.** 2,755 5 % **d.** 2,862 5 %

5. Dans un chapeau se trouvent trois cartes : l'une a ses deux faces rouges ; la deuxième a une face rouge et une face blanche ; la troisième a ses deux faces blanches. On tire une carte au hasard dans ce chapeau, la face visible est rouge. Quelle est la probabilité que l'autre face soit également rouge ?
a. $\frac{2}{3}$ **b.** $\frac{1}{3}$ **c.** $\frac{1}{6}$ **d.** $\frac{1}{2}$

26 VRAI OU FAUX ?

|★★|3 points, 10 min| ▸ P. 216

Les trois questions sont indépendantes.

1. On lance une pièce de monnaie bien équilibrée cinq fois de suite et on obtient à chaque fois « face ».
Au sixième lancer, la probabilité d'obtenir « pile » est supérieure à 0,5.

2. A et B sont deux événements d'un univers associé à une probabilité p. Si $p(\mathrm{A}) = 0{,}3$, $p(\mathrm{B}) = 0{,}4$ et $p(\overline{\mathrm{A} \cup \mathrm{B}}) = 0{,}45$, alors $p(\mathrm{A} \cap \mathrm{B}) = 0{,}15$.

3. Au cours d'une épidémie, on vaccine le quart d'une population. Parmi les personnes malades, une sur huit est vaccinée. La probabilité qu'une personne choisie au hasard dans la population soit malade est de 0,2. Alors la probabilité pour un individu vacciné de cette population de tomber malade est égale à 0,1.

27

★★ | 6 points, 20 min | ▶ P. 217

Un sac contient dix boules : quatre sont numérotées 1, trois sont numérotées 2, deux sont numérotées 3 et une est numérotée 4. Elles sont indiscernables au toucher.

1. On tire au hasard une boule, et on lit le nombre de points.
Quelle est la probabilité d'obtenir au moins 2 points ?

2. On tire au hasard une boule, on lit le nombre de points et on la replace dans le sac. Ensuite on tire au hasard une deuxième boule, on lit le nombre de points et on fait la somme des deux résultats.
Quelle est la probabilité d'obtenir exactement 5 points ?

3. On tire au hasard deux boules simultanément (ce qui revient à un tirage successif de deux boules sans remise de la première) et on effectue la somme des points lus.
Quelle est la probabilité d'obtenir au moins 6 points ?

28

★★★ | 6 points, 30 min | ▶ P. 218

On suppose qu'un lanceur de fléchettes atteint toujours sa cible et que la probabilité de toucher l'une des trois zones est proportionnelle à son aire. Les zones sont délimitées par des cercles de rayons 5, 10, et 15 cm.
Le nombre de points obtenu quand il touche une zone est indiqué sur la figure ci-contre.

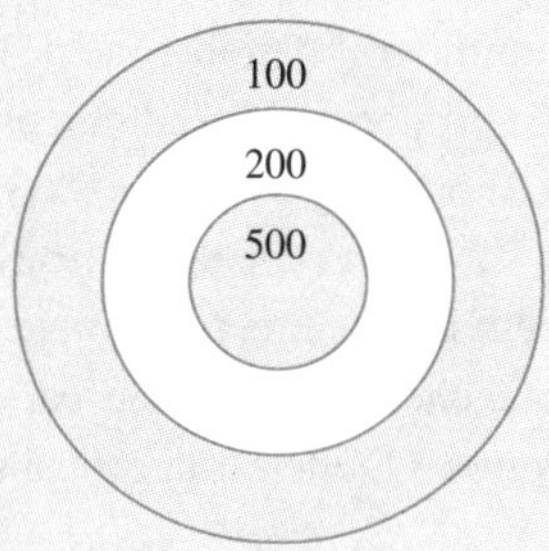

1. Calculer les probabilités de toucher chaque zone.

2. Une partie consiste à lancer trois fléchettes, les trois lancers étant supposés indépendants. Quelle est la probabilité d'obtenir plus de 1 000 points lors d'une partie ?

Contrôle

29 Vrai ou Faux ? | ★★ | 5 points, 20 min | ▶ p. 219

Les deux questions sont indépendantes.

1. Une urne contient quatre boules rouges et six boules vertes, toutes indiscernables au toucher. On tire une boule au hasard.

a. Il y a autant de chances d'avoir une boule verte qu'une boule rouge.

b. Il y a 4 chances sur 10 d'obtenir une boule verte.

c. Si on répète un grand nombre de fois cette expérience, la fréquence d'apparition d'une boule verte devrait être proche de 0,6.

d. Il y a 6 chances sur 4 d'obtenir une boule verte.

e. La probabilité de tirer une boule rouge est 0,4.

2. L'incidence (nombre de nouveaux cas) de la grippe en France en 2008 est estimée à 160 cas pour 100 000 habitants. En cas de grippe, la probabilité de faire une surinfection bactérienne est de 1,2 %.

a. La probabilité d'attraper la grippe sans faire de surinfection bactérienne est égale à $0{,}001\ 6 \times 0{,}012$.

b. La probabilité d'attraper la grippe et une surinfection bactérienne est égale à $0{,}001\ 6 \times 0{,}988$.

c. La probabilité de ne pas attraper la grippe est de 89 %.

d. La probabilité d'attraper la grippe est de 0,16 %.

e. La probabilité de faire une surinfection bactérienne est de 1,2 %.

30 QCM | ★★ | 6 points, 15 min | ▶ p. 220

Un sac contient huit boules blanches et quatre boules noires indiscernables au toucher.

1. Un joueur tire deux boules, l'une après l'autre, en remettant la première boule dans le sac avant d'effectuer le deuxième tirage. La probabilité de n'obtenir aucune boule noire est :

a. $\frac{2}{3}$ **b.** $\frac{14}{33}$ **c.** $\frac{4}{9}$ **d.** $\frac{1}{9}$

2. Un joueur tire simultanément deux boules. La probabilité d'obtenir deux boules blanches est :

a. $\frac{1}{4}$ **b.** $\frac{14}{33}$ **c.** $\frac{4}{9}$ **d.** $\frac{7}{18}$

3. Un joueur tire simultanément deux boules. La probabilité d'obtenir deux boules de couleurs différentes est :

a. $\frac{11}{18}$ **b.** $\frac{1}{6}$ **c.** $\frac{5}{9}$ **d.** $\frac{16}{33}$

31

★★ | 3 points, 15 min | ▶ p. 220

A et B sont deux événements quelconques d'un univers Ω, muni d'une loi de probabilité P.

On donne $P(A) = 0{,}6$, $P(\overline{A \cap B}) = 0{,}9$.

a. Calculer les probabilités : $P(\overline{A})$, $P(A \cap B)$ et $P(\overline{A} \cup \overline{B})$.

b. On donne de plus $P(A \cup B) = 0{,}8$. Calculer $P(B)$, $P(\overline{B})$ et $P(\overline{A} \cap \overline{B})$.

32

★★ | 6 points, 20 min | ▶ p. 220

Une société produisant un article de luxe doit lutter contre un marché de contrefaçons. Elle met au point un test afin de déterminer si un article est un original ou une copie. On dira que le test est positif si l'article est une copie.

Voici quelques résultats :

- 2 % des articles sont des copies.
- Le test est positif pour 90 % des copies.
- Le test est négatif pour 96 % des originaux.

1. Remplir le tableau suivant.

	Copie	Original	Total
Test positif			
Test négatif			
Total			100 %

2. On tire un article au hasard, puis on le teste. On suppose que les tirages sont équiprobables.

Calculer la probabilité que :

a. cet article soit un original ;

b. le test soit positif sachant que l'article est un original ;

c. l'article soit un original et que le test soit positif ;

d. le test soit positif ;

e. l'article soit un original lorsque le test est positif ;

f. l'article soit une copie lorsque le test est négatif.

CORRIGÉS

1 $\overline{A}$: « Au moins une fleur dans ce vase n'est pas rouge. »
$\overline{B}$: « Le temps n'est pas chaud ou n'est pas orageux. »
$\overline{C}$: « Il n'y a pas de cerisier dans ce jardin. »
$\overline{D}$: « Les élèves de cette classe n'ont ni 15 ans ni 16 ans. »

2 1. **a. Vrai**, sa probabilité est égale à 1.
b. Vrai. P contient les issues 2, 4, 6, alors que C contient seulement l'issue 5. Leur intersection est vide, donc ils sont incompatibles.
c. Faux. C'est l'événement : « obtenir un nombre impair ».
2. P ou C : « obtenir 2, 4, 5 ou 6 ».

3 **a.** Les événements A et B sont incompatibles car aucune carte ne peut être à la fois un valet et un roi. Les événements B et C ne sont pas incompatibles car ils contiennent tous deux le roi de carreau.
b. $\overline{C}$: « On obtient un cœur, un trèfle ou un pique ».
c. D : « On obtient un pique » est incompatible avec C.

4 Avec un diagramme de Venn

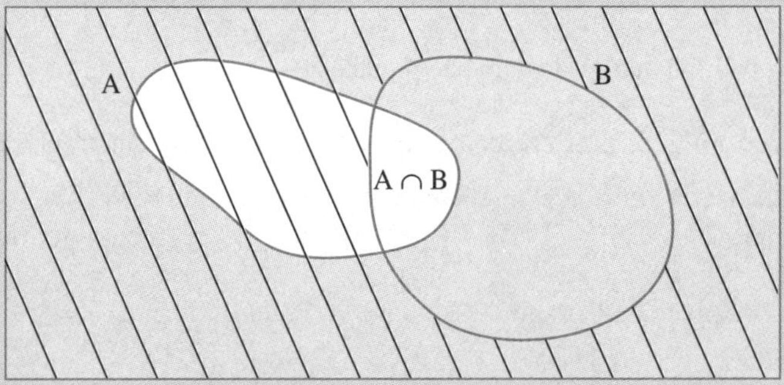

Le grand rectangle ci-dessus représente l'univers Ω.
La zone bleue représente $\overline{A}$, la zone hachurée représente $\overline{B}$.
$\overline{A} \cup \overline{B}$ est représenté par ce qui est colorié au moins une fois, c'est bien le contraire de l'intersection de $A \cap B$.

5 **a.** $P(\overline{A}) = 1 - P(A) = 1 - 0{,}2 = 0{,}8$.
b. $P(\overline{A} \cup \overline{B}) = P(\overline{A \cap B}) = 1 - P(A \cap B) = 1$. En effet, A et B sont incompatibles, donc $P(A \cap B) = 0$.
Autre explication avec un diagramme de Venn : le grand rectangle ci-dessous représente l'univers Ω.

A et B sont incompatibles, leur intersection est vide.
On constate que $\overline{A} \cup \overline{B} = \Omega$, donc $P(\overline{A} \cup \overline{B}) = P(\Omega) = 1$.

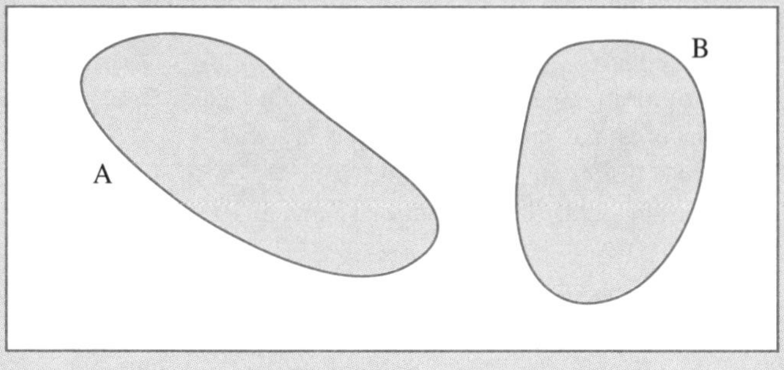

c. A et B sont incompatibles, donc $P(A) + P(B) = P(A \cup B)$.
D'où $P(B) = P(A \cup B) - P(A) = 0{,}7 - 0{,}2 = 0{,}5$.
d. $P(\overline{B}) = 1 - P(B) = 0{,}5$.
e. $P(\overline{A} \cap \overline{B}) = P(\overline{A \cup B}) = 1 - P(A \cup B) = 1 - 0{,}7 = 0{,}3$.
Autre explication avec un diagramme de Venn, déjà représenté plus haut : on constate que $\overline{A} \cap \overline{B} = \overline{A \cup B}$, d'où le calcul précédent.

6 On suppose que les tirages possibles sont équiprobables.

a. 8 cartes sur 32 sont des piques, donc la probabilité de tirer un pique est $\frac{1}{4}$.

b. 4 cartes sur 32 sont des dames, donc la probabilité de tirer une dame est $\frac{1}{8}$.

c. La probabilité de tirer la dame de pique est $\frac{1}{32}$.

d. La probabilité de tirer une dame ou un pique est $\frac{11}{32}$ (4 dames et 8 piques, mais la dame de pique ne doit être comptée qu'une seule fois).
La formule $P(A \cup B) = P(A) + P(B) - P(A \cap B)$ permet de retrouver ce résultat :

$$P(\text{dame ou pique}) = P(\text{dame}) + P(\text{pique}) - P(\text{dame de pique}) = \frac{1}{8} + \frac{1}{4} - \frac{1}{32} = \frac{11}{32}.$$

7 On suppose que les tirages de bonbons sont équiprobables.
a. Les événements « obtenir un bonbon au citron » et « obtenir un bonbon à l'orange » étant incompatibles, la probabilité d'obtenir un bonbon au citron ou à l'orange est la somme des probabilités d'obtenir un bonbon au citron et d'obtenir un bonbon à l'orange : $\frac{3}{8} + \frac{2}{7} = \frac{37}{56}$.
b. Ainsi, la probabilité d'obtenir un bonbon à la fraise est égale à : $1 - \frac{37}{56} = \frac{19}{56} \left(\approx \frac{1}{3}\right)$.

8 On suppose que les tirages possibles sont équiprobables.

a. Douze boules sur dix-huit sont de couleur blanche ou rouge, donc la probabilité de tirer une boule blanche ou rouge est $\frac{12}{18} = \frac{2}{3}$.

b. Onze boules ne sont pas de couleur rouge, donc la probabilité de ne pas tirer une boule rouge est $\frac{11}{18}$.

9 260 personnes sur 500 gagnent plus de 1 500 euros par mois.

La probabilité cherchée est donc égale à : $\frac{260}{500} = 0{,}52$.

10 On suppose que les tirages des abonnés pour le sondage sont équiprobables.

On note les événements T : « l'abonné lit la page TV et spectacles », et S : « l'abonné lit la page Sports ».

Les données se traduisent par :

$P(T) = 0{,}38$, $P(S) = 0{,}65$ et $P(T \cap S) = 0{,}23$, et on cherche $P(\overline{T \cup S})$.

$$P(\overline{T \cup S}) = 1 - P(T \cup S) = 1 - (P(T) + P(S) - P(T \cap S))$$
$$= 1 - (0{,}38 + 0{,}65 - 0{,}23) = 0{,}2.$$

Une autre idée consiste à traduire la question par la recherche de la probabilité $P(\overline{T} \cap \overline{S})$, ce qui conduira au même calcul. On peut aussi utiliser un diagramme de Venn.

11 Utilisons un tableau pour décrire la situation.

70 % des 20 % intérimaires, c'est 14 % du total des employés.

15 % des 80 % intérimaires, c'est 12 % du total des employés.

Les autres pourcentages par rapport au total des employés se déduisent facilement par addition ou soustraction :

	Titulaires	Intérimaires	Total
Bilingue	12 %	14 %	26 %
Pas bilingue	68 %	6 %	74 %
Total	80 %	20 %	100 %

a. La probabilité qu'un intérimaire parlant anglais réponde est égale à 0,14.

La probabilité qu'un titulaire parlant anglais lui réponde est égale à 0,12.

La probabilité qu'une personne parlant anglais lui réponde est donc égale à 0,26.

b. Sachant que la personne qui répond parle l'anglais, la probabilité que ce soit un intérimaire est égale à la part que représente 14 % par rapport à 26 %, soit : $\frac{14}{26} = \frac{7}{13} \approx 0{,}54$.

12 On suppose la pièce bien équilibrée.

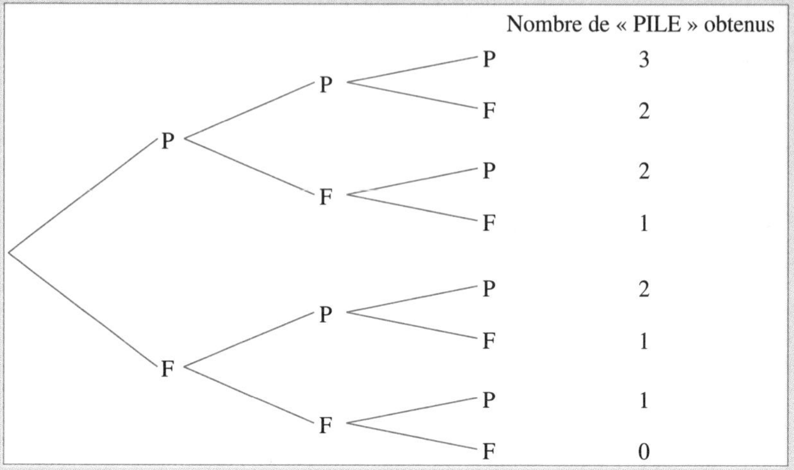

Parmi les huit chemins possibles, un seul permet d'obtenir trois fois « PILE », trois permettent d'obtenir deux fois « PILE », trois permettent d'obtenir une fois « PILE », et un seul permet de n'obtenir aucune fois « PILE ».

Probabilité d'obtenir trois fois « PILE » : $\frac{1}{8}$

Probabilité d'obtenir deux fois « PILE » : $\frac{3}{8}$

Probabilité d'obtenir une fois « PILE » : $\frac{3}{8}$

Probabilité d'obtenir aucune fois « PILE » : $\frac{1}{8}$

13 On suppose que tous les tirages effectués sont équiprobables.

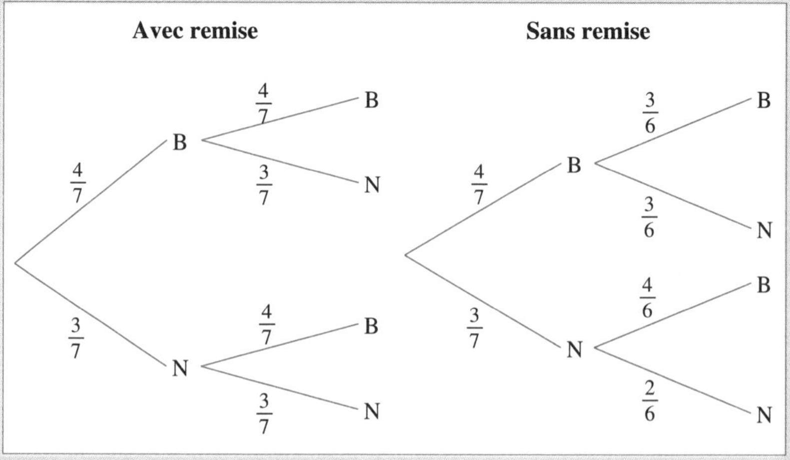

1. Avec remise

a. Probabilité que la première boule soit blanche et la seconde boule soit noire :

$\frac{4}{7} \times \frac{3}{7} = \frac{12}{49} \approx 0{,}24$

b. Probabilité que les deux boules aient la même couleur :

$\frac{4}{7} \times \frac{4}{7} + \frac{3}{7} \times \frac{3}{7} = \frac{16+9}{49} = \frac{25}{49} \approx 0{,}51$

2. Sans remise

a. Probabilité que la première boule soit blanche et la seconde boule soit noire :

$\frac{4}{7} \times \frac{3}{6} = \frac{2}{7} \approx 0{,}29$

b. Probabilité que les deux boules aient la même couleur :

$\frac{4}{7} \times \frac{3}{6} + \frac{3}{7} \times \frac{2}{6} = \frac{2+1}{7} = \frac{3}{7} \approx 0{,}43$

14 1. Voici un arbre qui présente les différents tirages possibles.

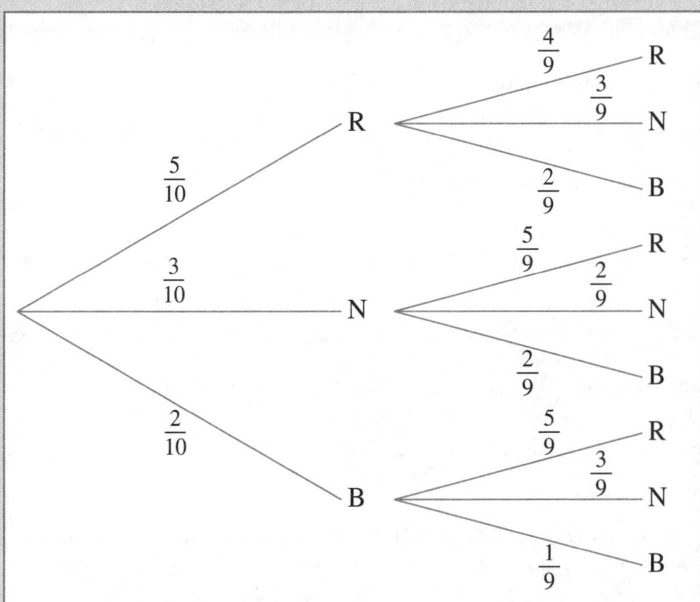

a. En multipliant les probabilités sur les branches successives, la probabilité de X est égale à $\frac{2}{10} \times \frac{1}{9} = \frac{1}{45}$.

b. La probabilité de Y est égale à $\frac{3}{10} \times \frac{2}{9} = \frac{1}{15}$.

2. a. La probabilité de ne pas tirer une boule blanche au premier tirage est égale à $\frac{8}{10}$. Ensuite, que l'on ait obtenu une rouge ou une noire au premier tirage, la probabilité de ne pas tirer une boule blanche au second tirage est égale à $\frac{7}{9}$. Ainsi, la probabilité de ne tirer aucune boule blanche est égale à $\frac{8}{10} \times \frac{7}{9} = \frac{28}{45}$.

b. Le nombre de boules blanches que l'on peut obtenir est nécessairement 0 ou 1 ou 2.

La probabilité de tirer deux boules blanches est $\frac{1}{45}$.

La probabilité de ne pas tirer de boule blanche est $\frac{28}{45}$.

La probabilité de tirer une et une seule boule blanche est donc égale à :

$$1 - \frac{28}{45} - \frac{1}{45} = \frac{16}{45}.$$

15 On suppose que tous les tirages sont équiprobables.

1. a. Seuls les numéros 4 et 6 sont à la fois pairs et rouges. La probabilité d'obtenir un numéro pair et rouge est égale à $\frac{2}{9}$.

b. Les numéros 1, 2, 4, 6, 8 et 9 sont soit pairs soit rouges. La probabilité d'obtenir un numéro pair ou rouge est égale à $\frac{6}{9} = \frac{2}{3}$.

2. a. Il y a 9 possibilités par tirage, donc $9^3 = 729$ résultats possibles.

b. Cherchons tout d'abord la probabilité de ne jamais obtenir le numéro 5.

Il y a 8 façons de ne pas obtenir le numéro 5 lors d'une partie, donc $8^3 = 512$ résultats ne contenant pas le numéro 5. La probabilité de ne jamais obtenir le numéro 5 est égale à $\frac{8^3}{9^3} = \frac{512}{729}$, donc la probabilité d'obtenir au moins une fois le numéro 5 est égale à $1 - \frac{512}{729} = \frac{217}{729}$.

16 **a.** 32 choix possibles pour la première carte, 31 pour la suivante et ainsi de suite : le nombre de tirages possibles de cinq cartes est égal à $32 \times 31 \times 30 \times 29 \times 28$.

b. 32 choix pour la première carte, 7 pour la deuxième (la couleur a été définie par la première carte, les suivantes doivent être de la même couleur), puis 6, 5 et 4 pour les suivantes : le nombre de tirages possibles de cinq cartes de la même couleur est égal à $32 \times 7 \times 6 \times 5 \times 4$. La probabilité d'avoir cinq cartes de même couleur est égale à :

$$\frac{32 \times 7 \times 6 \times 5 \times 4}{32 \times 31 \times 30 \times 29 \times 28} = \frac{1}{31 \times 29} = \frac{1}{899}.$$

c. Le nombre de tirages ne comportant pas d'as est égal à $28 \times 27 \times 26 \times 25 \times 24$ (28 choix pour la première carte qui ne doit pas être un as, puis 27, 26, 25 et 24 pour les suivantes). La probabilité d'avoir au moins un as est donc égale à :

$$1 - \frac{28 \times 27 \times 26 \times 25 \times 24}{32 \times 31 \times 30 \times 29 \times 28} \approx 0{,}512\,.$$

17 **a.** Liste des six décompositions possibles de 9 : $6+2+1$, $5+3+1$, $5+2+2$, $4+4+1$, $4+3+2$, $3+3+3$.
Liste des six décompositions possibles de 10 : $6+3+1$, $6+2+2$, $5+4+1$, $5+3+2$, $4+4+2$, $4+3+3$.

b. Aide pour la fabrication du document avec un tableur

La formule =ALEA.ENTRE.BORNES(1;6) permet de simuler un lancer d'un dé classique. Il suffit de copier cette formule dans trois colonnes et 5 000 lignes pour simuler 5 000 lancers de trois dés.

Les totaux possibles vont de 3 à 18. Pour calculer la fréquence du 3, on peut utiliser la formule =100*NB.SI(D$2:D$5001;3)/5000 (100* au début permet d'écrire le résultat sous forme d'un pourcentage ; la fonction NB.SI permet de compter le nombre de cellules qui contiennent le nombre 3 dans la plage D2:D5001 ; le symbole $ permet de recopier cette formule sans modifier la plage utilisée).

Voici une copie d'écran du haut de la feuille de calcul :
(bien entendu, les résultats varient légèrement d'une simulation à une autre)

	A	B	C	D	E	F	G
1	1er dé	2e dé	3e dé	Total des trois dés		Total	Fréquence (en %)
2	6	6	3	15		3	0,4
3	6	3	1	10		4	1,3
4	4	5	3	12		5	2,8
5	1	6	3	10		6	4,2
6	4	5	2	11		7	7,7
7	2	2	1	5		8	9,7
8	4	4	2	10		9	11,4
9	1	2	2	5		10	12,2
10	4	6	2	12		11	13,0
11	3	5	4	12		12	12,4
12	1	2	2	5		13	9,0
13	1	5	4	10		14	6,7
14	6	6	5	17		15	5,0
15	4	2	5	11		16	2,6
16	1	3	5	9		17	1,2
17	5	3	6	14		18	0,5
18	2	2	2	6			

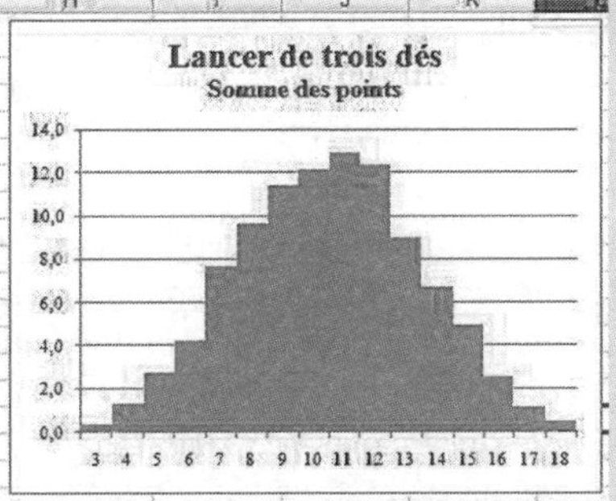

c. Chaque résultat est un triplet composé de nombres de 1 à 6. À chaque lancer d'un dé, il y a six possibilités, ce qui donne au total $6^3 = 216$ triplets équiprobables.

La décomposition de 9 en $6+2+1$ est obtenue six fois avec les triplets $(1, 2, 6)$; $(1, 6, 2)$; $(2, 1, 6)$; $(2, 6, 1)$; $(6, 1, 2)$; $(6, 2, 1)$.

De même pour les décompositions $5+3+1$ et $4+3+2$.

La décomposition de 9 en $5+2+2$ est obtenue trois fois avec les triplets $(2, 2, 5)$; $(2, 5, 2)$; $(5, 2, 2)$.

De même pour la décomposition $4+4+1$.

La décomposition de 9 en $3 + 3 + 3$ est obtenue une fois avec le triplet $(3, 3, 3)$.
Au total, la décomposition de 9 a été obtenue 25 fois.

Ainsi, la probabilité d'obtenir 9 est égale à $\frac{25}{216} \approx 0{,}116$.

Avec un raisonnement identique, on obtient 27 fois une décomposition de 10.

Ainsi, la probabilité d'obtenir 10 est égale à $\frac{27}{216} = \frac{1}{8} = 0{,}125$.

Commentaire

Les fréquences observées lors de la simulation ont donné 11,4 % pour le 9 et 12,2 % pour le 10, valeurs qui approchent les probabilités théoriques trouvées ci-dessus.
Les six décompositions du 9 et du 10 ne sont pas équiprobables. Par exemple, la décomposition $3 + 3 + 3$ est moins probable que la décomposition $4 + 3 + 2$, c'est ce qui explique la différence des probabilités d'obtenir une somme de 9 ou une somme de 10.

18 **a.** Supposons que les deux lettres soient au début : deux choix possibles pour le premier caractère (A ou B), de même pour le deuxième caractère du code. Ensuite, pour chacun des trois caractères suivants, il y a dix choix possibles (chiffres de 0 à 9). Le nombre de possibilités d'écrire un code commençant par deux lettres est donc $2^2 \times 10^3 = 4\ 000$.
Mais comme les deux lettres ne sont pas nécessairement au début, il faut maintenant compter le nombre de dispositions de deux lettres sur cinq places différentes : ces deux lettres peuvent être sur les places 1-2 ; 1-3 ; 1-4 ; 1-5 ; 2-3 ; 2-4 ; 2-5 ; 3-4 ; 3-5 ; 4-5, ce qui fait 10 répartitions possibles.
Au total, il y a 40 000 combinaisons possibles.
b. Deux choix pour la première lettre, dix choix pour le premier chiffre, neuf pour le deuxième chiffre (il doit être différent du premier chiffre), huit pour le troisième (il doit être différent des deux premiers chiffres) et un choix pour la dernière lettre (elle doit être différente de la première lettre) : le nombre de combinaisons possibles est donc $2 \times 10 \times 9 \times 8 \times 1 = 1\ 440$.
Ainsi, en admettant que les choix de combinaisons soient équiprobables, la probabilité qu'une combinaison effectuée au hasard ouvre la porte est égale à $\frac{1}{1\ 440}$.

19 Utilisons un tableau pour décrire la situation.
Exemple de calcul : pour l'unité de fabrication A, 99 % des écrans sont sans défaut, soit 29,7 % du total de la production $(0{,}99 \times 30 = 29{,}7)$.

	A	**B**	**C**	**Total**
Sans défaut	29,7 %	42,25 %	22,5 %	94,95 %
Défectueux	0,3 %	2,25 %	2,5 %	5,05 %
Total	30 %	45 %	25 %	100 %

5,05 % des écrans sont défectueux au total : la probabilité qu'un écran sortant de l'usine soit défectueux est de 0,050 5.

20 **a.** Parmi les 45 % d'individus du groupe O, 16 % ne possèdent pas l'antigène Rhésus. Ainsi, la probabilité qu'une personne prise au hasard soit un donneur universel est égale à $0{,}16 \times 0{,}45 = 0{,}072$.
b. On recommence le même calcul avec les trois autres groupes sanguins.
Pour le groupe A : $0{,}14 \times 0{,}44 = 0{,}061\,6$
Pour le groupe B : $0{,}19 \times 0{,}08 = 0{,}015\,2$
Pour le groupe AB : $0{,}13 \times 0{,}03 = 0{,}003\,9$
Ainsi, la probabilité qu'une personne prise au hasard ne possède pas l'antigène Rhésus est égale à :

$$0{,}072 + 0{,}061\,6 + 0{,}015\,2 + 0{,}003\,9 = 0{,}152\,7.$$

c. Il s'agit de connaître la proportion d'individus du groupe O parmi la totalité de ceux qui ne possèdent pas l'antigène Rhésus, ce qui revient à connaître la part que représente 0,072 par rapport à 0,152 7. La probabilité qu'une personne prise au hasard parmi ceux ne possédant pas l'antigène Rhésus soit du groupe O est égale à :

$$\frac{0{,}072}{0{,}152\,7} \approx 0{,}47.$$

21 Les données se traduisent dans le tableau suivant :

	Taux > seuil (en infraction)	**Taux < seuil (pas d'infraction)**	**Total**
Test positif	$0{,}92 \times 0{,}025 = 0{,}023$	0,004 875	0,027 875
Test négatif	0,002	$0{,}995 \times 0{,}975 = 0{,}970\ 125$	0,972 125
Total	0,025	0,975	100 %

a. Vrai, voir le total de la ligne « test positif ».
b. Faux, c'est 0,004 875.
c. Vrai. C'est la part que représente 0,004 875 par rapport à 0,027 875, soit $\frac{0{,}004\ 875}{0{,}027\ 875} \approx 0{,}175$.

22 Les données sont rassemblées dans un tableau, que l'on remplit de manière à obtenir le total de la ligne « alarme » :

	Danger	Pas de danger	Total
Alarme	$0{,}999 \times 0{,}003$	$0{,}002 \times 0{,}997$	**0,004 991**
Pas d'alarme			
Total	0,003	0,997	1

$0{,}999 \times 0{,}003 + 0{,}002 \times 0{,}997 = 0{,}002\ 997 + 0{,}001\ 994 = 0{,}004\ 991$
Ainsi, la probabilité que l'alarme se déclenche pendant l'été est égale à 0,005 environ.

23 **Partie A**

a.

Simulation de 35 dates d'anniversaire

```
Variables
    i, j, k : entiers
    a : tableau d'entiers
    t : texte                   #pour la réponse à la question posée#
Initialisation
    t initialisé à "NON"
Traitement
    Pour i de 1 à 35            #génération d'un tableau de 35 nombres
                                aléatoires#
        a[i] prend la valeur d'un nombre aléatoire entre 1 et 365
    Fin du Pour
    Pour j de 1 à 34            #recherche de deux dates identiques#
        Pour k de 2 à 35
            Si a[j] = a[k] alors t prend la valeur "OUI"
        Fin du Pour
    Fin du Pour
Sorties
    Afficher "Y a-t-il deux dates d'anniversaire identiques ?"
    Afficher t
```

Commentaire

Pour chercher si deux dates sont identiques, la double boucle avec l'instruction « Pour » est très exigeante en temps de calcul. Elle peut être allégée en quittant la boucle dès qu'une coïncidence de dates est trouvée.

On peut aussi imaginer une toute autre manière : on classe en ordre croissant les nombres du tableau a, puis on calcule les différences de deux termes consécutifs, que l'on range dans un tableau b. Il suffit alors de constater s'il y a un 0 dans ce nouveau tableau.

b.

100 simulations de 35 dates d'anniversaire

Variables
    i, j, k, z, c, s : entiers
    a : tableau d'entiers
Initialisation
    c initialisé à 0   #compteur du nombre de fois où deux dates d'anniversaire sont trouvées#
Traitement
    Pour s de 1 à 100
        z prend la valeur 0
        Pour i de 1 à 35
            $a[i]$ prend la valeur d'un nombre aléatoire entre 1 et 365
        Fin du Pour
        Pour j de 1 à 34
            Pour k de 2 à 35
                Si $a[j] = a[k]$ alors z prend la valeur 1
            Fin du Pour
        Fin du Pour
        c prend la valeur $c + z$
    Fin du Pour
Sorties
    Afficher "Nombre de fois où deux dates d'anniversaire identiques ont été trouvées :"
    Afficher c

c. En écrivant le programme sur une calculatrice, on a obtenu 84 fois sur 100 deux dates d'anniversaire au moins identiques (bien entendu, le lecteur consciencieux aura peut-être un résultat différent). On peut donc estimer que dans une classe de 35 élèves, la probabilité que deux d'entre eux partagent la même date d'anniversaire est environ égale à 0,84.

Commentaire

Un calcul de probabilité par simulation comme celui qui vient d'être fait est d'autant plus fiable qu'on réalise un grand nombre de simulations.

Partie B

1. **a.** L'événement contraire s'exprime ainsi : « les quatre personnes ont des mois d'anniversaire différents ».

b. Il y a douze possibilités de mois d'anniversaire par personne, donc il y a 12^4 possibilités d'affecter un mois d'anniversaire à chaque personne.

Le nombre de situations favorables à la réalisation de l'événement contraire énoncé plus haut est égal à $12 \times 11 \times 10 \times 9$ car il y a douze mois possibles pour la première personne, onze pour la deuxième, puis dix pour la troisième et neuf pour la quatrième. La probabilité que quatre personnes tirées au hasard aient des mois d'anniversaire différents est égale à $\dfrac{12 \times 11 \times 10 \times 9}{12^4}$.

c. La probabilité que, dans un groupe de quatre personnes prises au hasard, deux d'entre elles au moins partagent le même mois d'anniversaire, est égale à $1-\dfrac{12\times 11\times 10\times 9}{12^4}\approx 0{,}43$.

2. a. On utilise 365 à la place de 12, et n à la place de 4 et on trouve $1-\dfrac{365\times 364\times \ldots \times (365-n+1)}{365^n}$.

b.

Algorithme de calcul de la probabilité selon la valeur de *n*

Variables
    n, i : entiers
    p : réel
Entrée
    Saisir n
Initialisation
    p initialisé à 1
Traitement
    Pour i de 1 à $n-1$
        p prend la valeur $p\times\dfrac{365-i}{365}$
    Fin du Pour
Sortie
    Afficher $1-p$

c. Avec $n=35$, on trouve une probabilité égale à environ 0,81. Dans la partie A, on avait trouvé expérimentalement une probabilité d'environ 0,84.

3.

Algorithme permettant de déterminer la plus petite valeur de *n* à partir de laquelle la probabilité dépasse *s*

Variables
    i : entier
    p, s : réel
Entrée
    Saisir s
Initialisation
    i, p initialisés à 1
Traitement
    Tant que p est supérieur à $1-s$
        p prend la valeur $p\times\dfrac{365-i}{365}$
        i prend la valeur $i+1$
    Fin du Tant que
Sortie
    Afficher i

Si $s=0{,}5$, on trouve $n=23$.

(C'est donc à partir d'un groupe de 23 personnes que la probabilité que deux d'entre elles au moins aient la même date d'anniversaire est supérieure à 0,5.)
Si $s = 0{,}9$, on trouve $n = 41$. Si $s = 0{,}999$, on trouve $n = 70$.

24

Nombre moyen de lancers nécessaires pour faire sortir toutes les faces d'un dé

```
Variables
    t : tableau d'entiers                             #on dit aussi liste#
    n, d, i, k : entiers
Initialisation
    n initialisé à 0                                  #nombre de lancers#
Traitement
    Pour k de 1 à 1 000
        t vidé
        d prend la valeur 0
        Tant que d < 6                                #d est le nombre de
                                                      faces apparues#
            n prend la valeur n + 1
            i prend la valeur d'un nombre aléatoire entre 1 et 6
            y prend la valeur 0
            Pour x de 1 à 6
                Si i = t[x] alors y prend la valeur 1 #le nombre i est déjà
                Fin du Si                             dans la liste#
            Fin du Pour
            Si y = 0 alors                            #lorsque i n'est pas
                                                      dans la liste, il y est
                d prend la valeur d + 1               rangé#
                t[d] prend la valeur i
            Fin du Si
        Fin du Tant que
    Fin du Pour
Sortie
    Afficher n/1 000
```

Voici le code utilisé avec le logiciel Scilab. Un tel logiciel, exécuté sur un ordinateur, permet d'effectuer un grand nombre de simulations (ici 1 000 000) dans un temps raisonnable.
Avec une calculatrice, on se contentera de quelques milliers de boucles.

```
n=0;
for k=1:1000000
    d=0; t=[0,0,0,0,0,0];
    while d<6
        n=n+1; i=tirage_entier(1,1,6); y=0;
        for x=1:6
            if i=t(x) then y=1; end
        end
        if y=0 then d=d+1; t(d)=i; end
    end
end
n/1000000
```

Dans tous les cas, on obtiendra un résultat proche de 14,7.

25 1. Réponse **d.** 90 jours correspondent à un quart d'une année environ.
2. Réponse **b.** Après avoir sorti une boule noire, il reste quatre boules noires parmi sept boules.
3. Réponse **c.** Si on lance deux dés, un résultat est un couple de deux nombres entiers compris entre 1 et 6. Il y a 36 résultats équiprobables, le seul d'entre eux amenant une somme égale à 12 est le couple $(6, 6)$.
4. Réponse **d.**
$0{,}55 \times 0{,}05 + 0{,}45 \times 0{,}002\ 5 = 0{,}028\ 625$. La proportion de daltoniens dans cette population est 2,862 5 %.
5. Réponse **a**. La face rouge visible peut être une des deux faces de la carte rouge-rouge ou la face rouge de la carte rouge-blanche. Dans deux cas sur trois, la face cachée est rouge, donc la probabilité que l'autre face soit rouge est égale à $\frac{2}{3}$.

26 1. **Faux**. Elle est égale à 0,5.
2. **Vrai.**
$p(A \cup B) = 1 - p(\overline{A \cup B}) = 0{,}55$, donc
$p(A \cap B) = p(A) + p(B) - p(A \cup B) = 0{,}3 + 0{,}4 - 0{,}55 = 0{,}15$.
3. **Vrai.**
Résumons les données dans un tableau :

	Vaccinée	Pas vaccinée	Total
Maladie	$\frac{1}{8}$ de 20 % : 2,5 %		20 %
Pas de maladie			
Total	25 %		100 %

On complète le tableau :

	Vaccinée	Pas vaccinée	Total
Maladie	2,5 %	17,5 %	20 %
Pas de maladie	22,5 %	57,5 %	80 %
Total	25 %	75 %	100 %

On cherche la part que représente 2,5 % par rapport à 25 %, elle est égale à $\frac{1}{10}$, donc la probabilité pour un individu vacciné de cette population de tomber malade est bien égale à 0,1.

27 **1.** Parmi les dix boules, six marquent au moins 2 points, donc la probabilité d'obtenir au moins 2 points est égale à 0,6.
2. L'arbre ci-dessous montre les possibilités d'obtenir 5 points exactement :

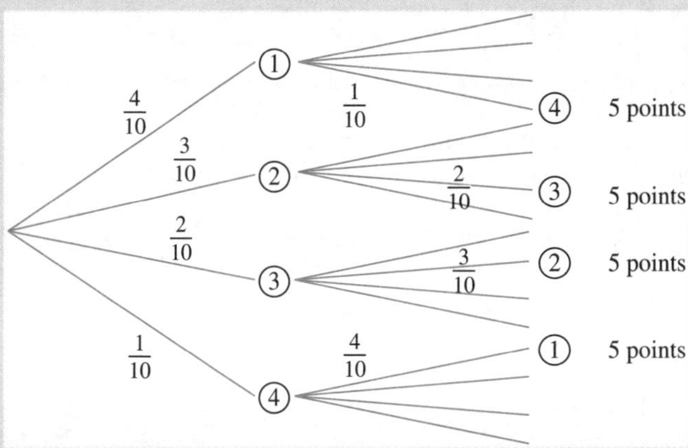

La probabilité d'obtenir un total de 5 points exactement est égale à :

$$\frac{4}{10}\times\frac{1}{10}+\frac{3}{10}\times\frac{2}{10}+\frac{2}{10}\times\frac{3}{10}+\frac{1}{10}\times\frac{4}{10}=\frac{20}{100}=0{,}2\,.$$

3. L'arbre ci-dessous montre les possibilités d'obtenir au moins 6 points :

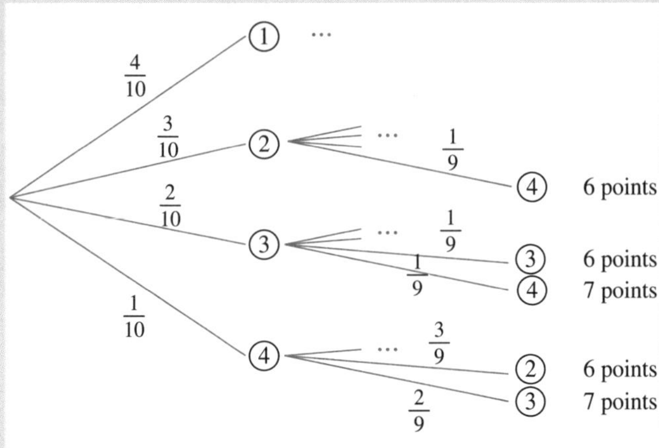

La probabilité d'obtenir au total au moins 6 points est égale à :

$$\frac{3}{10}\times\frac{1}{9}+\frac{2}{10}\times\frac{1}{9}+\frac{2}{10}\times\frac{1}{9}+\frac{1}{10}\times\frac{3}{9}+\frac{1}{10}\times\frac{2}{9}=\frac{12}{90}=\frac{2}{15}.$$

28 **1.** Aire de la zone « 500 », en cm^2 : $5^2\pi = 25\pi$.
Aire de la zone « 200 », en cm^2 : $10^2\pi - 5^2\pi = 75\pi$.
Aire de la zone « 100 », en cm^2 : $15^2\pi - 10^2\pi = 125\pi$.

Zone	Aire	Probabilité
100	125π	$\frac{5}{9}$
200	75π	$\frac{1}{3}$
500	25π	$\frac{1}{9}$
Cible entière	225π	1

Exemple de calcul de probabilité, pour la zone « 500 » : $\frac{125\pi}{225\pi}=\frac{5}{9}$

2. Effectuons un arbre pour décrire la situation :

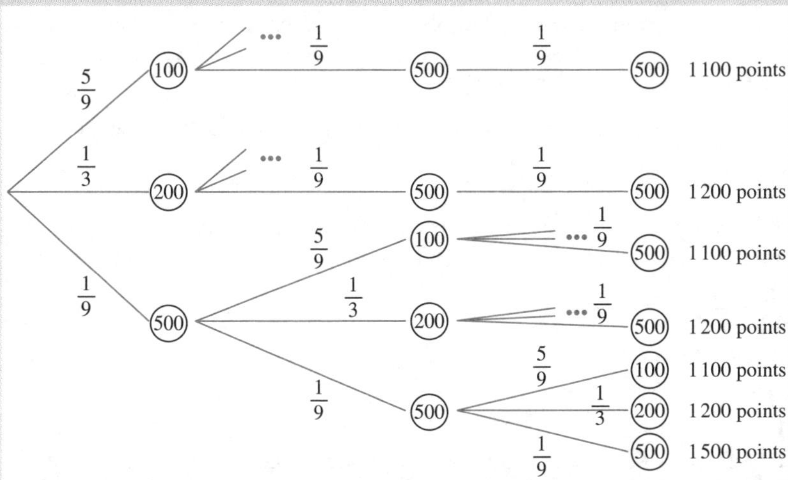

Les chemins permettant d'obtenir plus de 1 000 points sont indiqués sur l'arbre. On multiplie les probabilités sur les différentes branches pour un chemin donné. Par exemple, la probabilité de faire 1 100 points en touchant dans cet ordre les zones 100, 500, 500 est égale à $\frac{5}{9}\times\frac{1}{9}\times\frac{1}{9}$.

Enfin, on ajoute tous les résultats. La probabilité d'obtenir plus de 1 000 points lors d'une partie est égale à :

$$\frac{5}{9}\times\frac{1}{9}\times\frac{1}{9}+\frac{1}{3}\times\frac{1}{9}\times\frac{1}{9}+\frac{1}{9}\times\frac{5}{9}\times\frac{1}{9}+\frac{1}{9}\times\frac{1}{3}\times\frac{1}{9}+\frac{1}{9}\times\frac{1}{9}\times\frac{5}{9}+\frac{1}{9}\times\frac{1}{9}\times\frac{1}{3}+\frac{1}{9}\times\frac{1}{9}\times\frac{1}{9}$$

$$=\frac{25}{729}\approx 0{,}034\,.$$

29 1. **a. Faux**, le nombre de boules rouges et le nombre de boules vertes sont différents.

b. Faux, 6 chances sur 10.

c. Vrai.

d. Faux, 6 chances sur 10.

e. Vrai.

2. **a. Faux**. $0{,}001\ 6\times 0{,}988$.

b. Faux. $0{,}001\ 6\times 0{,}012$.

c. Faux. $1-0{,}001\ 6=0{,}998\ 4 \Rightarrow 99{,}84\ \%$.

d. Vrai : 160 cas sur 100 000, ce qui fait bien 0,16 %.

e. Faux. Cette donnée ne concerne que la grippe, on ne sait rien des autres maladies.

30 **1.** Réponse **c.** C'est aussi la probabilité d'obtenir deux boules blanches : comme il y a 8 possibilités sur 12 à chaque tirage, la probabilité cherchée est $\left(\frac{8}{12}\right)^2 = \left(\frac{2}{3}\right)^2 = \frac{4}{9}$.

2. Réponse **b.** 8 possibilités sur 12 au premier tirage, 7 sur 11 au second, d'où la probabilité $\frac{8}{12} \times \frac{7}{11} = \frac{14}{33}$.

3. Réponse **d.** En examinant les tirages où l'on obtient une blanche puis une noire puis le nombre de tirages où l'on obtient une noire puis une blanche : $\frac{8}{12} \times \frac{4}{11} + \frac{4}{12} \times \frac{8}{11} = \frac{16}{33}$.

31 **a.** $P(\overline{A}) = 1 - P(A) = 1 - 0{,}6 = 0{,}4$

$P(A \cap B) = 1 - P(\overline{A \cap B}) = 1 - 0{,}9 = 0{,}1$.

$P(\overline{A} \cup \overline{B}) = P(\overline{A \cap B}) = 0{,}9$ (voir exercice 4 pour la preuve de l'égalité).

b. $P(A \cup B) = P(A) + P(B) - P(A \cap B)$, donc

$P(B) = P(A \cup B) - P(A) + P(A \cap B) = 0{,}8 - 0{,}6 + 0{,}1 = 0{,}3$.

$P(\overline{B}) = 1 - P(B) = 1 - 0{,}3 = 0{,}7$.

$P(\overline{A} \cup \overline{B}) = P(\overline{A}) + P(\overline{B}) - P(\overline{A} \cap \overline{B})$, donc

$P(\overline{A} \cap \overline{B}) = P(\overline{A}) + P(\overline{B}) - P(\overline{A} \cup \overline{B}) = 0{,}4 + 0{,}7 - 0{,}9 = 0{,}2$.

32 **1.**

	Copie	Original	Total
Test positif	1,8 %	3,92 %	5,72 %
Test négatif	0,2 %	94,08 %	94,28 %
Total	2 %	98 %	100 %

2. a. La probabilité que cet article soit un original est égale à 0,98.

b. Le test étant négatif pour 96 % des originaux, la probabilité que le test soit positif sachant que l'article est un original est égale à 0,04.

c. La probabilité que l'article soit un original et que le test soit positif est égale à 0,039 2.

d. La probabilité que le test soit positif est égale à 0,057 2.

e. La probabilité que l'article soit un original lorsque le test est positif est la part que représente 3,92 par rapport à 5,72, c'est-à-dire $\frac{3{,}92}{5{,}72} \approx 0{,}69$.

Commentaire

Le test est très mauvais, les faux positifs sont beaucoup trop nombreux.

f. La probabilité que l'article soit une copie lorsque le test est négatif est la part que représente 0,2 par rapport à 94,28, c'est-à-dire $\frac{0{,}2}{94{,}28} \approx 0{,}002$.

Commentaire

De ce côté-là, le test est très bon, il y a très peu de faux négatifs.

10

Géométrie dans le plan

I RAPPELS DE QUELQUES THÉORÈMES ET RÉSULTATS

1. Droites remarquables du triangle

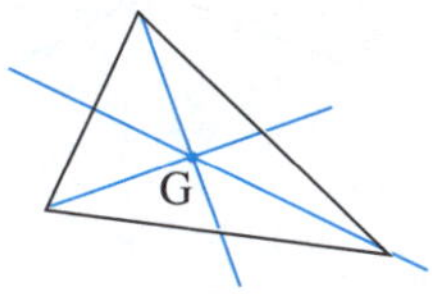

Les trois **médianes** d'un triangle sont concourantes en un point qui est le centre de gravité du triangle. Ce centre de gravité G se situe aux deux tiers de chaque médiane en partant du sommet.

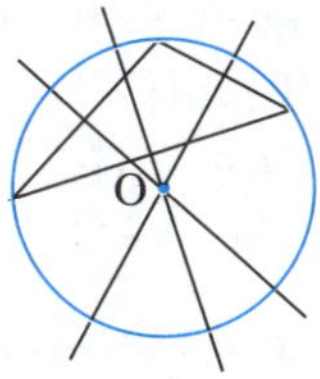

Les trois **médiatrices** d'un triangle sont concourantes en un point qui est le centre O du cercle circonscrit au triangle.

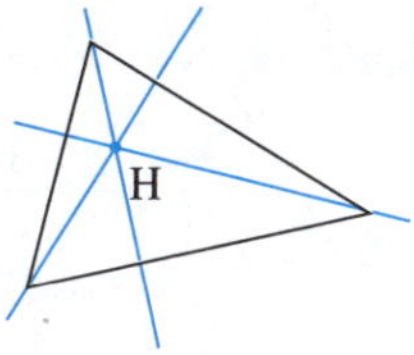

Les trois **hauteurs** d'un triangle sont concourantes en un point H qui est l'orthocentre du triangle.

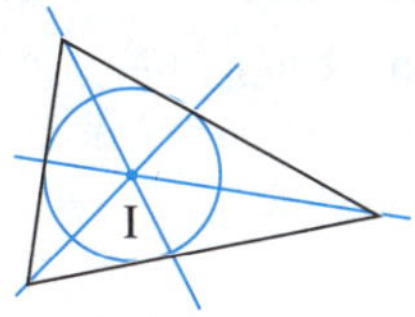

Les trois **bissectrices** d'un triangle sont concourantes en un point I qui est le centre du cercle inscrit dans le triangle.

2. Triangle rectangle

■ Théorème de Pythagore

Dans un triangle rectangle, le carré de l'hypoténuse est égal à la somme des carrés des deux autres côtés.

■ Réciproque du théorème de Pythagore

Réciproquement, si dans un triangle, le carré d'un côté est égal à la somme des carrés des deux autres côtés, alors ce triangle est rectangle.

Triangle rectangle inscrit dans un cercle

Si on joint un point d'un cercle aux deux extrémités d'un diamètre, alors le triangle obtenu est rectangle en ce point.

Réciproquement, le centre du cercle circonscrit à un triangle rectangle est le milieu de l'hypoténuse.

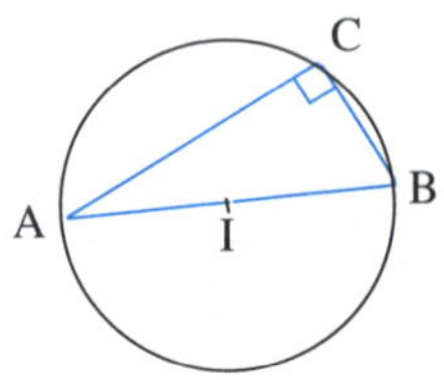

3. Le théorème de Thalès et sa réciproque

Théorème de Thalès

Si trois points A, B et C sont alignés dans le même ordre que trois points alignés A, B′ et C′, et si (BB′) // (CC′), alors on a :

$$\frac{AB}{AC} = \frac{AB'}{AC'} = \frac{BB'}{CC'}.$$

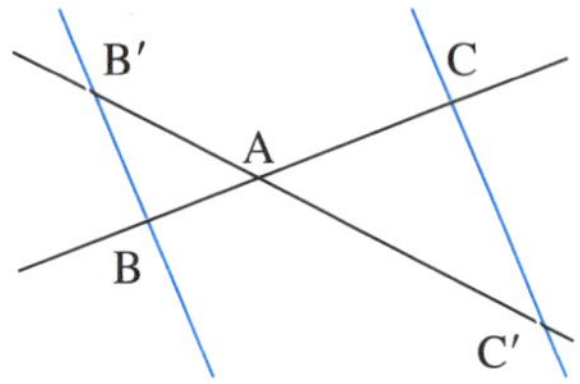

Réciproque du théorème de Thalès

Si trois points A, B et C sont alignés dans le même ordre que trois points alignés A, B′ et C′, et si $\frac{AB}{AC} = \frac{AB'}{AC'}$, alors (BB′) // (CC′).

4. Le théorème de la droite des milieux et sa réciproque

Théorème de la droite des milieux

Si dans un triangle, une droite passe par les milieux de deux côtés, alors elle est parallèle au troisième côté.

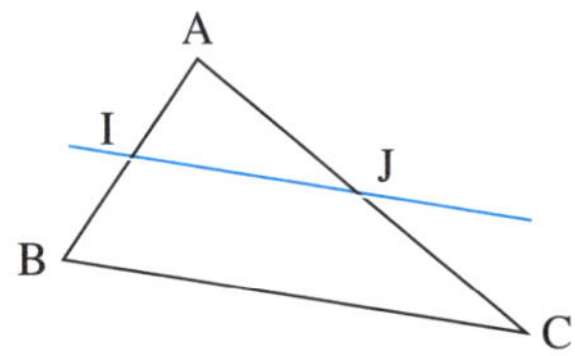

Réciproque du théorème de la droite des milieux

Si dans un triangle, une droite passe par le milieu d'un côté et est parallèle à un deuxième côté, alors elle passe par le milieu du troisième côté.

5. Angles

Si deux angles sont opposés par le sommet, alors ils sont égaux.

Sur la figure, $\widehat{AIJ} = \widehat{LIB}$ et $\widehat{AIL} = \widehat{BIJ}$.

On considère deux droites parallèles et une droite qui leur est sécante. Les angles correspondants sont égaux, les angles alternes internes sont égaux.

Sur la figure, $\widehat{AIL} = \widehat{CJL} = \widehat{BIK} = \widehat{DJK}$ et $\widehat{BIL} = \widehat{DJL} = \widehat{AIK} = \widehat{CJK}$.

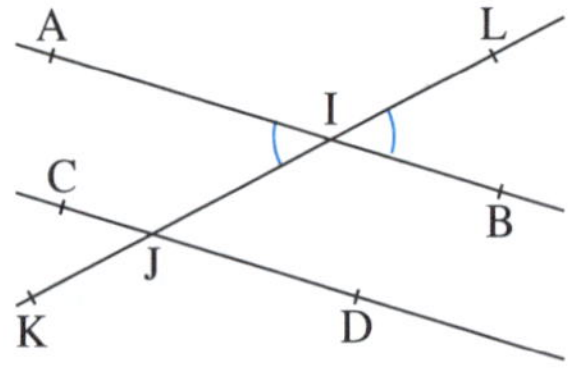

Théorème de l'angle inscrit

L'angle au centre est égal au double de l'angle inscrit qui intercepte le même arc.

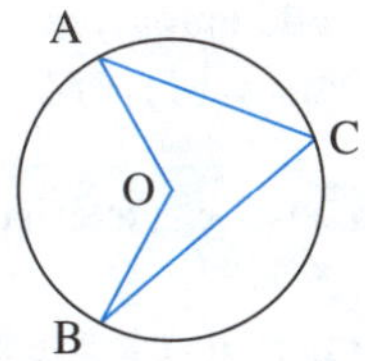

Sur la figure, on dit que l'angle $\widehat{ACB}$ intercepte l'arc $\overset{\frown}{AB}$.
On a $\widehat{AOB} = 2\widehat{ACB}$.

Conséquence importante

Deux angles inscrits dans un cercle qui interceptent le même arc sont égaux.

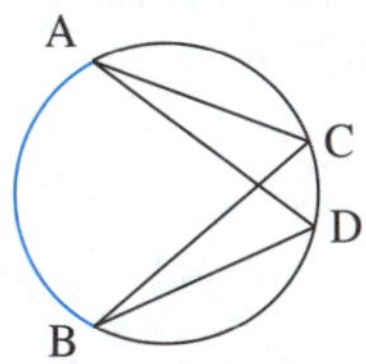

Sur la figure, l'arc $\overset{\frown}{AB}$ est intercepté par les deux angles $\widehat{ACB}$ et $\widehat{ADB}$. Ces deux angles sont donc égaux.

6. Trigonométrie du triangle rectangle

Dans un triangle rectangle, si α est la mesure en degrés d'un angle aigu, on a :

- $\cos\alpha = \dfrac{\text{côté adjacent}}{\text{hypoténuse}}$;
- $\sin\alpha = \dfrac{\text{côté opposé}}{\text{hypoténuse}}$;
- $\tan\alpha = \dfrac{\text{côté opposé}}{\text{coté adjacent}}$.

Pour tout angle aigu α, $(\cos\alpha)^2 + (\sin\alpha)^2 = 1$ et $\tan\alpha = \dfrac{\sin\alpha}{\cos\alpha}$.

Valeurs remarquables d'angles simples :

α	30°	45°	60°
cos α	$\frac{\sqrt{3}}{2}$	$\frac{\sqrt{2}}{2}$	$\frac{1}{2}$
sin α	$\frac{1}{2}$	$\frac{\sqrt{2}}{2}$	$\frac{\sqrt{3}}{2}$
tan α	$\frac{\sqrt{3}}{3}$	1	$\sqrt{3}$

II SYMÉTRIES

On note M un point quelconque du plan, et M′ son image par une symétrie. Avec une notation similaire à celle employée pour les fonctions, si f est une symétrie, on note $f : \mathrm{M} \mapsto \mathrm{M}'$ ou $f(\mathrm{M}) = \mathrm{M}'$.

Transformation	Quelques caractéristiques	Figure
Réflexion d'axe Δ (symétrie orthogonale par rapport à Δ) ou symétrie axiale.	• Δ est la médiatrice du segment [MM′]. • Points invariants : les points de la droite Δ.	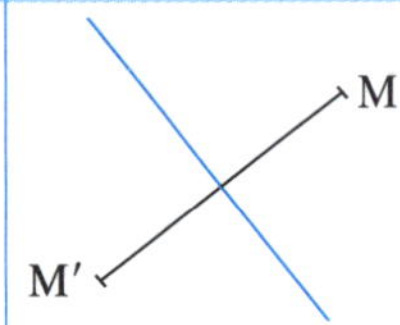
Symétrie centrale de centre O.	• O milieu de [MM′]. • Point invariant : O.	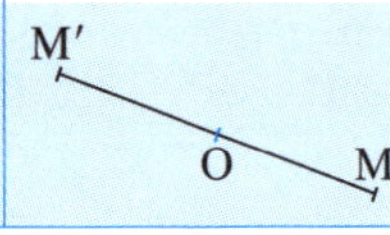

Théorème

Les symétries conservent les distances, l'alignement, les angles, ainsi que les aires.

Avec une symétrie :

- L'image d'une droite est une droite (parallélisme et orthogonalité sont conservés).
- L'image d'un segment est un segment (ils ont même longueur, les milieux se correspondent).
- L'image d'un cercle est un cercle (ils ont même rayon, les centres se correspondent).
- L'image d'un polygone est un polygone de même nature.

EXERCICES D'APPLICATION

DROITES REMARQUABLES DU TRIANGLE

1 | ★ | 10 min | ▶ P. 230

On considère un cercle $\mathscr{C}$ de diamètre $[MN]$. A et B sont deux points du cercle $\mathscr{C}$. Les droites (AN) et (BM) se coupent en un point I. Les droites (MA) et (NB) se coupent en un point J.
Montrer que les droites (IJ) et (MN) sont perpendiculaires.

2 | ★★ | 15 min | ▶ P. 230

ABCD est un parallélogramme de centre O, et M un point à l'extérieur de ce parallélogramme. I est le milieu de $[AM]$ et J le milieu de $[MB]$.
Montrer que les droites (CI), (DJ) et (OM) sont concourantes.

THÉORÈME DE THALÈS

3 | ★★ | 20 min | ▶ P. 230

ABCD est un trapèze. Ses diagonales $[DB]$ et $[AC]$ se coupent en R. Les droites (AD) et (BC) se coupent en S. I est le milieu de la base $[AB]$ et J celui de la base $[CD]$. Montrer que les quatre points R, S, I et J sont alignés.

TRIGONOMÉTRIE

4 | ★ | 10 min | ▶ P. 231

Sur la figure ci-contre, $[AB]$ représente le bord de la plage, I une île proche du rivage et V un voilier.
L'angle $\widehat{IAB}$ est droit, l'angle $\widehat{ABI}$ a une mesure de 75°, et l'angle $\widehat{IBV}$ a une mesure de 7°.
La distance AB est de 200 m.
Calculer la distance entre le voilier et l'île, arrondie au mètre près.

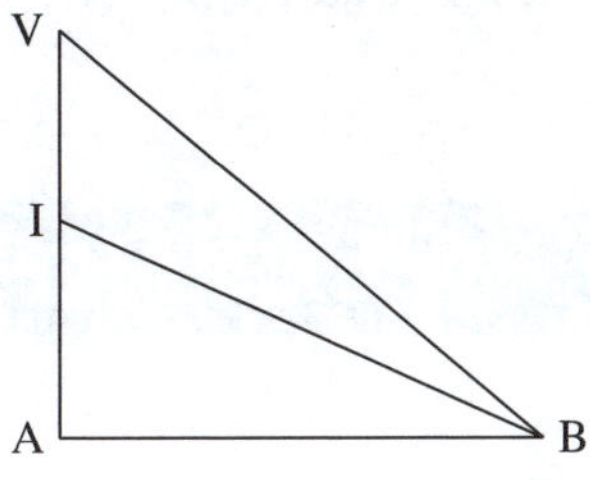

ANGLES

5 | ★ | 10 min | ▶ P. 231

$[AB]$ est un diamètre du cercle $\mathscr{C}$ de centre O. M est un point de $\mathscr{C}$, distinct de A et B. La bissectrice de l'angle $\widehat{MAB}$ recoupe le cercle en N. Montrer que $NB = NM$.

6

★★★ | 20 min | ▶ p. 231

A, B, C et D sont quatre points d'un cercle $\mathscr{C}$ de centre O.
M, P, N et Q sont les milieux des arcs $\overset{\frown}{AB}$, $\overset{\frown}{BC}$, $\overset{\frown}{CD}$ et $\overset{\frown}{DA}$. (Cela revient à dire, par exemple, que (OM) est la bissectrice de l'angle $\widehat{AOB}$.)
Montrer que les droites (MN) et (PQ) sont perpendiculaires.

Symétries

7

★ | 10 min | ▶ p. 232

ABCD est un carré de centre I. On construit à l'extérieur du carré les triangles équilatéraux ABE, BCF, CDG, et DAH. Compléter :

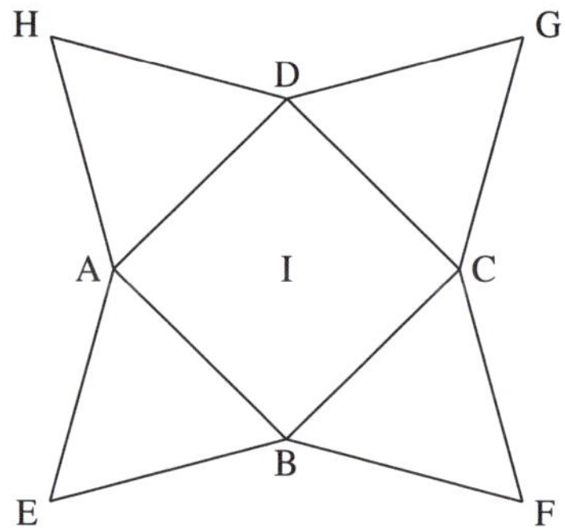

a. L'image de D par la symétrie de centre I est ……
b. L'image du point d'intersection des droites (BC) et (FD) par la symétrie de centre I est le point d'intersection de …… et ……
c. La symétrie axiale qui transforme A en C est ……
d. L'image de la droite (BC) par la symétrie axiale d'axe (BD) est ……

Exercices d'entraînement

8

★★ | 20 min | ▶ p. 232

On considère le triangle MNP rectangle en M. On trace la hauteur de ce triangle issue de M. Elle coupe $[NP]$ en H.
I et J sont les milieux respectifs de $[MN]$ et de $[MP]$.
a. Montrer que les triangles MIH et MJH sont des triangles isocèles respectivement en I et en J.
b. Montrer que la droite (IJ) est la médiatrice du segment $[MH]$.
c. Montrer que les droites (HI) et (HJ) sont perpendiculaires.

9

★★ 20 min ▶ P. 233

On considère un triangle AIB rectangle isocèle en I.

Soit $\mathcal{C}$ le cercle de diamètre $[AB]$ et $\mathcal{C}'$ le cercle de centre I passant par A et B.

Soit J un point de $\mathcal{C}'$ distinct de A et B. La droite (AJ) coupe le cercle $\mathcal{C}$ en K.

a. Calculer la mesure de l'angle $\widehat{BJA}$.

b. Montrer que le triangle BJK est rectangle isocèle.

10

★★ 20 min ▶ P. 233

On considère un triangle équilatéral IJK et son cercle circonscrit $\mathcal{C}$. Soit M un point quelconque du petit arc $\overset{\frown}{IJ}$.

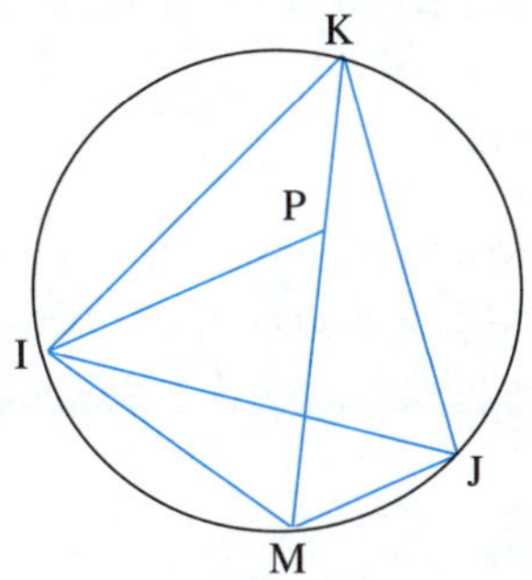

a. Montrer que $\widehat{IJK} = \widehat{IMK}$.

b. Soit P le point du segment $[MK]$ tel que $MI = MP$. Montrer que MIP est un triangle équilatéral.

c. (***) Montrer que $MJ = PK$.

d. En déduire que $MI + MJ = MK$.

11

★★ 15 min ▶ P. 233

On considère un triangle ABC.

La médiatrice de $[AB]$ coupe (AC) en I.

La médiatrice de $[AC]$ coupe (AB) en J.

Ces deux médiatrices se coupent en K.

Montrer que les droites (IJ) et (AK) sont perpendiculaires.

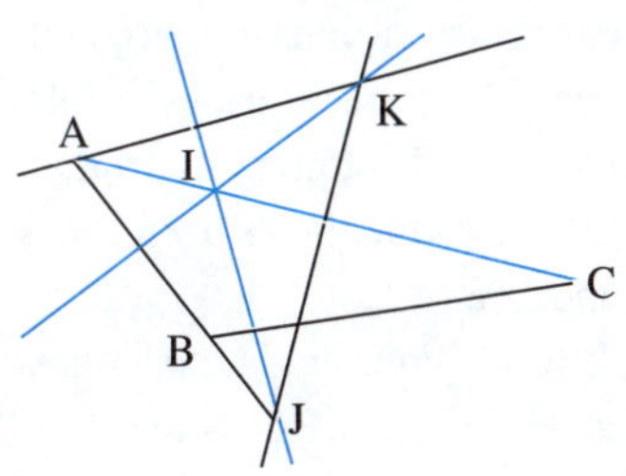

Contrôle

12 QCM

★★ 3 points, 15 min ▸ p. 234

Pour chacune des questions, une et une seule proposition est exacte.

1. L'aire d'un triangle équilatéral de côté 5 cm est :

a. $\frac{5\sqrt{3}}{2}$ cm^2. **b.** $\frac{5\sqrt{3}}{4}$ cm^2.

c. $\frac{25\sqrt{3}}{4}$ cm^2. **d.** $25\sqrt{3}$ cm^2.

2. Le périmètre du cercle circonscrit à un triangle équilatéral de côté 10 est :

a. 10π. **b.** $10\pi\sqrt{3}$.

c. $\frac{100\pi}{3}$. **d.** $\frac{20\pi\sqrt{3}}{3}$.

3. Soit FUN un triangle, et E un point du segment $[FN]$. Pour que FUN, FEU et NUE soient isocèles respectivement en F, en E, et en U, la mesure de l'angle $\widehat{F}$ en degrés doit être égale à :

a. 24. **b.** 30. **c.** 36. **d.** 45.

13 Vrai ou Faux ?

★★ 8 points, 40 min ▸ p. 234

Dire si les affirmations suivantes sont vraies ou fausses.

1. Parmi les droites remarquables dans les triangles (hauteurs, médianes, médiatrices et bissectrices), seules les médianes ont un point de concours toujours situé à l'intérieur du triangle.

2. (***) Les médianes d'un triangle quelconque le partagent en six parties de même aire.

3. ABC est un triangle quelconque tel que E est le milieu de $[AB]$, la bissectrice de l'angle $\widehat{ABC}$ coupe (AC) en D, et $ED = AE$.
Alors D est le milieu de $[AC]$.

4. M et H sont deux points d'un cercle $\mathscr{C}$. Le cercle $\mathscr{C}'$ de centre H est sécant avec le cercle $\mathscr{C}$ en R et U. Alors (MH) est la bissectrice de l'angle $\widehat{RMU}$.

14

|★★|6 points, 40 min|▶ P. 235|

HAL est un triangle, Z est son orthocentre, et [AB], [HI], [LM] sont ses hauteurs.

1. a. Montrer que les points I, H, B et L sont cocycliques.

b. En déduire que $\widehat{ZIB} = \widehat{ZLB}$.

c. Montrer que $\widehat{ZIM} = \widehat{ZAM}$, puis que $\widehat{HAB} = \widehat{HLM}$.

2. a. Montrer que (ZI) est la bissectrice de l'angle $\widehat{BIM}$.

b. Montrer que Z est le centre du cercle inscrit dans le triangle IBM.

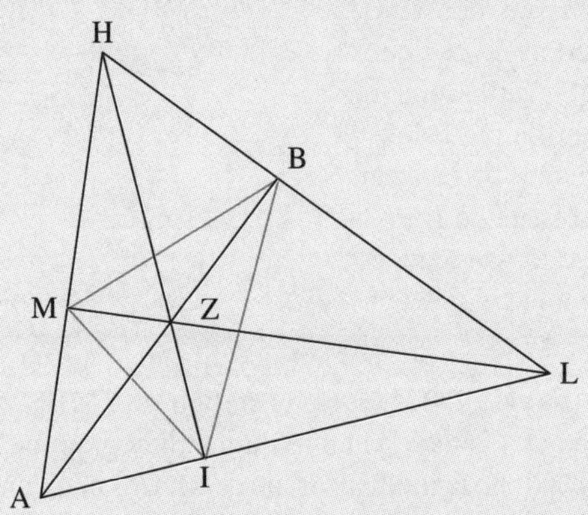

15

|★|3 points, 15 min|▶ P. 236|

Soit ABCD un parallélogramme de centre I et E le point tel que C est le milieu de [AE].

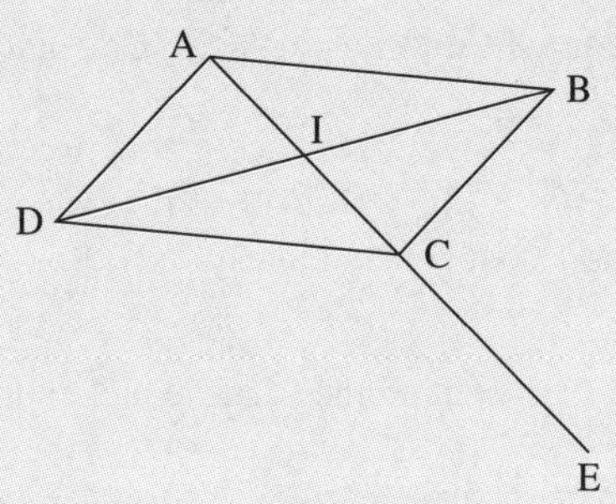

a. Prouver que $\overrightarrow{IC} = \frac{1}{3}\,\overrightarrow{IE}$.

b. En déduire ce que représente le point C pour le triangle DBE.

c. Montrer que la droite (BC) coupe le segment [DE] en son milieu.

Corrigés

1 Les triangles AMN et BMN sont inscrits dans le cercle de diamètre $[MN]$, donc ils sont rectangles, respectivement en A et en B.

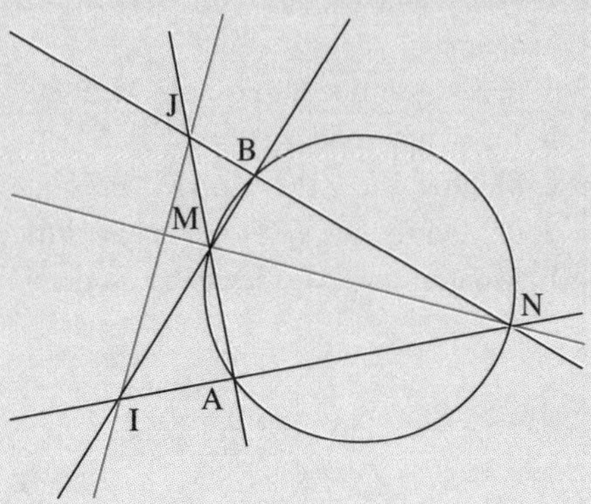

Dans le triangle JMN, (MB) est la hauteur issue de M, et (NA) est la hauteur issue de N. Le point d'intersection de ces deux droites est I, il s'agit donc de l'orthocentre du triangle JMN.
La troisième hauteur de ce triangle, celle qui est issue de J, est la droite (IJ). Cette hauteur est perpendiculaire à (MN).

2 Dans le triangle DBM, J est le milieu de $[MB]$, donc (DJ) est la médiane issue de D. O étant le centre du parallélogramme, il est le milieu de $[BD]$. (OM) est donc la médiane issue de M. Ces deux médianes se coupent en un point G, centre de gravité du triangle DBM. Ce point G est tel que :

$$\overrightarrow{MG} = \frac{2}{3}\,\overrightarrow{MO}.$$

Dans le triangle ACM, I est le milieu de $[AM]$, donc (CI) est la médiane issue de C. O étant le centre du parallélogramme, il est le milieu de $[AC]$. (OM) est donc la médiane issue de M. Ces deux médianes se coupent en un point G', centre de gravité du triangle ACM. Ce point G' est tel que :

$$\overrightarrow{MG'} = \frac{2}{3}\,\overrightarrow{MO}.$$

On en déduit que $\overrightarrow{MG'} = \overrightarrow{MG}$, d'où $G = G'$. Cela signifie que les droites (CI), (DJ) et (OM) sont concourantes.

3 S, D, A et S, C, B sont alignés dans le même ordre et $(AB) \parallel (DC)$.

D'après le théorème de Thalès, on a $\dfrac{SD}{SA} = \dfrac{SC}{SB} = \dfrac{DC}{AB}$.

On a aussi $\dfrac{DC}{AB} = \dfrac{2DJ}{2AI} = \dfrac{DJ}{AI}$. On a donc $\dfrac{SD}{SA} = \dfrac{DJ}{AI}$.

Soit J' le point de $[DC]$ tel que S, J' et I soient alignés. On a, toujours d'après le théorème de Thalès, $\dfrac{SD}{SA} = \dfrac{DJ'}{AI}$, d'où $DJ' = DJ$.

Comme J et J′ sont tous deux sur le segment [DC] , on a J = J′ , ce qui assure que les points S, J, et I sont alignés.
D, R, B et C, R, A sont alignés dans le même ordre et (AB) // (DC) .

D'après le théorème de Thalès, on a $\frac{RD}{RB} = \frac{RC}{RA} = \frac{CD}{AB}$.

On a aussi $\frac{CD}{AB} = \frac{2CJ}{2AI} = \frac{CJ}{AI}$. On a donc $\frac{RC}{RA} = \frac{CJ}{AI}$.
Soit J″ le point de [DC] tel que I, R et J″ soient alignés. Toujours d'après le théorème de Thalès :

$$\frac{RC}{RA} = \frac{CJ''}{AI}, \text{ d'où } CJ'' = CJ .$$

Comme J et J″ sont tous deux sur le segment [DC] , on a J = J″ , ce qui assure que les points R, J et I sont alignés.
Conclusion : les points S, R, J et I sont alignés.

4 $\tan 75° = \frac{IA}{AB}$, d'où $IA = 200 \times \tan 75°$.
$\tan 82° = \frac{AV}{AB}$,
d'où $AV = 200 \times \tan 82°$.
$IV = AV - IA = 200 \times \tan 82° - 200 \times \tan 75° = 200(\tan 82° - \tan 75°)$.
La distance entre le voilier et l'île est, arrondie au mètre près, 677 m.

5 Les angles $\widehat{MBN}$ et $\widehat{MAN}$ sont inscrits dans $\mathscr{C}$ et interceptent le même arc, donc ils sont de même mesure : $\widehat{MBN} = \widehat{MAN}$.
Les angles $\widehat{BMN}$ et $\widehat{BAN}$ sont inscrits dans $\mathscr{C}$ et interceptent le même arc, donc ils sont de même mesure : $\widehat{BMN} = \widehat{NAB}$.
Comme N appartient à la bissectrice de $\widehat{MAB}$, on a $\widehat{MAN} = \widehat{NAB}$.
On en déduit que $\widehat{MBN} = \widehat{BMN}$. Par conséquent, le triangle MNB est isocèle en N, d'où NB = NM .

6 On a :

$$\widehat{POM} = \widehat{BOM} + \widehat{POB} = \frac{1}{2}\,\widehat{BOA} + \frac{1}{2}\,\widehat{COB} = \frac{1}{2}\,(\widehat{BOA} + \widehat{COB}) = \frac{1}{2}\,\widehat{COA} .$$

On a aussi :

$$\widehat{QON} = \widehat{QOD} + \widehat{DON} = \frac{1}{2}\,\widehat{AOD} + \frac{1}{2}\,\widehat{DOC} = \frac{1}{2}\,(\widehat{AOD} + \widehat{DOC}) = \frac{1}{2}\,\widehat{AOC}.$$

D'où : $\widehat{POM} + \widehat{QON} = \frac{1}{2}\,(\widehat{COA} + \widehat{AOC}) = \frac{1}{2} \times 360° = 180°$.

(On dit que $\widehat{POM}$ et $\widehat{QON}$ sont supplémentaires.)

$\widehat{PNM}$ est inscrit dans $\mathscr{C}$ et intercepte l'arc $\overset{\frown}{PM}$, d'où $\widehat{PNM} = \frac{1}{2}\,\widehat{POM}$.

$\widehat{QPN}$ est inscrit dans $\mathscr{C}$ et intercepte l'arc $\overset{\frown}{QN}$, d'où $\widehat{QPN} = \frac{1}{2}\,\widehat{QON}$.

$\widehat{PNM} + \widehat{QPN} = \frac{1}{2}\,(\widehat{POM} + \widehat{QON}) = 90°$.

(On dit que $\widehat{PNM}$ et $\widehat{QPN}$ sont complémentaires.)

Conclusion

On note I le point d'intersection des droites (MN) et (PQ). Dans le triangle NIP, la somme des trois angles est égale à 180°. Deux d'entre eux étant complémentaires, le troisième est droit : $\widehat{NIP} = 90°$. Par conséquent, les droites (QP) et (NM) sont perpendiculaires.

7 **a.** L'image de D par la symétrie de centre I est **B**.
b. L'image du point d'intersection des droites (BC) et (FD) par la symétrie de centre I est le point d'intersection de **(DA)** et **(HB)**.
c. La symétrie axiale qui transforme A en C est **la symétrie d'axe (BD)**.
d. L'image de la droite (BC) par la symétrie axiale d'axe (BD) est **la droite (BA)**.

8 **a.** H est le pied de la hauteur issue de M dans le triangle MNP, donc MHN est un triangle rectangle en H. Le centre du cercle circonscrit à MNH est donc le milieu de l'hypoténuse I. On a donc IM = IH = IN. On en déduit que MIH est un triangle isocèle en I.

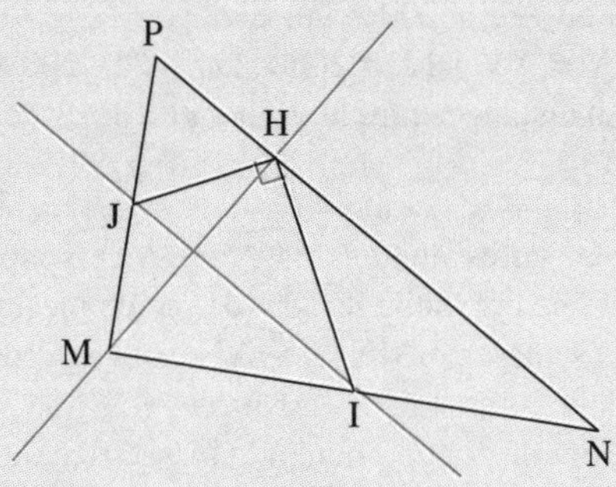

De même, MHP est un triangle rectangle en H, et le centre de son cercle circonscrit est J.
On a donc JH = JM = JP, d'où MJH est un triangle isocèle en J.
b. IM = IH, donc I appartient à la médiatrice de [MH].
JM = JH, donc J appartient à la médiatrice de [MH].
(IJ) est donc la médiatrice du segment [MH].
c. Considérons la symétrie par rapport à la droite (IJ). L'image de M est H, donc l'image de MIJ est HIJ. La symétrie conserve les angles, donc $\widehat{IMJ} = \widehat{IHJ}$. L'angle $\widehat{IMJ}$ étant droit, il en est de même pour l'angle $\widehat{IHJ}$. Par conséquent, les droites (HI) et (IJ) sont perpendiculaires.

9 **a.** L'angle $\widehat{BJA}$ est inscrit dans le cercle $\mathscr{C}'$ et intercepte l'arc $\overset{\frown}{AB}$. L'angle au centre associé est $\widehat{BIA}$. Or, une mesure de $\widehat{BIA}$ est 90°, donc une mesure de $\widehat{BJA}$ est 45°.

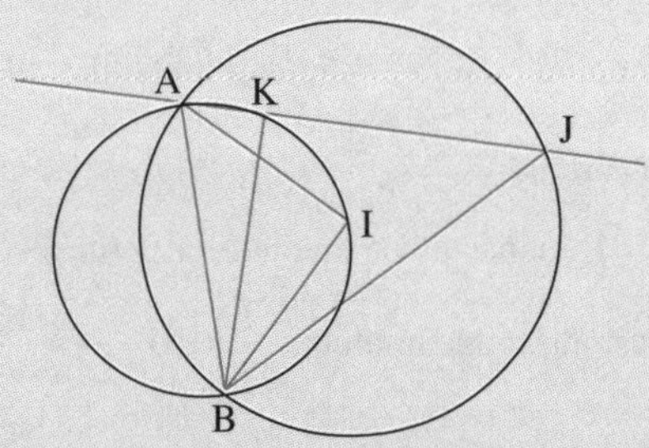

b. Le triangle BAK est inscrit dans le cercle $\mathscr{C}$, de diamètre $[AB]$. Le triangle BAK est donc rectangle en K. On en déduit que les droites (KJ) et (BK) sont perpendiculaires, et que le triangle BKJ est rectangle en K. La somme des mesures des angles aigus de ce triangle est égale à 90°. Comme une mesure de $\widehat{BJK}$ est 45°, une mesure de $\widehat{JBK}$ est aussi 45°. Par conséquent, le triangle BKJ est rectangle isocèle en K.

10 **a.** Les angles $\widehat{IJK}$ et $\widehat{IMK}$ sont inscrits dans le cercle $\mathscr{C}$ et interceptent le même arc $\overset{\frown}{IK}$. Ils sont donc de même mesure : $\widehat{IJK} = \widehat{IMK}$.
Cette mesure est 60°, puisque IJK est un triangle équilatéral.
b. $MI = MP$, donc le triangle MIP est isocèle en M. Par conséquent, on a $\widehat{MIP} = \widehat{MPI}$.
P est un point du segment $[MK]$, donc d'après la question **a.**, une mesure de l'angle $\widehat{IMP}$ est égale à 60°. On en déduit que la mesure des deux angles $\widehat{MIP}$ et $\widehat{MPI}$ est égale à 60°. Le triangle MIP est donc équilatéral.
c. $\widehat{MIJ} + \widehat{JIP} = 60°$ et $\widehat{JIP} + \widehat{PIK} = 60°$, donc $\widehat{MIJ} = \widehat{PIK}$.
De plus, $IP = IM$ et $IK = IJ$. Les triangles MIJ et PIK ont un angle de même mesure compris entre deux côtés de même longueur, donc ils sont superposables. On en déduit que $MJ = PK$.
d. P est un point du segment $[MK]$, donc $MK = MP + PK$.
MIP étant un triangle équilatéral, on a $MP = MI$.
D'après la question précédente, $MJ = PK$.
On en déduit que $MK = MP + PK = MI + MJ$.

11 La médiatrice de $[AB]$ est la droite (KI), donc (KI) et (AB) sont perpendiculaires. Comme J appartient à (AB), (KI) et (AJ) sont perpendiculaires. Ainsi, dans le triangle AJK, (KI) est la hauteur issue de K.
La médiatrice de $[AC]$ est la droite (KJ), donc (KJ) et (AC) sont perpendiculaires. Comme I appartient à (AC), (KJ) et (AI) sont perpendiculaires. Ainsi, dans le triangle AJK, (AI) est la hauteur issue de A.
Ces deux hauteurs se coupent en I, qui est donc l'orthocentre du triangle AJK. La troisième hauteur est celle qui est issue de J, c'est la droite (IJ). Elle est perpendiculaire à (AK).

12 1. Réponse **c.** La longueur d'une hauteur est $\frac{5\sqrt{3}}{2}$. L'aire du triangle est donc $\frac{25\sqrt{3}}{4}$.

2. Réponse **d.** Le rayon de ce cercle est égal aux deux-tiers d'une médiane, qui est aussi une hauteur : $\frac{2}{3} \times 10\ \frac{\sqrt{3}}{2} = \frac{10\sqrt{3}}{3}$.

D'où le périmètre du cercle : $2\pi \times \frac{10\sqrt{3}}{3} = \frac{20\pi\sqrt{3}}{3}$.

3. Réponse **c.** Notons x la mesure de l'angle $\widehat{F}$.
FEU est isocèle en E, donc $\widehat{FEU} = 180 - 2x$.
$\widehat{FEU}$ et $\widehat{NEU}$ sont supplémentaires, donc :

$$\widehat{NEU} = 180 - (180 - 2x) = 2x.$$

NUE est isocèle en U, donc $\widehat{UNE} = 2x$.
FUN est isocèle en F, donc $\widehat{FUN} = 2x$.
La somme des angles du triangle FUN est égale à 180°, donc :

$$x + 2x + 2x = 180 \Leftrightarrow 5x = 180 \Leftrightarrow x = 36°.$$

13 1. **Faux**. C'est vrai pour les médianes qui se coupent en un point appelé centre de gravité, toujours intérieur au cercle, et pour les bissectrices qui se coupent en un point qui est le centre du cercle inscrit.

2. **Vrai**.
Soit ABC un triangle quelconque. Les médianes [AA′], [BB′], et [CC′] se coupent en G, centre de gravité du triangle ABC.
H et H′ sont les pieds des hauteurs issues de A et de G dans ABC et BC.
On va utiliser :

$$\text{aire d'un triangle} = \frac{\text{base} \times \text{hauteur}}{2}.$$

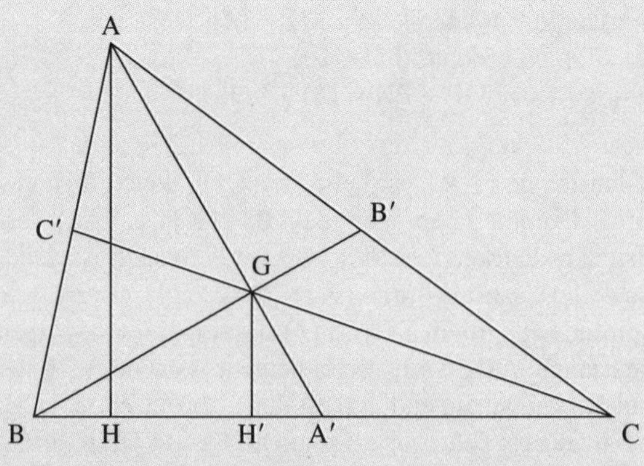

$$\text{aire (BGC)} = \frac{BC \times GH'}{2} \text{ et aire (ABC)} = \frac{BC \times AH}{2}.$$

Or, en utilisant le théorème de Thalès :

$$\frac{GH'}{HA} = \frac{A'G}{A'A} = \frac{1}{3},$$

d'où $\text{aire}\,(BGC) = \dfrac{BC \times \frac{1}{3}\,AH}{2} = \dfrac{1}{3}\,\dfrac{BC \times AH}{2} = \dfrac{1}{3}\,\text{aire}\,(ABC)$.

De plus :

$$\text{aire}\,(BGA') = \frac{BA' \times GH'}{2} = \frac{\frac{1}{2}\,BC \times GH'}{2} = \frac{1}{2}\,\frac{BC \times GH'}{2} = \frac{1}{2}\,\text{aire}\,(BGC)$$

Par conséquent :

$$\text{aire}\,(BGA') = \frac{1}{2}\,\text{aire}\,(BGC) = \frac{1}{2} \times \frac{1}{3}\,\text{aire}\,(ABC) = \frac{1}{6}\,\text{aire}\,(ABC).$$

Ce calcul peut être refait pour chacune des six parties délimitées par les trois médianes. Ainsi, les médianes d'un triangle quelconque le partagent en six parties de même aire.

3. **Vrai**. $ED = EA = EB$, donc EDB est un triangle isocèle en E.
On a donc $\widehat{EBD} = \widehat{EDB}$. Puisque (BD) est la bissectrice de l'angle $\widehat{ABC}$, on a aussi $\widehat{EBD} = \widehat{DBC}$.
On en déduit $\widehat{DBC} = \widehat{EDB}$. Ce sont des angles alternes-internes définis par la sécante (BD) aux droites (ED) et (BC), donc ces droites (ED) et (BC) sont parallèles. D'après le théorème de la droite des milieux, (ED) coupe le côté $[AC]$ en son milieu.

4. **Vrai**. Les angles $\widehat{RMH}$ et $\widehat{RUH}$ inscrits dans $\mathscr{C}$ interceptent l'arc $\overset{\frown}{RH}$, donc $\widehat{RMH} = \widehat{RUH}$. Les angles $\widehat{HRU}$ et $\widehat{HMU}$ inscrits dans $\mathscr{C}$ interceptent l'arc $\overset{\frown}{HU}$, donc $\widehat{HRU} = \widehat{HMU}$.
On a aussi $HR = HU$ car R et U sont sur le cercle $\mathscr{C}'$ de centre H. On en déduit que HRU est un triangle isocèle en H et que $\widehat{HRU} = \widehat{RUH}$.
Par conséquent, $\widehat{RMH} = \widehat{HMU}$, ce qui montre que (MH) est la bissectrice de l'angle $\widehat{RMU}$.

14 1. **a.** Soit $\mathscr{C}$ le cercle de diamètre $[ZL]$. ZIL et ZBL sont des triangles rectangles en I et B, donc ces deux points appartiennent à $\mathscr{C}$. Ainsi, I, Z, B et L sont cocycliques.

b. $\widehat{ZIB}$ et $\widehat{ZLB}$ sont deux angles inscrits dans $\mathscr{C}$ qui interceptent le même arc $\overset{\frown}{ZB}$, donc $\widehat{ZIB} = \widehat{ZLB}$.

c. De même, en considérant le cercle $\mathscr{C}'$ de diamètre $[ZA]$, on prouve que I, Z, M et A sont cocycliques, puis que $\widehat{ZIM} = \widehat{ZAM}$, car ils sont inscrits dans $\mathscr{C}'$ et interceptent le même arc $\overset{\frown}{ZM}$.
Enfin, en considérant le cercle $\mathscr{C}''$ de diamètre $[LA]$, on prouve que A, M, B et L sont cocycliques, puis que $\widehat{MAB} = \widehat{BLM}$, car ils sont inscrits dans $\mathscr{C}''$ et interceptent le même arc $\overset{\frown}{BM}$. Et puisque $\widehat{MAB} = \widehat{BLM}$, on en déduit $\widehat{HAB} = \widehat{HLM}$.

2. **a.** D'une part, on a $\widehat{ZIB} = \widehat{ZLB}$ avec $\widehat{ZLB} = \widehat{HLM}$, d'où $\widehat{ZIB} = \widehat{HLM}$.
D'autre part, on a $\widehat{ZIM} = \widehat{ZAM}$ avec $\widehat{ZAM} = \widehat{HAB}$, d'où $\widehat{ZIM} = \widehat{HAB}$.
Et comme on a montré que $\widehat{HAB} = \widehat{HLM}$, on en déduit que $\widehat{ZIB} = \widehat{ZIM}$, ce qui signifie que (ZI) est la bissectrice de l'angle $\widehat{BIM}$.
b. Par un même raisonnement, on montre que (ZB) est la bissectrice de l'angle $\widehat{MBI}$ et que (ZM) est la bissectrice de l'angle $\widehat{BMI}$. Z est le point de concours des bissectrices du triangle IBM, il est donc le centre du cercle inscrit dans ce triangle.

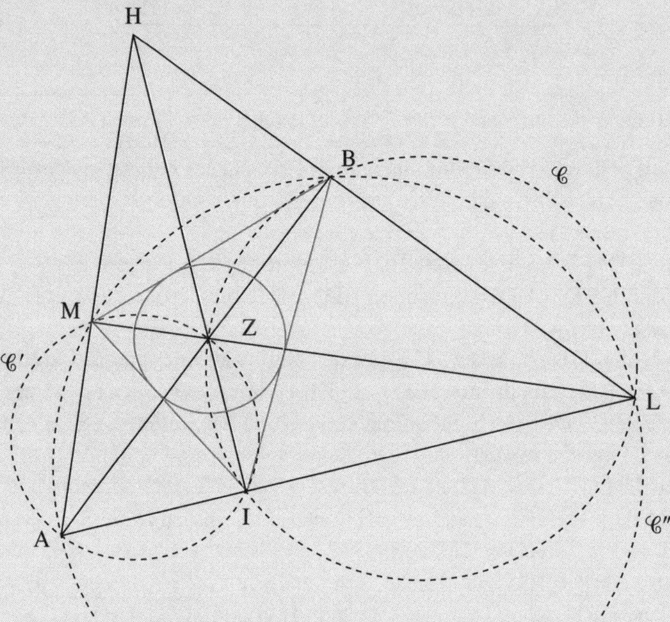

15 **a.** ABCD est un parallélogramme de centre I, donc $\overrightarrow{IC} = \frac{1}{2}\overrightarrow{AC}$.

C est le milieu de [AE], donc $\overrightarrow{CE} = \overrightarrow{AC}$. On en déduit que :

$$2\overrightarrow{IC} = \overrightarrow{CE} \Leftrightarrow 2\overrightarrow{IC} = \overrightarrow{CI} + \overrightarrow{IE} \Leftrightarrow 3\overrightarrow{IC} = \overrightarrow{IE} \Leftrightarrow \overrightarrow{IC} = \frac{1}{3}\overrightarrow{IE}.$$

b. Dans le triangle DBE, I est le milieu du côté [DB]. Ainsi, (EI) est la médiane de ce triangle issue de E. Comme $\overrightarrow{IC} = \frac{1}{3}\overrightarrow{IE}$, C est le centre de gravité du triangle DBE.
c. Dans le triangle DBE, (BC) est la médiane issue de B, elle coupe le côté [DE] en son milieu.

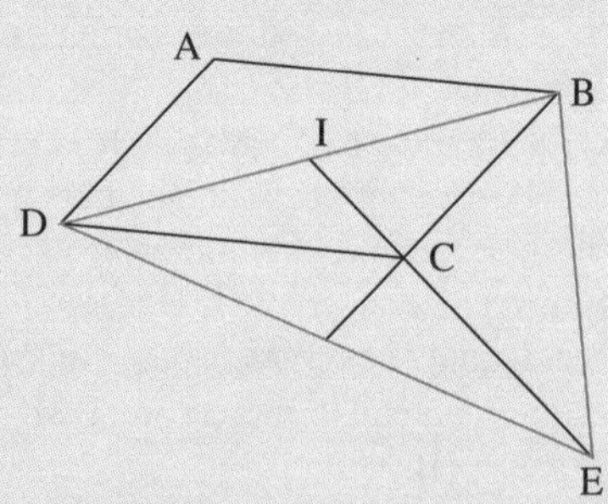

11

Géométrie dans l'espace

■ Tous les résultats de géométrie plane sont utilisables dans n'importe quel plan de l'espace.

■ Un plan peut être déterminé de quatre façons différentes :

- par trois points non alignés ;
- par deux droites sécantes ;
- par une droite et un point n'appartenant pas à cette droite ;
- par deux droites parallèles (non confondues).

■ **Définition**

Si deux droites sont sécantes ou parallèles, alors on dit qu'elles sont coplanaires : il existe un plan qui les contient toutes deux.

I POSITIONS RELATIVES DE DROITES ET DE PLANS DE L'ESPACE

■ **Positions relatives de deux droites**

Infinité de points en commun : les deux droites sont confondues.

Un point en commun : elles sont sécantes.

Pas de point en commun et coplanaires : elles sont parallèles.

Pas de point en commun et non coplanaires : elles sont quelconques.

■ **Positions relatives d'une droite et d'un plan**

Infinité de points communs : la droite est incluse dans le plan.

Un point en commun : ils sont sécants.

Pas de point en commun : la droite est parallèle au plan.

■ **Positions relatives de deux plans**

Infinité de points communs :

- les deux plans sont confondus ;
- au moins un point en commun sans être confondus, ils sont sécants, leur intersection est une droite.

Pas de point en commun : ils sont parallèles.

II PARALLÉLISME DANS L'ESPACE

1. Droites parallèles

Théorèmes

• Deux droites parallèles à une même troisième droite sont parallèles entre elles.

• Si une droite est parallèle à deux plans sécants, alors elle est parallèle à la droite d'intersection des deux plans.

• Si deux plans sont parallèles, alors tout plan qui coupe l'un coupe l'autre et les droites d'intersection sont parallèles.

Théorème du toit

Si deux droites (d) et (d') sont parallèles, et si $\mathcal{P}$ et $\mathcal{P}'$ sont deux plans sécants, l'un contenant (d), l'autre contenant (d'), alors leur droite d'intersection est parallèle aux droites (d) et (d').

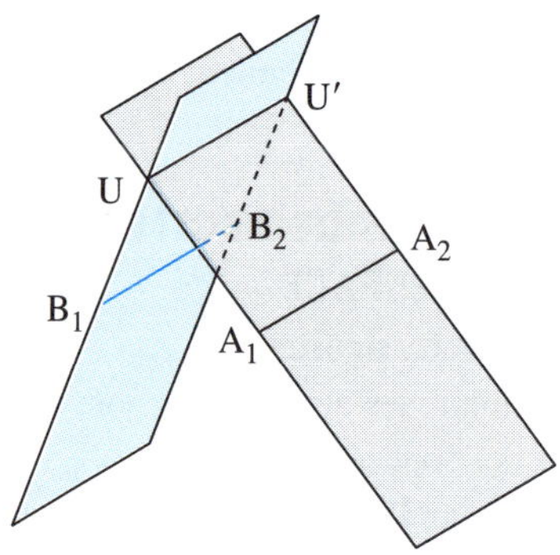

Sur la figure, (A_1A_2) et (B_1B_2) sont parallèles, contenues chacune dans un plan. Les deux plans se coupent en la droite (UU'). Cette droite est parallèle aux deux droites (A_1A_2) et (B_1B_2).

2. Plans parallèles

Théorèmes

• Deux plans parallèles à un même troisième plan sont parallèles entre eux.

• Si deux droites sécantes contenues dans un plan $\mathcal{P}$ sont respectivement parallèles à deux droites sécantes contenues dans un plan $\mathcal{P}'$, alors les plans $\mathcal{P}$ et $\mathcal{P}'$ sont parallèles.

3. Droite et plan parallèle

Théorème

Si une droite (d) est parallèle à une droite (d'), alors la droite (d) est parallèle à tout plan contenant la droite (d') (sauf celui qui contient (d) et (d')).

III CARACTÉRISTIQUES DE CERTAINS SOLIDES

Prisme droit

On note p le périmètre de la base, $\mathcal{B}$ l'aire de la base et h la hauteur.

Aire latérale $\mathcal{S}$: $\mathcal{S} = ph$.

Volume V : $V = \mathcal{B}h$.

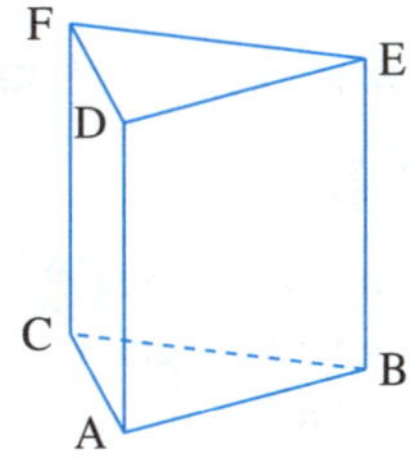

> **! Sur la figure ci-contre, $\mathcal{B}$ est l'aire des triangles ABC et DEF. Les faces latérales sont des rectangles. La hauteur h est la longueur AD.**

Pyramide

On note $\mathcal{B}$ l'aire de la base et h la hauteur.

Volume V : $V = \frac{1}{3}\,\mathcal{B}h$.

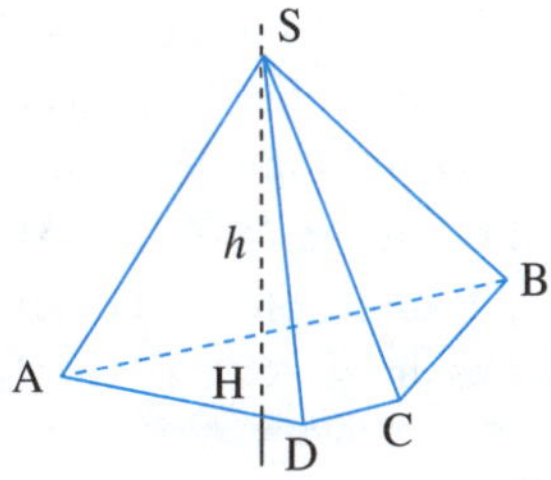

> **! Sur la figure ci-contre, $\mathcal{B}$ est l'aire du quadrilatère ABCD et la hauteur h est la longueur du segment [SH] , où H est le point du plan (ABC) tel que (SH) est orthogonale au plan.**

Cylindre de révolution

On note r le rayon des disques de base et h la hauteur.

Aire latérale $\mathcal{S}$: $\mathcal{S} = 2\pi rh$.

Volume V : $V = \pi r^2 h$.

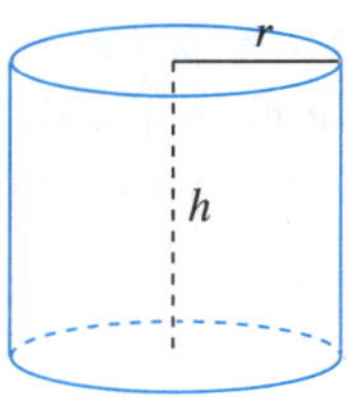

Cône de révolution

On note r le rayon d'un disque de base et h la hauteur.

Volume V : $V = \frac{1}{3}\,\pi r^2 h$.

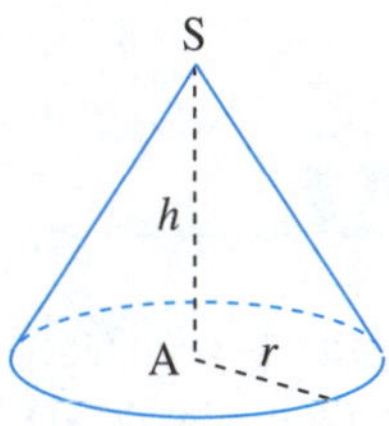

> **! Sur la figure ci-contre, S est le sommet, A est le centre du cercle de base. La hauteur est SA = h .**

Sphère et boule

On note r le rayon.

Aire $\mathcal{S}$: $\mathcal{S} = 4\pi r^2$.

Volume V : $V = \frac{4}{3}\,\pi r^3$.

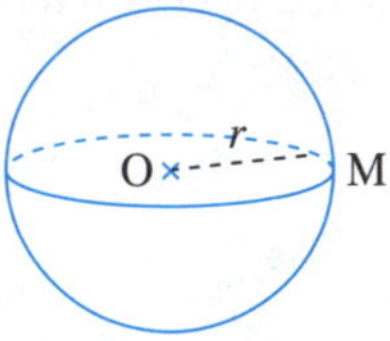

> **! Sur la figure, O est le centre de la sphère, M un point quelconque de la sphère. OM = r .**

EXERCICES D'APPLICATION

INTERSECTION DE DROITES OU DE PLANS

1

★ | 10 min | ▶ P. 250

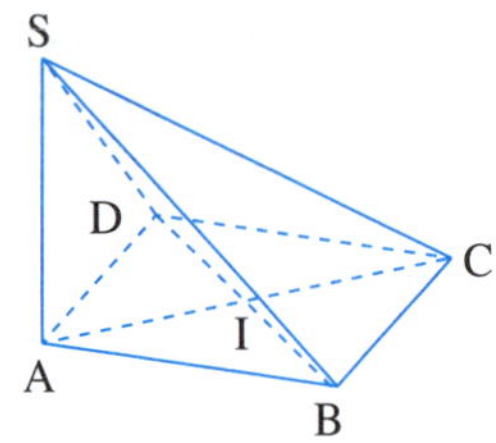

On considère la pyramide ABCDS, où ABCD est un parallélogramme de centre I.
Compléter le plus précisément possible.

1. L'intersection des plans (SAB) et (SBC) est …
2. L'intersection des plans (SAD) et (SBC) est …
3. L'intersection des plans (SAB) et (SCD) est …
4. L'intersection des plans (SAC) et (SBD) est …
5. L'intersection des plans (SBD) et (ABC) est …
6. Les droites (SB) et (AC) sont …
7. Les droites (SC) et (AD) sont …
8. Les droites (SD) et (BI) sont …

2

★ | 5 min | ▶ P. 250

ABCDEF est un prisme à base triangulaire.
I est le milieu de [DE].
Montrer que (AI) et (BE) sont sécantes.

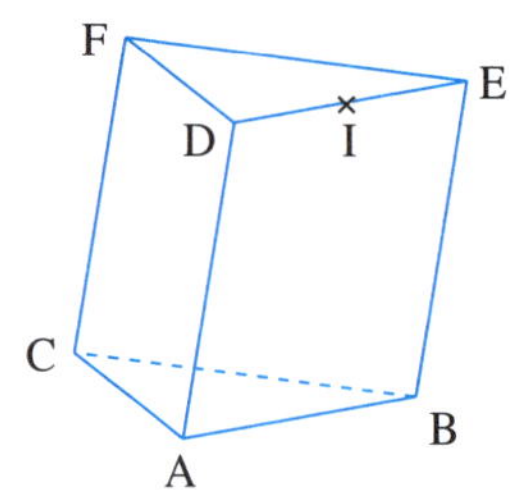

3

★ | 5 min | ▶ P. 250

ABCD est un tétraèdre. I est un point de [AB] et J est un point de [DC].
Déterminer l'intersection des plans (ABJ) et (CDI).

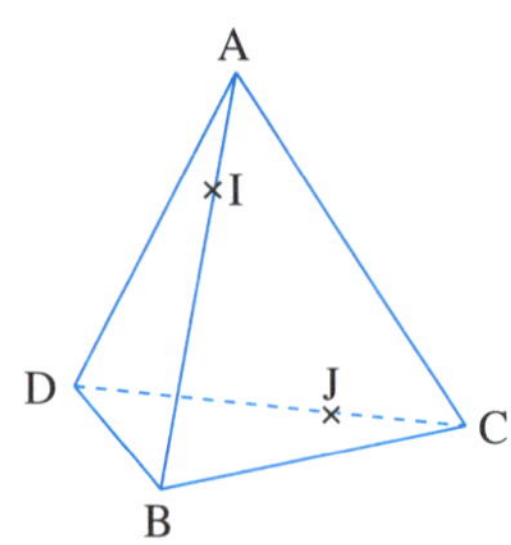

Parallélisme

4

★ | 10 min | ▶ p. 250

On considère le cube ABCDEFGH. I est un point quelconque du segment [AB]. Le plan (EGI) coupe le segment [BC] en J.
Montrer que les droites (IJ) et (EG) sont parallèles.

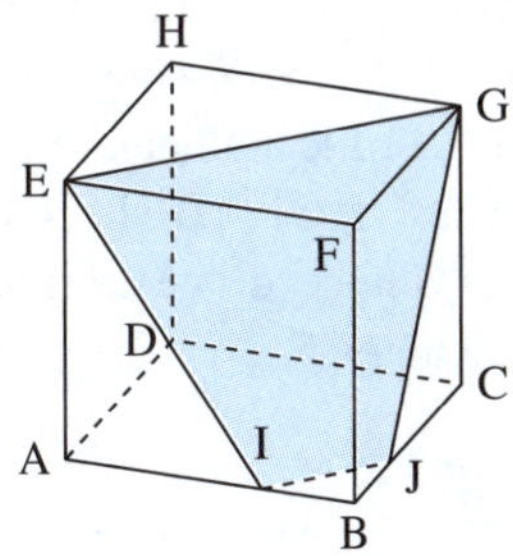

5

★★ | 10 min | ▶ p. 250

On considère le pavé droit ABCDEFGH.
I et J sont les milieux respectifs des segments [AD] et [CD].
a. Montrer que les droites (HI) et (EA) sont sécantes. On note X le point d'intersection.
b. Montrer que les droites (HJ) et (CG) sont sécantes. On note Y le point d'intersection.

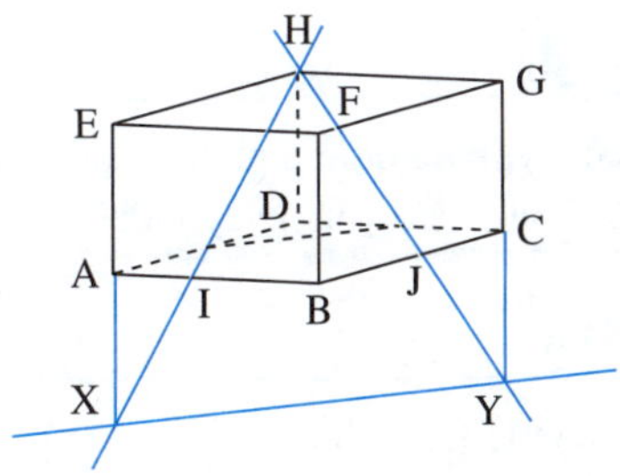

c. Montrer que les droites (XY) et (IJ) sont parallèles.

Calculs avec des solides

6

★ | 5 min | ▶ p. 251

On considère le parallélépipède rectangle ABCDEFGH.
On admet que les droites (CG) et (AC) sont perpendiculaires.
Sachant que $AB = 3$, $AE = 2$, et $AD = 6$, calculer la longueur AG.

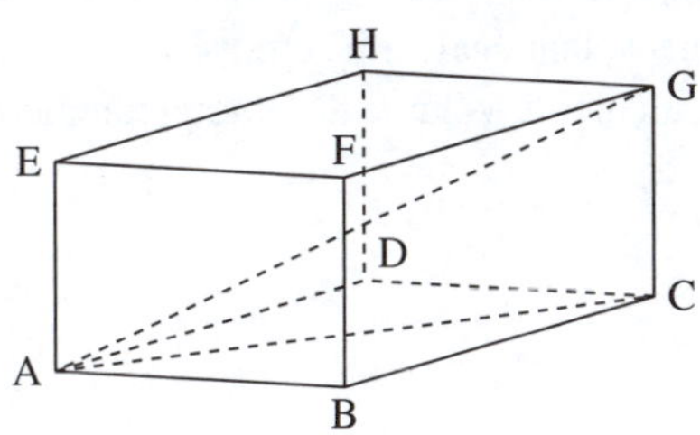

7

★ 5 min ▶ P. 251

On considère un prisme droit ABCDEF tel que ABC et DEF sont des triangles équilatéraux de côté 2 cm. On note G, H, I, et J les milieux respectifs des segments [AC], [BE], [CF] et [AD]. Le volume de ce prisme étant 6 cm^3, calculer CF.

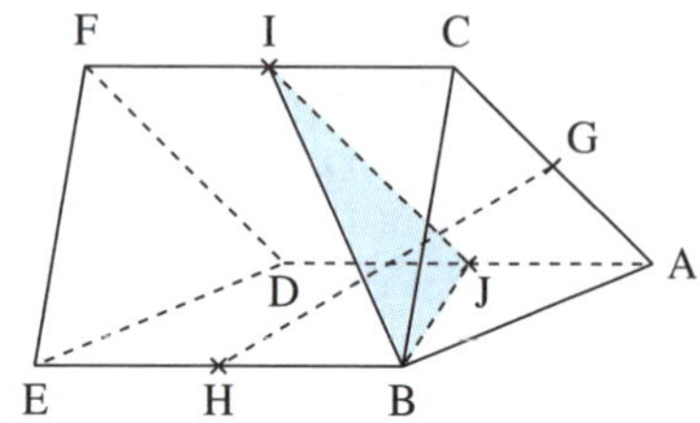

8

★ 5 min ▶ P. 251

Un cône droit a pour hauteur 15 cm et pour volume 320π cm^3.
Calculer le rayon du disque de base.

9

★★ 5 min ▶ P. 252

Un cylindre droit a pour aire latérale 200π cm^2 et pour volume 450π cm^3.
Calculer le rayon du cylindre.

10

★ 5 min ▶ P. 252

Calculer le volume d'une boule, sachant que son aire latérale est égale à 900π cm^2.

11

★ 5 min ▶ P. 252

On considère un tétraèdre de sommet S, tel que SAB, SAC, et SBC sont des triangles rectangles isocèles en S, la longueur d'un côté de l'angle droit étant égale à 12 cm.
Calculer le volume de cette pyramide.

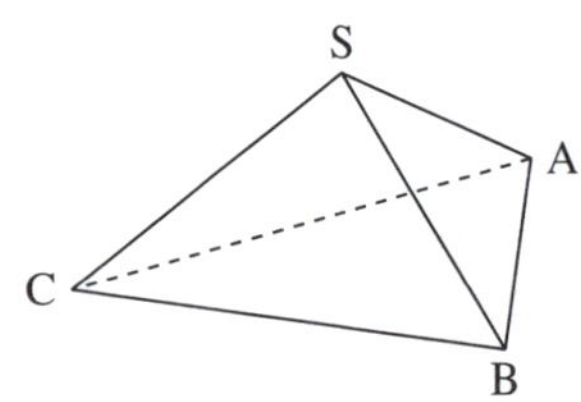

EXERCICES D'ENTRAÎNEMENT

12

★★ | 10 min | ▶ P. 252

ABCDEFGH est un cube. On note (d) la parallèle à (BD) passant par A.

a. Montrer que (d) et (FH) sont coplanaires.

b. Montrer que (BC) et (d) sont sécantes.

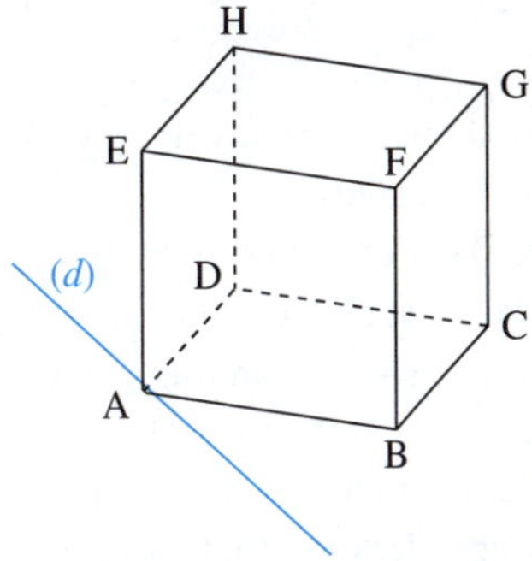

13

★★ | 30 min | ▶ P. 252

On considère le cube ABCDEFGH.

1. Déterminer l'intersection des plans (EFG) et (BCF).

2. On note I, J, K, et L les milieux respectifs des arêtes $[EH]$, $[EF]$, $[FB]$, et $[BC]$.
On admet que LIEB est un rectangle.

a. Montrer que les droites (JK) et (EB) sont parallèles.

b. Montrer que les droites (JK) et (IL) sont parallèles.

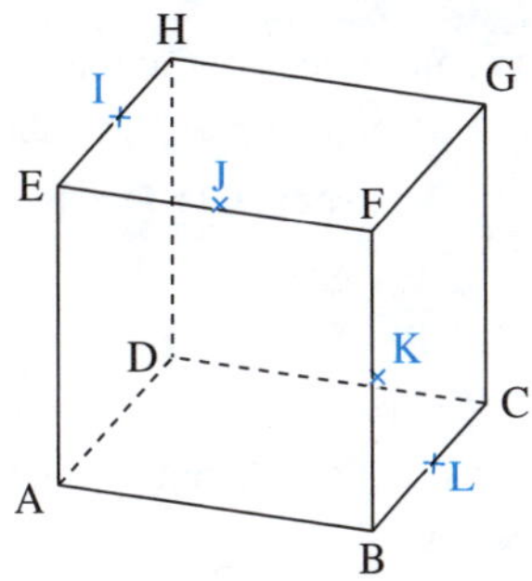

3. Montrer que les droites (IJ) et (LK) sont sécantes.

4. On note M le point d'intersection des droites (IJ) et (LK). Montrer que M appartient à la droite (FG).

14

★★ | 15 min | ▶ P. 253

ABCDEFH est un parallélépipède.

a. Montrer que les plans (BDE) et (CFH) sont parallèles.

b. On note I, J, et K les milieux respectifs des segments $[AB]$, $[AD]$, et $[AE]$. Montrer que les plans (IJK) et (BDE) sont parallèles.

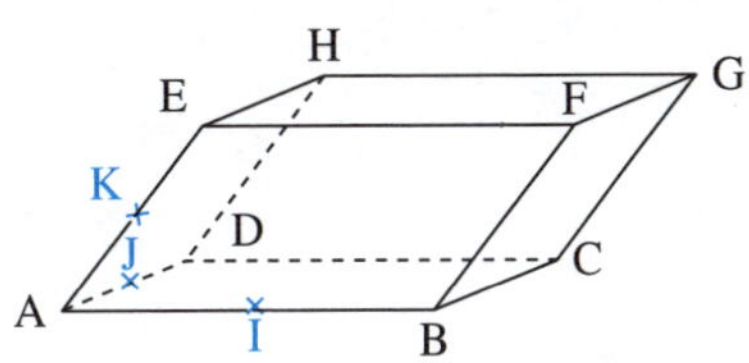

c. Que peut-on conclure pour le plans (IJK) et (CFH) ?

15

★★ | 20 min | ▶ P. 253

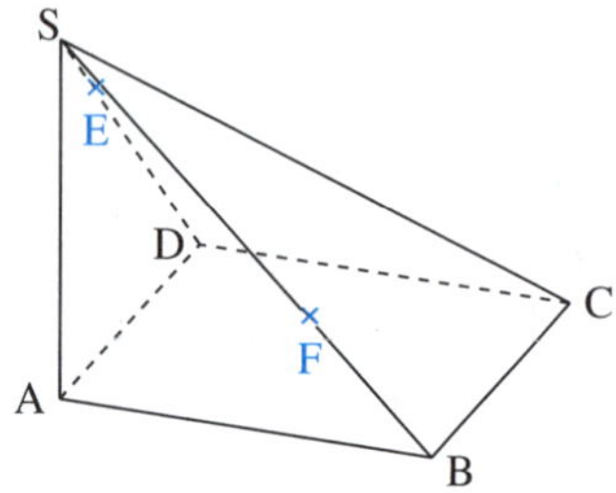

On considère la pyramide ABCDS. E est un point sur le segment [SD] tel que $\frac{SE}{SD} = \frac{1}{4}$ et F est un point sur le segment [SB] tel que $\frac{SF}{SB} = \frac{2}{3}$.

a. Montrer que les droites (EF) et (BD) sont sécantes.

b. Dans cette question, on suppose que les plans (SAD) et (ABC) sont perpendiculaires, que ABCD est un rectangle, et que SAD est un triangle rectangle isocèle en D.

De plus, on donne $AD = 3$ et $AB = 4$.

Dessiner en vraie grandeur le triangle SDB, placer les points E et F, et construire M, point d'intersection des droites (EF) et (BD).

16

★★ | 20 min | ▶ P. 254

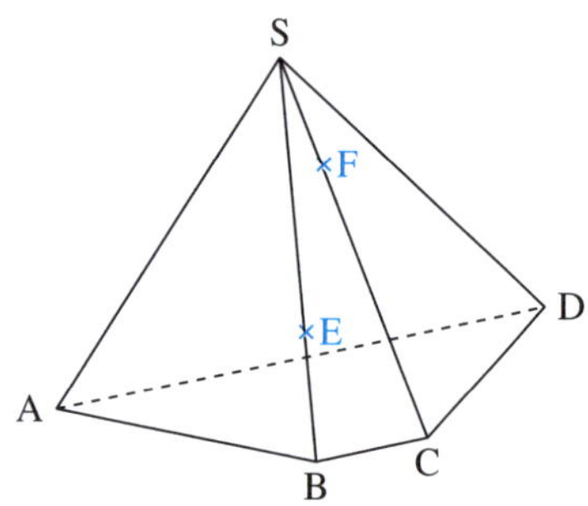

On considère la pyramide SABCD. E et F sont deux points appartenant respectivement aux segments [SB] et [SC], tels que $\frac{SE}{SB} \neq \frac{SF}{SC}$.

a. Montrer que les droites (EF) et (BC) sont sécantes. On note I leur point d'intersection.

b. Montrer que les droites (EF) et (DC) n'ont pas de point en commun.

c. Déterminer la droite d'intersection des plans (ABC) et (SDE).

d. Déterminer la droite d'intersection des plans (ABC) et (AEF).

17

★★ | 10 min | ▸ P. 255

Un cylindre est inscrit dans un cône.
On suppose que son rayon de base r est égal à la moitié du rayon de base du cône r'.

a. Montrer que $OS = 2OH$.

b. Quelle fraction du volume du cône le volume du cylindre représente-t-il ? (Exprimer le résultat sous forme d'une fraction irréductible.)

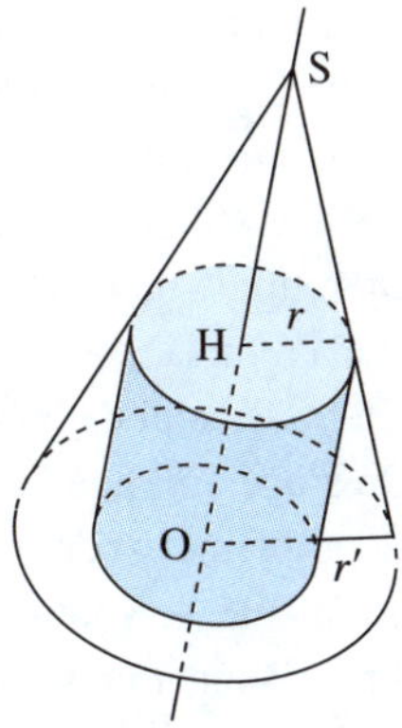

18

★★ | 25 min | ▸ P. 255

Un sablier est constitué de deux cônes de révolution identiques de sommet S. Les disques de base sont de centres O_1 et O_2.
On donne :
$SW = 5$ cm et $SO_1 = SO_2 = 4$ cm.

1. Calculer le rayon des disques de base des cônes.

2. On suppose que tout le sable est dans le cône supérieur et que sa surface est un disque de rayon r. On note aussi $h = SO$ la hauteur de sable initialement dans le cône supérieur.

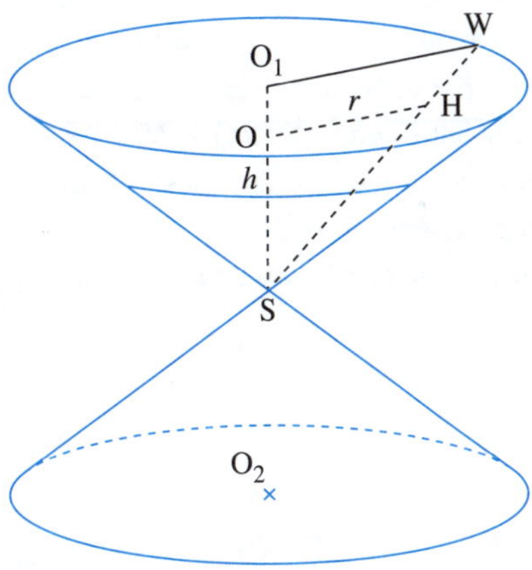

a. Montrer que $r = \dfrac{3}{4}h$.

b. Montrer que le volume de sable est $V = \dfrac{3\pi}{16}h^3$.

3. Le sable du cône supérieur s'écoule dans le cône inférieur avec un débit de 0,1 cm^3/s. Quel volume de sable (en cm^3) est nécessaire pour que le sablier soit réglé pour une période de 3 minutes (ce qui signifie qu'en 3 minutes, le sable s'écoule entièrement dans le cône inférieur) ?

4. En utilisant les questions **2. b.** et **3.**, montrer que $h^3 = \dfrac{96}{\pi}$.

5. À l'aide de la calculatrice, donner une valeur approchée de h à 0,1 cm près.

19

★★★ | 45 min | ▶ P. 256

Dans un récipient de forme cylindrique de rayon 4 dm, on place une première boule B_1 de rayon 2 dm.

On verse ensuite de l'eau jusqu'à recouvrir exactement cette boule : on dit que la surface de l'eau est tangente à la boule.

On retire la boule B_1 sans modifier le volume d'eau.

On la remplace par une autre boule B_2, de rayon inconnu r ($r \in]0 ; 4]$), différent de celui de la boule B_1.

On s'aperçoit que le niveau de l'eau est encore tangent à la boule. Le but de ce problème est de trouver le rayon r qui permet ce miracle…

a. Calculer le volume d'eau versé V lorsqu'il y avait la boule B_1, exprimé en dm^3. (Donner une valeur exacte, puis une valeur approchée à 0,001 près.)

b. Calculer le volume « boule B_2 + eau » de deux façons différentes.

c. En déduire que r doit être solution de l'équation :

$$r^3 - 24r + 40 = 0.$$

d. On connaît déjà une solution de cette équation. Laquelle et pourquoi ? Vérifier ce résultat par le calcul.

e. Montrer que $r^3 - 24r + 40 = (r - 2)(r^2 + 2r - 20)$.

f. Écrire $r^2 + 2r - 20$ sous la forme $(r + a)^2 + b$, où a et b sont deux nombres à déterminer.

g. Finir la résolution de l'équation et conclure.

Contrôle

20 Vrai ou Faux ? ★ 6 points, 15 min ▶ p. 256

ABCDEFGH est un cube. I est le milieu de [BC], J le milieu de [GH]. K est le centre de la face ADHE. L est un point quelconque sur le segment [CG].

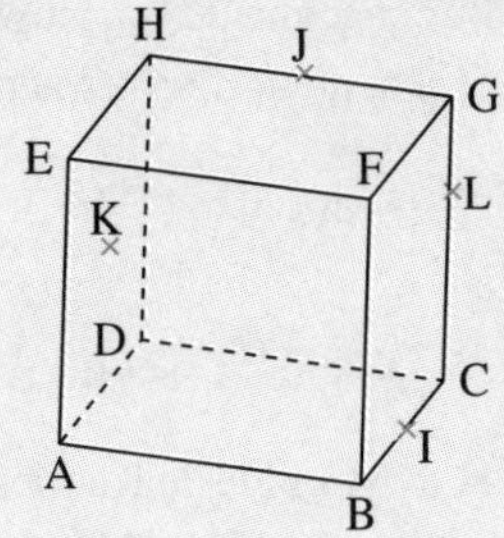

Dire si les affirmations suivantes sont vraies ou fausses.

1. Les droites (JF) et (EG) sont sécantes.
2. Les droites (IA) et (JD) sont sécantes.
3. Les droites (HB) et (AG) sont sécantes.
4. La droite (GI) est parallèle au plan (ADE).
5. La droite (JK) est parallèle au plan (AFI).
6. Les droites (EF) et (DC) sont coplanaires.
7. Les droites (CE) et (DF) sont coplanaires.
8. Les droites (AH) et (KI) sont coplanaires.
9. Les droites (AG) et (EL) sont coplanaires.
10. Les plans (CFH) et (BDE) sont sécants.
11. Les plans (JFG) et (ADK) sont sécants.
12. Le point I appartient au plan (ABD).
13. Le point L appartient au plan (AJC).
14. Le point J appartient au plan (DCL).
15. Le point L appartient au plan (DHC).

21 ★★ 4 points, 15 min ▶ p. 256

On considère le cube ABCDEFGH de côté a.

a. On note V le volume du tétraèdre ABDE. Exprimer V en fonction de a.

b. Exprimer l'aire du triangle BDE en fonction de a.

c. On note P le projeté orthogonal de A sur le plan (BDE). Exprimer la distance AP en fonction de a.

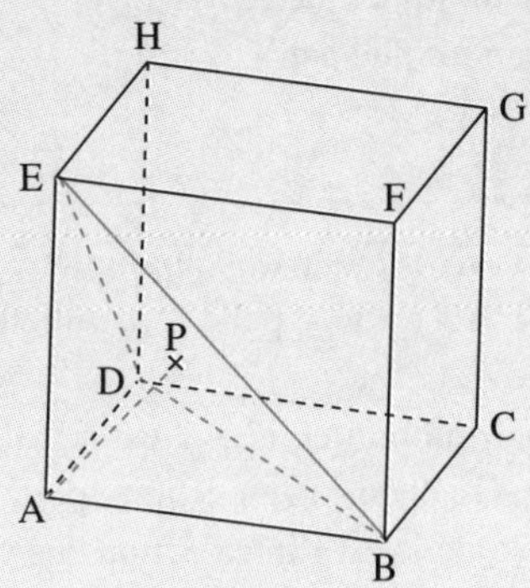

Contrôle

22 QCM

|★★|5 points, 20 min|▸ p. 257|

Pour chacune des questions, une et une seule proposition est exacte.

1. La hauteur d'un tétraèdre régulier de côté 5 cm est égale à :

a. $\frac{5\sqrt{3}}{2}$ cm **b.** $5\sqrt{\frac{2}{3}}$ cm

c. $5\,\frac{\sqrt{2}}{3}$ cm **d.** $5\sqrt{2}$ cm

2. La pyramide de Kheops a une base carrée d'environ 232 m de côté pour une hauteur d'environ 146 m. La longueur des côtés des faces (qui sont des triangles isocèles) est égale à environ :

a. 186,5 m **b.** 206,5 m

c. 219,6 m **d.** 263,7 m

3. Un récipient en forme de cône, de rayon de base 5 cm et de hauteur 10 cm, est rempli avec de l'eau à la moitié de sa hauteur. Le volume d'eau est égal à :

a. $\frac{125\pi}{12}$ cm^3 **b.** $\frac{10\pi}{3}$ cm^3

c. $\frac{250\pi}{3}$ cm^3 **d.** $\frac{125\pi}{2}$ cm^3

4. Soit ABCDEFGH un parallélépipède rectangle tel que $AB = 5$, $AD = 4$, et $AE = 3$. Le volume de la pyramide EABCD est égal à :

a. 10 **b.** 20

c. 30 **d.** 60

5. Si le rayon d'une sphère est triplé, alors son volume est :

a. multiplié par 3. **b.** divisé par 3.

c. multiplié par 9. **d.** multiplié par 27.

23

|★★|5 points, 30 min|▸ p. 258|

FLAN est un parallélogramme de centre Z et H est un point extérieur au plan (FAN). On appelle K le milieu de [HF] et G le centre de gravité du triangle NHL.

a. Montrer que (LA) est parallèle au plan (HNF).

b. Que peut-on en déduire pour les droites (LA) et (HN) ?

c. Quelle est l'intersection des plans (HNA) et (HFL) ?

d. Montrer que G est le centre de gravité du triangle HAF.

e. Que peut on en déduire pour les points A, G, K ?

24

|★★|3 points, 20 min|▶ P. 259|

ABCD est un tétraèdre, K est un point de [BC], L un point de [CD], M un point de [AL] et N un point de la demi-droite [AK) extérieur au tétraèdre.

a. Quelle est l'intersection des plans (AKL) et (BCD) ?

b. Déterminer l'intersection de (MN) et (BCD).

c. En déduire l'intersection des plans (MNB) et (BCD).

25

|★★|3 points, 20 min|▶ P. 259|

On considère une pyramide GIZEH telle que (IZ) et (EH) se coupent en K.

a. Déterminer l'intersection des plans (GIZ) et (GHE).

b. Un plan (P) strictement parallèle à (GK) coupe (GI) en A, (GZ) en B, (GE) en C, (GH) en D. Montrer que (AB) et (CD) sont parallèles.

26

|★★|4 points, 20 min|▶ P. 260|

On considère le tétraèdre ABCD. I, J et K sont trois points quelconques situés respectivement sur les segments [AB], [AC] et [AD], comme le montre la figure ci-contre. Ces points I, J, et K sont placés de telle façon que les rapports :

$$\frac{AI}{AB} \neq \frac{AJ}{AC} \neq \frac{AK}{AD}.$$

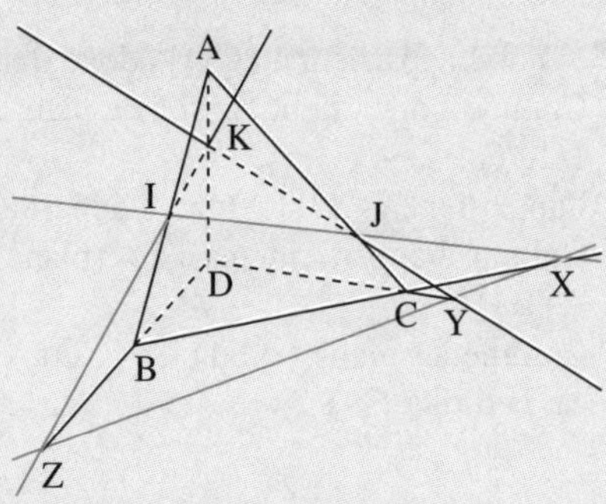

a. Montrer que les droites (IJ) et (BC) sont sécantes. On note X le point d'intersection.

b. On admet qu'il en est de même pour (IK) et (BD) d'une part, sécantes en Z, et pour (JK) et (CD) d'autre part, sécantes en Y.

Montrer que les points X, Y et Z sont alignés.

CORRIGÉS

1 1. L'intersection des plans (SAB) et (SBC) est la **droite (SB)**.
2. L'intersection des plans (SAD) et (SBC) est la **droite passant par S, parallèle à (AD)** (d'après le théorème du toit).
3. L'intersection des plans (SAB) et (SCD) est la **droite passant par S, parallèle à (AB)** (d'après le théorème du toit).
4. L'intersection des plans (SAC) et (SBD) est la **droite (SI)**.
5. L'intersection des plans (SBD) et (ABC) est la **droite (BD)**.
6. Les droites (SB) et (AC) sont **non coplanaires**.
7. Les droites (SC) et (AD) sont **non coplanaires**.
8. Les droites (SD) et (BI) sont **sécantes en D**.

2 Les droites (AI) et (BE) sont contenues dans le plan (ABE). Comme elles ne sont ni parallèles ni confondues, elles sont sécantes.

3 J appartient à [CD], donc il appartient au plan (CDI).
Comme I appartient aussi à ce plan, la droite (IJ) est contenue dans le plan (CDI).
I appartient à [AB], donc il appartient au plan (ABJ).
Comme J appartient aussi à ce plan, la droite (IJ) est contenue dans le plan (ABJ).
Comme les plans (ABJ) et (CDI) ne sont pas confondus, leur intersection est la droite (IJ).

4 Les droites (IJ) et (EG) sont coplanaires puisqu'elles sont toutes deux contenues dans le plan (EGI).
La droite (EG) est contenue dans le plan (EFG) et la droite (IJ) est contenue dans le plan (ABC).
Or, ces deux plans sont parallèles, donc les droites (IJ) et (EG) ne sont pas sécantes.
Les droites (IJ) et (EG) étant coplanaires, non sécantes et non confondues, elles sont donc parallèles.

5 **a.** Les droites (HI) et (EA) sont toutes deux contenues dans le plan (ADE) et ne sont pas parallèles, ni confondues, donc elles sont sécantes.
b. Les droites (HJ) et (CG) sont toutes deux contenues dans le plan (CDG) et ne sont pas parallèles, ni confondues, donc elles sont sécantes.

c. Soit I′ le milieu de [EH] . ADHE étant un rectangle, (II′) est parallèle à (AE) .
Dans le triangle HEX, d'après le théorème de la droite des milieux, (II′) est parallèle à (EX) et I′ est le milieu de [EH] . Donc I est le milieu de [HX] .
Soit J′ le milieu de [GH] . CDHG étant un rectangle, (JJ′) est parallèle à (CG) .
Dans le triangle HGY, d'après le théorème de la droite des milieux, (JJ′) est parallèle à (GY) et J′ est le milieu de [GH] . Donc J est le milieu de [HY] .
Comme X appartient à (HI) et Y appartient à (HJ) , la droite (XY) est contenue dans le plan (HIJ) .
Dans le triangle HXY, I est le milieu de [HX] et J est le milieu de [HY] .
Donc (IJ) est parallèle à (XY) .

6 Le triangle ABC est rectangle en B.
D'après le théorème de Pythagore, on a :
$AC^2 = AB^2 + BC^2 = 3^2 + 6^2 = 9 + 36 = 45$, d'où $AC = \sqrt{45} = 3\sqrt{5}$.
Le triangle ACG est rectangle en C.
D'après le théorème de Pythagore, on a :
$AG^2 = AC^2 + CG^2 = 45 + 2^2 = 45 + 4 = 49$, d'où $AG = \sqrt{49} = 7$.

7 Le volume de ce prisme est le produit de l'aire du triangle ABC par la longueur CF. On calcule d'abord l'aire du triangle équilatéral ABC.
Dans le triangle équilatéral ABC, [BG] est une hauteur et une médiane.
D'après le théorème de Pythagore appliqué dans le triangle rectangle ABG, on a :

$$BG^2 = AB^2 - AG^2 = 2^2 - 1^2 = 4 - 1 = 3 .$$

On en déduit que $BG = \sqrt{3}$ cm . Ainsi, l'aire du triangle équilatéral ABC est

$\frac{1}{2} \times 2 \times \sqrt{3} = \sqrt{3}$ cm^2 .

! **L'aire d'un triangle équilatéral de côté a est $\frac{a^2\sqrt{3}}{4}$.**

On obtient donc : $6 = \sqrt{3} \times CF$, d'où $CF = \frac{6}{\sqrt{3}} = \frac{6\sqrt{3}}{3} = 2\sqrt{3}$ cm .

8 Le volume d'un cône droit de hauteur h et de rayon de base r est $V = \frac{1}{3}\pi r^2 h$. Donc, ici :

$$320\pi = \frac{1}{3}\pi r^2 \times 15 \Leftrightarrow r^2 = 64 \Leftrightarrow r = 8 \text{, puisque } r \text{ est positif.}$$

Le rayon du disque de base est donc 8 cm.

9 Le volume d'un cylindre droit de hauteur h et de rayon r est $V = \pi r^2 h$.
Son aire latérale est $S = 2\pi rh$.
On a donc $450\pi = \pi r^2 h \Leftrightarrow r^2 h = 450$ et $200\pi = 2\pi rh \Leftrightarrow rh = 100$. En divisant les deux égalités membre à membre, on obtient :

$$\frac{r^2 h}{rh} = \frac{450}{100}, \text{ d'où } r = 4{,}5.$$

Le rayon du cylindre est donc 4,5 cm.

10 Le volume d'une boule de rayon r est $V = \frac{4}{3}\pi r^3$, son aire latérale est $S = 4\pi r^2$.

On a donc $900\pi = 4\pi r^2 \Leftrightarrow r^2 = 225 \Leftrightarrow r = 15$, puisque r est positif. On a alors $V = \frac{4}{3}\pi \times 15^3 = 4\ 500\pi$.

Le volume de la boule est donc 4 500π cm^3.

11 Considérons la base SBC.
SBC est un triangle rectangle de côté 12 cm, son aire, exprimée en cm^2, est :

$$\mathcal{A} = \frac{\text{SB} \times \text{SC}}{2} = \frac{12 \times 12}{2} = 72.$$

La hauteur du tétraèdre, associée à cette base, est AS. Comme AS = 12, on en déduit le volume du tétraèdre, exprimé en cm^3 :

$$\frac{\text{SA} \times \mathcal{A}}{3} = \frac{12 \times 72}{3} = 288.$$

12 **a.** (d) est parallèle à (BD), et (BD) est parallèle à (FH).
Donc (d) et (FH) sont parallèles, ce qui montre qu'elles sont coplanaires.
b. (d) est parallèle à (BD) et passe par A, donc (d) est contenue dans le plan (ABC).
La droite (BC) est elle aussi contenue dans le plan (ABC).
Comme (BD) et (BC) ne sont ni parallèles ni confondues, il en est de même pour (d) et (BC).
Par conséquent, les droites (d) et (BC) sont sécantes.

13 **1.** Les points F et G appartiennent au plan (EFG), donc la droite (FG) est contenue dans ce plan.
Les points F et G appartiennent au plan (BCF), donc la droite (FG) est contenue dans ce plan.
Les plans (EFG) et (BCF) n'étant pas confondus, leur intersection est la droite (FG).

2. **a.** Dans le triangle BEF, J est le milieu de [EF] et K est le milieu de [BF]. Donc les droites (JK) et (EB) sont parallèles.
b. LIEB est un rectangle, donc les droites (IL) et (EB) sont parallèles.
Les droites (IJ) et (JK) sont toutes deux parallèles à une même troisième droite, c'est-à-dire la droite (EB), donc elles sont parallèles entre elles.
3. D'après ce qui précède, les droites (IL) et (JK) sont coplanaires.
Les droites (IJ) et (LK) sont toutes deux contenues dans le plan (IJK). Comme elles ne sont ni parallèles ni confondues, elles sont sécantes.
4. La droite (IJ) est contenue dans le plan (EFG).
La droite (LK) est contenue dans le plan (BCF).
Ces deux droites étant sécantes, elles vont se couper en un point de la droite d'intersection des deux plans (EFG) et (BCF). D'après la première question, les droites (IJ) et (LK) se coupent en un point de la droite (FG).

14 **a.** Les droites (BD) et (FH) sont parallèles.
Les droites (DE) et (CF) sont parallèles.
Les droites (BD) et (DE) sont sécantes en D et contenues dans le plan (BDE).
Les droites (FH) et (CF) sont sécantes en F et contenues dans le plan (CFH).
Ainsi, deux droites sécantes contenues dans le plan (BDE) sont respectivement parallèles à deux droites sécantes contenues dans le plan (CFH), donc ces deux plans sont parallèles.
b. Dans le triangle ABD, I et J sont les milieux de [AB] et [AD], donc (IJ) est parallèle à (BD).
Dans le triangle ADE, J et K sont les milieux de [AD] et [AE], donc (JK) est parallèle à (DE).
Les droites (IJ) et (JK) sont sécantes en J et contenues dans le plan (IJK).
Les droites (BD) et (DE) sont sécantes en D et contenues dans le plan (BDE).
Ainsi, deux droites sécantes contenues dans le plan (IJK) sont respectivement parallèles à deux droites sécantes contenues dans le plan (BDE), donc ces deux plans sont parallèles.
c. Deux plans parallèles à un même troisième plan sont parallèles entre eux.
Comme les plans (IJK) et (CFH) sont tous deux parallèles au plan (BDE), on peut conclure que les plans (IJK) et (CFH) sont parallèles.

15 **a.** E est un point sur le segment [SD], donc E appartient au plan (SDB).
F est un point sur le segment [SB], donc F appartient au plan (SDB).
Par conséquent, la droite (EF) est contenue dans le plan (SDB), ainsi que la droite (BD).
Comme $\frac{SE}{SD} \neq \frac{SF}{SB}$, les droites (EF) et (BD) ne sont pas parallèles.
Les droites (EF) et (BD) sont coplanaires et non parallèles, donc elles sont sécantes.

b. Indications pour la construction de la figure :
Le triangle SDB est rectangle en D.
SAD est isocèle, donc $SD = AD = 3$.
$[BD]$ est une diagonale du rectangle ABCD. Avec le théorème de Pythagore, on obtient $BD = 5$.

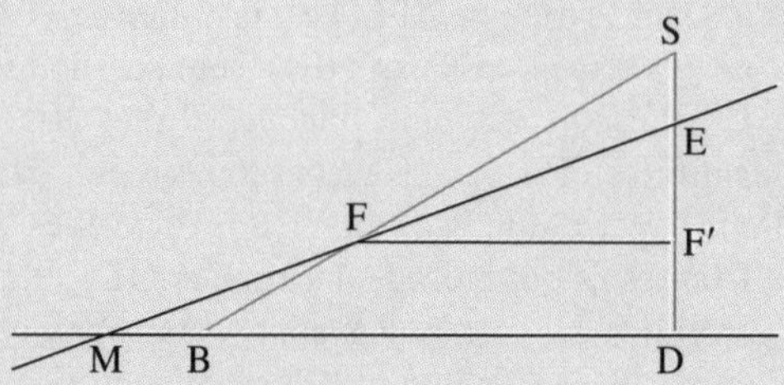

On place le point E tel que $\frac{SE}{SD} = \frac{1}{4}$, d'où $SE = \frac{3}{4}$.

Construction du point F : on peut utiliser un point F′ sur $[SD]$ tel que $\frac{SF'}{SD} = \frac{2}{3}$, d'où $SF' = 2$. Avec le théorème de Thalès, le point F′ est le projeté orthogonal de F sur $[SD]$. Ainsi, pour tracer F, on trace la parallèle à (BD) passant par F′. Elle coupe (SB) en F.
Le point M est à l'intersection des droites (EF) et (BD).

16 **a.** E appartient au segment $[SB]$, donc il appartient au plan (SBC).
F appartient au segment $[SC]$, donc il appartient au plan (SBC).
La droite (EF) est donc contenue dans le plan (SBC), ainsi que la droite (BC).

Comme $\frac{SE}{SB} \neq \frac{SF}{SC}$, les deux droites (EF) et (BC) ne sont pas parallèles.

Les droites (BC) et (EF) sont coplanaires mais non parallèles ni confondues, elles sont donc sécantes.
b. La droite (EF) est contenue dans le plan (SBC). La droite (DC) n'est pas contenue dans le plan (SBC), mais elle lui est sécante au point C. Comme C n'appartient pas à (EF), on en déduit que (DC) et (EF) n'ont aucun point en commun.
c. Les points B et D appartiennent au plan (ABC).
Comme E est un point de $[SB]$, le point B appartient au plan (SDE), ainsi que le point D.
Comme les plans (ABC) et (SDE) ne sont pas confondus, leur intersection est la droite (BD).
d. Le point A appartient aux deux plans (ABC) et (AEF).
Le point I aussi, puisqu'il est le point d'intersection des droites (EF) et (BC), contenues respectivement dans (AEF) et (ABC).
Comme les plans (ABC) et (AEF) ne sont pas confondus, leur intersection est la droite (AI).

17 **a.** Les deux bases du cylindre sont parallèles, on peut donc appliquer le théorème de Thalès : $\frac{SH}{SO} = \frac{r}{r'}$.

Or, $r' = 2r$, donc $\frac{r}{r'} = \frac{1}{2}$. On a donc $\frac{SH}{SO} = \frac{1}{2}$, d'où $SO = 2SH$.

On en déduit alors que $SH = HO$, d'où $OS = 2OH$.

b. $\frac{V_{\text{cylindre}}}{V_{\text{cône}}} = \frac{\pi r^2 \times OH}{\frac{1}{3}\pi r'^2 \times OS} = \frac{\pi r^2 \times OH}{\frac{1}{3}\pi (2r)^2 \times (2OH)} = \frac{\pi r^2 \times OH}{\frac{8}{3}\pi r^2 \times OH} = \frac{1}{\frac{8}{3}} = \frac{3}{8}$.

Le volume du cylindre représente les $\frac{3}{8}$ du volume du cône.

18 **1.** Le triangle SO_1W est rectangle en O_1.
D'après le théorème de Pythagore, $SW^2 = SO_1^2 + O_1W^2$,
d'où $O_1W^2 = 5^2 - 4^2 = 25 - 16 = 9$. On en déduit que le rayon des disques de base du sablier est, exprimé en cm, $O_1W = \sqrt{9} = 3$.

2. a. Dans le triangle SO_1W, (OH) et (O_1W) sont parallèles. D'après le théorème de Thalès, on a :

$$\frac{SO}{SO_1} = \frac{OH}{O_1W}\text{, ce qui donne } \frac{h}{4} = \frac{r}{3}\text{, ou encore } r = \frac{3}{4}h.$$

b. Le volume V de sable est celui d'un cône de hauteur h et de rayon de base $r = \frac{3}{4}h$, d'où $V = \frac{1}{3}\pi r^2 h = \frac{1}{3}\pi\left(\frac{3}{4}h\right)^2 h = \frac{3\pi}{16}h^3$.

3. Il y a 180 secondes dans trois minutes. Si le débit est de 0,1 cm³/s, le volume qui s'écoule en trois minutes est $180 \times 0{,}1 = 18$ cm³.

4. $\frac{3\pi}{16}h^3 = 18 \Leftrightarrow h^3 = 18 \times \frac{16}{3\pi}$

$\Leftrightarrow h^3 = \frac{96}{\pi}$.

5. Tout d'abord, $\frac{96}{\pi} \approx 30{,}56$.

À l'aide de la calculatrice :

$3^3 = 27$; $3{,}1^3 = 29{,}791$; $3{,}2^3 = 32{,}768$; $3{,}15^3 \approx 31{,}26$.

La valeur cherchée semble être comprise entre 3,1 et 3,15, donc une valeur approchée de h à 0,1 cm près est $h \approx 3{,}1$ cm.

19 **a.** Le volume d'eau versé V est celui d'un cylindre de hauteur 4 dm (le diamètre de la première boule) et de rayon 4 dm, duquel on soustrait le volume d'une boule de rayon 2 dm. On obtient :

$$V = \pi \times 4^2 \times 4 - \frac{4}{3}\pi \times 2^3 = 64\pi - \frac{32}{3}\pi = \frac{160}{3}\pi \approx 167{,}552 \text{ dm}^3.$$

b. Globalement, ce volume est celui d'un cylindre de hauteur $2r$, c'est-à-dire :

$$\pi \times 4^2 \times 2 \times r = 32\pi r.$$

En séparant les volumes de la deuxième boule et de l'eau, ce volume s'écrit :

$$\frac{4}{3}\pi r^3 + \frac{160}{3}\pi.$$

c. On obtient l'équation :

$$\frac{4}{3}\pi r^3 + \frac{160}{3}\pi = 32\pi r \Leftrightarrow 4r^3 + 160 = 96r$$

$$\Leftrightarrow r^3 - 24r + 40 = 0.$$

d. 2 est une solution de cette équation ; ce nombre correspond au rayon de la première boule.

Vérifions-le : $2^3 - 24 \times 2 + 40 = 8 - 48 + 40 = 0$.

e. $(r-2)(r^2+2r-20) = r^3 + 2r^2 - 20r - 2r^2 - 4r + 40 = r^3 - 24r + 40$.

f. D'après une identité remarquable, on a $r^2 + 2r + 1 = (r+1)^2$.

Donc $r^2 + 2r - 20 = (r+1)^2 - 1 - 20 = (r+1)^2 - 21$.

g. $r^3 - 24r + 40 = 0 \Leftrightarrow (r-2)((r+1)^2 - 21) = 0$

$\Leftrightarrow r = 0$ ou $(r+1)^2 - 21 = 0$.

Or, $(r+1)^2 - 21 = 0 \Leftrightarrow (r+1)^2 = 21$

$\Leftrightarrow r + 1 = \sqrt{21}$ ou $r + 1 = -\sqrt{21}$

$\Leftrightarrow r = -1 + \sqrt{21}$ ou $r = -1 - \sqrt{21}$.

Les trois solutions de notre équation sont donc :

$$r_1 = -1 + \sqrt{21},\ r_2 = -1 - \sqrt{21} \text{ et } r_3 = 2.$$

La deuxième solution étant négative, elle ne peut convenir ici.

La solution cherchée est donc $r_1 = -1 + \sqrt{21} \approx 3{,}58$ dm.

20 1. **Vrai**. 2. **Faux**. 3. **Vrai**. 4. **Vrai**.
5. **Faux**. 6. **Vrai**. 7. **Vrai**. 8. **Vrai**.
9. **Faux**. 10. **Faux**. 11. **Vrai**. 12. **Vrai**.
13. **Faux**. 14. **Vrai**. 15. **Vrai**.

21 **a.** La droite (AD) est perpendiculaire au plan (ABE), donc si on considère la base du tétraèdre ABE, la hauteur associée est [AD]. On obtient donc :

$$V = \frac{1}{3} \times \left(\frac{AB \times AE}{2}\right) \times AD = \frac{1}{6}a^3.$$

b. Les trois côtés du triangle BDE sont trois diagonales de trois faces du cube. BDE est donc un triangle équilatéral de côté $a\sqrt{2}$. On sait que l'aire d'un triangle équilatéral de côté x est $x^2 \dfrac{\sqrt{3}}{4}$.

On en déduit que l'aire du triangle BDE est $(a\sqrt{2})^2 \dfrac{\sqrt{3}}{4} = a^2 \dfrac{\sqrt{3}}{2}$.

c. Le volume du tétraèdre peut aussi être calculé en utilisant la base BDE et sa hauteur associée $[AP]$. On obtient :

$$\frac{1}{3} \times \text{Aire (BDE)} \times AP = \frac{1}{6} a^3 \Leftrightarrow \frac{1}{3} \times a^2 \frac{\sqrt{3}}{2} \times AP = \frac{1}{6} a^3$$

$$\Leftrightarrow a^2 \frac{\sqrt{3}}{6} \times AP = \frac{1}{6} a^3$$

$$\Leftrightarrow \sqrt{3} \times AP = a$$

$$\Leftrightarrow AP = \frac{a}{\sqrt{3}} = a \frac{\sqrt{3}}{3}.$$

22 1. Réponse **b.** La hauteur h d'un tétraèdre régulier est la distance entre un sommet, par exemple A, et le centre de gravité G de la face opposée BCD. Le triangle AGB est rectangle en G, donc $h^2 + GB^2 = AB^2$.
GB est égal aux deux-tiers de la médiane issue de B dans le triangle équilatéral BCD. D'où :

$$GB = \frac{2}{3} \times 5 \times \frac{\sqrt{3}}{2} = 5 \frac{\sqrt{3}}{3}.$$

Enfin, $h^2 = AB^2 - GB^2 = 5^2 - \left(5 \dfrac{\sqrt{3}}{3}\right)^2 = 5^2\left(1 - \dfrac{1}{3}\right) = 5^2 \times \dfrac{2}{3}$, ce qui donne $h = 5 \times \sqrt{\dfrac{2}{3}}$.

2. Réponse **c.** Soit O le centre du carré de base, S le sommet de la pyramide et A un des sommets du carré de base. On a :

$$SO = 146 \text{ et } AO = \frac{1}{2} \times 232 \times \sqrt{2} = 116\sqrt{2}$$

et on cherche SA.
Le triangle SOA est rectangle en O, donc :

$$SA^2 = SO^2 + OA^2 = 146^2 + (116\sqrt{2})^2,$$

ce qui donne :

$$SA = \sqrt{146^2 + 2 \times 116^2} \approx 219{,}6.$$

3. Réponse **a.** Le volume du cône est $\frac{10 \times \pi \times 5^2}{3} = \frac{250\pi}{3}$ cm^3. L'eau est dans un cône dont les dimensions sont deux fois plus petites que le récipient, donc elle occupe un volume 8 fois plus petit. Par conséquent, le volume d'eau est égal à $\frac{250\pi}{3 \times 8} = \frac{125\pi}{12}$ cm^3.

4. Réponse **b.** La base de la pyramide est le rectangle ABCD, la hauteur est AE, donc son volume est $\frac{5 \times 4 \times 3}{3} = 20$.

5. Réponse **d.** $V = \frac{4}{3}\pi R^3$.

$V' = \frac{4}{3}\pi(3R)^3 = \frac{4}{3}\pi \times 3^3 R^3 = 27 \times \frac{4}{3}\pi R^3 = 27V$.

23 **a.** (LA) est parallèle à (FN), droite contenue dans le plan (HNF). Et comme (LA) n'est pas contenue dans (HNF), elle est strictement parallèle à ce plan.

b. (FN) n'est pas parallèle à (HN) mais est parallèle à (LA), donc (HN) et (LA) ne sont pas parallèles. Elles ne sont pas non plus sécantes d'après la question **a.** Ainsi, (LA) et (HN), étant non parallèles, non confondues, et non sécantes, ne sont pas coplanaires.

c. (FL) et (AN) sont parallèles, donc (HFL) et (HNA) ne sont pas confondus. H étant un point commun à ces deux plans, ils ne sont pas parallèles. Ils sont donc sécants, selon une droite parallèle à (FL) passant par H.

d. (HZ) est la médiane issue de H dans NHL. C'est aussi la médiane issue de H dans HAF. G est donc un point situé aux deux-tiers d'une médiane en partant d'un sommet, c'est le centre de gravité du triangle HAF.

e. K est le milieu de $[HF]$, donc (AK) est la médiane issue de A dans le triangle HFA. Cette médiane passe par le centre de gravité G, donc A, G et K sont alignés.

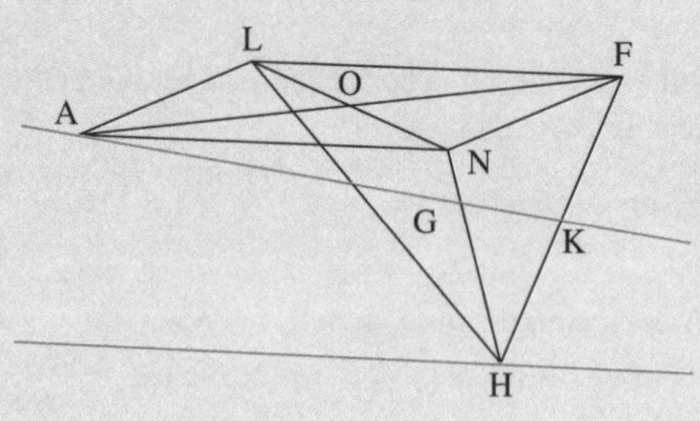

24 **a.** A n'appartient pas à (BCD) donc (AKL) et (BCD) ne sont pas confondus.
K appartient à (BCD), donc (AKL) et (BCD) ne sont pas parallèles. On en déduit que (AKL) et (BCD) sont sécants, selon la droite (KL) puisque les points K et L sont communs aux deux plans.
b. M et N n'appartiennent pas au plan (BCD), donc (MN) coupe (BCD) en un point.
M et N appartiennent à (AKL), donc (MN) est contenue dans (AKL). Or l'intersection de (AKL) et (BCD) est la droite (KL), donc (MN) coupe (BCD) en un point appartenant à la droite (KL). Le point cherché est le point Z, intersection des droites (KL) et (MN).
c. (MNB) et (BCD) sont non confondus et non parallèles, ils sont donc sécants et leur intersection est une droite. B et Z sont deux points communs aux deux plans, donc leur intersection est la droite (BZ).

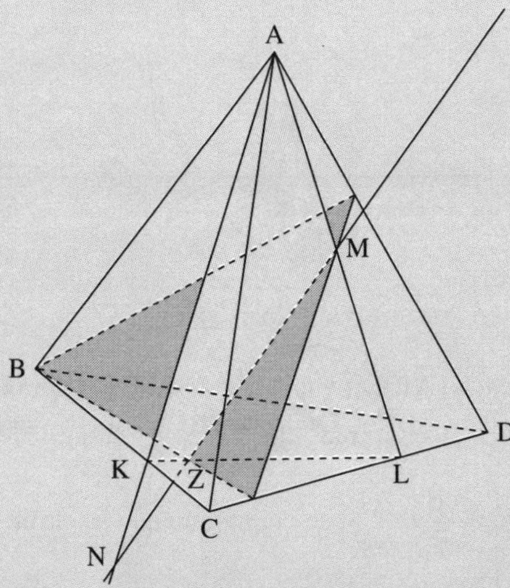

25 **a.** Les plans (GIZ) et (GHE) ne sont ni confondus, ni parallèles, donc ils sont sécants. Leur intersection est une droite. Les points G et K étant communs aux deux plans, cette droite est (GK).

b. A appartient à (GI), donc A appartient à (GIZ). B appartient à (GZ), donc B appartient à (GIZ). Ainsi, (AB) est contenue dans (GIZ). De même, (CD) est contenue dans (GHE).
(AB) et (CD) sont toutes deux incluses dans (P), donc elles sont coplanaires. Comme elles ne sont pas confondues, elles sont soit sécantes soit parallèles.
Si elles étaient sécantes, ce serait la droite (GK) d'après la question **a.**, ce qui est impossible puisque (P) est strictement parallèle à (GK).
Puisqu'elles ne sont pas sécantes, elles sont parallèles.

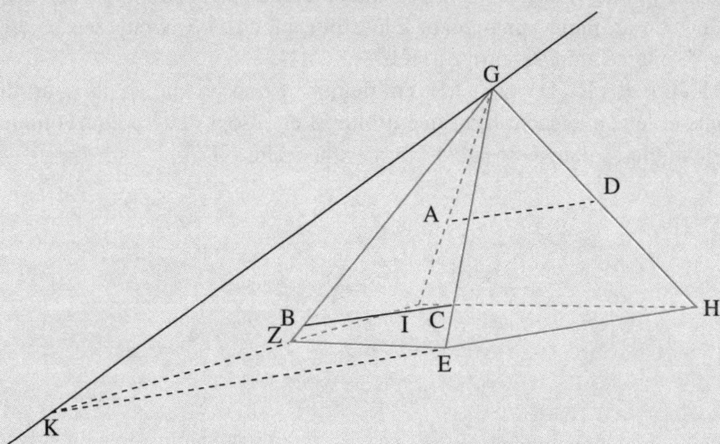

26 **a.** I appartient à [AB] et J appartient à [AC]. La droite (IJ) est donc contenue dans le plan (ABC). La droite (BC) est elle aussi contenue dans ce plan.

De plus, on sait que $\frac{AI}{AB} \neq \frac{AJ}{AC}$, ce qui montre que les droites (IJ) et (BC) ne sont pas parallèles.
Comme les droites (IJ) et (BC) sont coplanaires, non parallèles et non confondues, elles sont sécantes.
b. Le point X appartient à la droite (IJ), donc il appartient au plan (IJK).
Le point Y appartient à la droite (JK), donc il appartient au plan (IJK).
Le point Z appartient à la droite (IK), donc il appartient au plan (IJK).
Le point X appartient à la droite (BC), donc il appartient au plan (BCD).
Le point Y appartient à la droite (CD), donc il appartient au plan (BCD).
Le point Z appartient à la droite (BD), donc il appartient au plan (BCD).
Ainsi, les points X, Y et Z appartiennent tous trois aux deux plans (IJK) et (BCD). Ces deux plans n'étant ni parallèles ni confondus, ils sont sécants et leur intersection est une droite. Les trois points X, Y et Z appartiennent à cette droite, ils sont donc alignés.

12 Géométrie repérée

I REPÉRAGE DANS LE PLAN

1. Repère du plan

• On appelle repère orthonormé du plan un triplet de points (O ; I, J) formant un triangle rectangle isocèle de sommet O.

• On appelle repère orthogonal du plan un triplet de points (O ; I, J) formant un triangle rectangle non isocèle de sommet O.

• On appelle repère du plan un triplet de points (O ; I, J) non alignés.

Dans les trois cas, O est l'origine du repère.

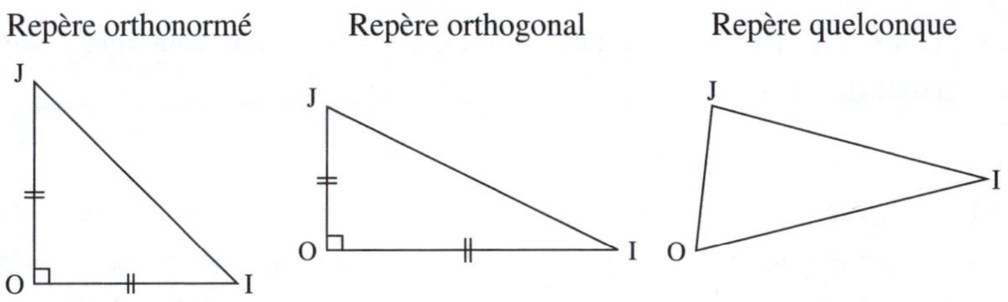

2. Coordonnées d'un point

Dans un repère du plan, tout point M est repéré par un couple de réels x et y, appelés respectivement abscisse et ordonnée du point M.

3. Distance entre deux points

Dans un repère orthonormé du plan, si A et B sont deux points de coordonnées $(x_A ; y_A)$ et $(x_B ; y_B)$, leur distance est :

$$AB = \sqrt{(x_B - x_A)^2 + (y_B - y_A)^2}.$$

4. Milieu d'un segment

Dans un repère du plan, si A et B sont deux points de coordonnées $(x_A ; y_A)$ et $(x_B ; y_B)$, les coordonnées $(x_C ; y_C)$ du milieu du segment [AB] sont :

$$x_C = \frac{x_A + x_B}{2} \quad \text{et} \quad y_C = \frac{y_A + y_B}{2}.$$

II VECTEURS

1. Translation, définition d'un vecteur

Définitions, notations

• On appelle translation une application telle que pour tous points M et N, d'images M' et N', le quadrilatère $MNN'M'$ soit un parallélogramme.

• Étant donnés deux points A et B, il existe une unique translation qui transforme A en B.

Une translation est caractérisée par la donnée d'un point et de son image, mais un tel couple n'est pas unique. On appelle vecteur l'ensemble des couples de points définissant une même translation.

• Soit $\vec{u}$ un vecteur associé à une translation. Lorsque B est l'image de A par cette translation, on note $\vec{u} = \overrightarrow{AB}$.

• On dit que le vecteur de la translation qui transforme un point A en lui-même est le vecteur nul, noté $\vec{0}$.

Propriété

Le quadrilatère ABCD est un parallélogramme (éventuellement aplati) si, et seulement si, $\overrightarrow{AB} = \overrightarrow{DC}$.

2. Coordonnées d'un vecteur

Définition

Dans un repère du plan $(O ; I, J)$, on considère un point M de coordonnées $(x ; y)$ et le vecteur $\vec{u}$ de la translation qui transforme O en M, de telle façon que $\vec{u} = \overrightarrow{OM}$.

Le vecteur $\vec{u}$ est repéré par le même couple de réels que le point M. On dira que les coordonnées du vecteur $\vec{u}$ sont $(x ; y)$.

Propriété

Dans un repère du plan $(O ; I, J)$, si $\vec{u}$ et $\vec{u}'$ sont deux vecteurs de coordonnées $(x ; y)$ et $(x' ; y')$, alors $\vec{u} = \vec{u}' \Leftrightarrow x = x'$ et $y = y'$.

Propriété

Dans un repère du plan, si A et B sont deux points de coordonnées $(x_A ; y_A)$ et $(x_B ; y_B)$, les coordonnées du vecteur $\overrightarrow{AB}$ sont $(x_B - x_A ; y_B - y_A)$.

III SOMME DE VECTEURS

1. Relation de Chasles

On considère deux vecteurs $\vec{u}$ et $\vec{v}$ associés à deux translations.
On note $\vec{w}$ le vecteur associé à la translation obtenue après enchaînement des deux translations associées aux vecteurs $\vec{u}$ et $\vec{v}$. On note alors $\vec{w} = \vec{u} + \vec{v}$.
Ci-dessous, l'image de A par la translation de vecteur $\vec{u}$ est B. L'image de B par la translation de vecteur $\vec{v}$ est C.
L'image de A par la translation de vecteur $\vec{w} = \vec{u} + \vec{v}$ est C.
On note aussi $\overrightarrow{AB} + \overrightarrow{BC} = \overrightarrow{AC}$. C'est la relation de Chasles.

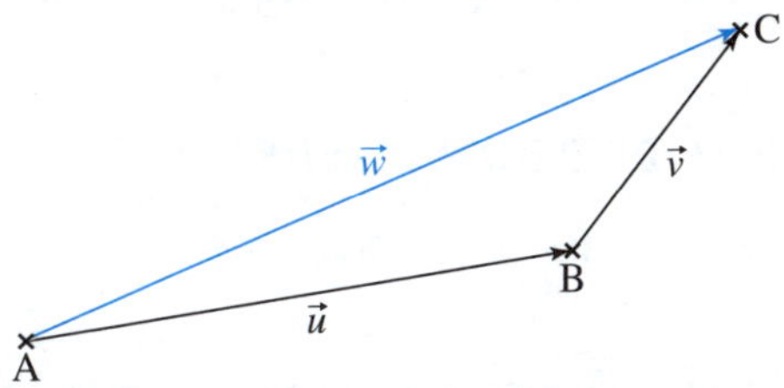

Propriété

Dans un repère du plan, si $\vec{u}$ et $\vec{u}'$ sont deux vecteurs de coordonnées $(x\ ;\ y)$ et $(x'\ ;\ y')$, alors les coordonnées de $\vec{u} + \vec{u}'$ sont $(x + x'\ ;\ y + y')$.

Propriétés algébriques

Soit $\vec{u}$, $\vec{v}$, $\vec{w}$ trois vecteurs quelconques.
- Règle de commutativité : $\vec{u} + \vec{v} = \vec{v} + \vec{u}$.
- Règle d'associativité : $\vec{u} + (\vec{v} + \vec{w}) = (\vec{u} + \vec{v}) + \vec{w}$.
- Élément neutre : $\vec{u} + \vec{0} = \vec{0} + \vec{u} = \vec{u}$.

2. Construction de la somme de deux vecteurs

Soit A, B, C, D quatre points du plan quelconques.
Pour construire la somme $\overrightarrow{AB} + \overrightarrow{CD}$, on place le point E tel que $\overrightarrow{CD} = \overrightarrow{BE}$.
Alors : $\overrightarrow{AB} + \overrightarrow{CD} = \overrightarrow{AB} + \overrightarrow{BE} = \overrightarrow{AE}$.

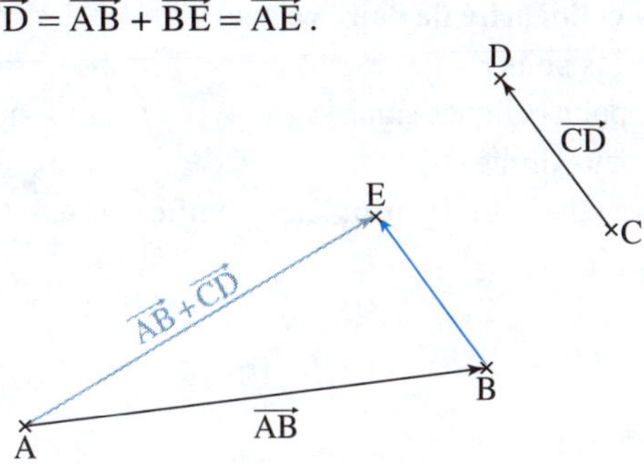

Propriété

Si A, B et C sont trois points quelconques du plan, le point D tel que $\overrightarrow{AD} = \overrightarrow{AB} + \overrightarrow{AC}$ est tel que ABDC est un parallélogramme.

3. Vecteurs opposés

■ Définition

On dit que deux vecteurs sont opposés lorsque leur somme est égale au vecteur nul.

$\vec{u}$ et $\vec{v}$ opposés $\Leftrightarrow$ $\vec{u}+\vec{v}=\vec{0}$. On note alors $\vec{v}=-\vec{u}$.

Ainsi, $\overrightarrow{AB}$ et $\overrightarrow{BA}$ sont opposés car $\overrightarrow{AB}+\overrightarrow{BA}=\vec{0}$, et on note $\overrightarrow{BA}=-\overrightarrow{AB}$.

■ Milieu d'un segment

K milieu du segment $[AB]$ signifie que les vecteurs $\overrightarrow{KA}$ et $\overrightarrow{KB}$ sont opposés, c'est-à-dire :

$\overrightarrow{KA}+\overrightarrow{KB}=\vec{0} \Leftrightarrow \overrightarrow{KB}=-\overrightarrow{KA} \Leftrightarrow \overrightarrow{KB}=\overrightarrow{AK}$.

IV COLINÉARITÉ DE DEUX VECTEURS

1. Produit d'un vecteur par un nombre réel

■ Définition

Dans un repère du plan, si un vecteur $\vec{u}$ a pour coordonnées $(x\ ;\ y)$, le produit de ce vecteur par un réel k est le vecteur noté $k\vec{u}$ dont les coordonnées sont $(kx\ ;\ ky)$.

2. Vecteurs colinéaires

■ Définition

Deux vecteurs non nuls $\vec{u}$ et $\vec{v}$ sont colinéaires si, et seulement s'il existe un réel non nul k tel que $\vec{v}=k\vec{u}$.

3. Condition de colinéarité de deux vecteurs

■ Propriété

Deux vecteurs $\vec{u}(x\ ;\ y)$ et $\vec{u}'(x'\ ;\ y')$ sont colinéaires si, et seulement si, $xy'-yx'=0$.

Utilisations de la colinéarité de deux vecteurs

• Alignement de trois points

A, B, C sont trois points alignés signifie que $\overrightarrow{AB}$ et $\overrightarrow{AC}$ sont colinéaires.

• Parallélisme de deux droites

(AB) et (CD) sont deux droites parallèles signifie que $\overrightarrow{AB}$ et $\overrightarrow{CD}$ sont colinéaires.

EXERCICES D'APPLICATION

COORDONNÉES, REPÈRES

1

★★ | 15 min | ▸ P. 275

Soit $(O\ ;\ I, J)$ un repère orthonormé du plan. On considère les points :

$$A(1\ ;\ 0),\ B\left(1+\frac{\sqrt{3}}{2}\ ;\ \frac{1}{2}\right) \text{ et } C\left(\frac{1}{2}\ ;\ \frac{\sqrt{3}}{2}\right).$$

Démontrer que $(A\ ;\ B, C)$ est un repère orthonormé.

2

★ | 10 min | ▸ P. 276

Dans un repère $(O\ ;\ I, J)$, on donne les points :

$$A(-3\ ;\ -1),\ B(-2\ ;\ 2) \text{ et } C(3\ ;\ -3).$$

a. Montrer que le triangle ABC est rectangle en A.

b. Calculer les coordonnées du point H, centre du cercle circonscrit au triangle ABC. Calculer le rayon de ce cercle.

3

★★ | 15 min | ▸ P. 276

On se place dans un repère orthonormé $(O\ ;\ I, J)$, et on donne :

$$A(-3\ ;\ 1),\ B(4\ ;\ 3) \text{ et } C(-1\ ;\ 6).$$

1. Le point C appartient-il à la médiatrice de $[AB]$?

2. Trouver x tel que le point $E(x\ ;\ -3)$ appartienne à la médiatrice de $[AB]$.

4

★★ | 10 min | ▸ P. 276

Dans un repère orthonormé $(O\ ;\ I, J)$, on donne :

$$A(1\ ;\ -2),\ B(0\ ;\ m) \text{ et } C(6\ ;\ -1).$$

Trouver m tel que le triangle ABC soit rectangle en A.

5

★ | 10 min | ▸ P. 277

Soit A et B deux points de coordonnées $(x_A\ ;\ y_A)$ et $(x_B\ ;\ y_B)$ dans un repère du plan.

Écrire un algorithme qui calcule les coordonnées du milieu I du segment $[AB]$.

6

★ | 10 min | ▸ P. 277

Soit A et B deux points de coordonnées $(x_A\ ;\ y_A)$ et $(x_B\ ;\ y_B)$ dans un repère du plan. Écrire un algorithme qui calcule la distance AB.

COORDONNÉES D'UN VECTEUR

7

★ | 5 min | ▶ P. 277

Dans un repère du plan $(O ; I, J)$, on donne : $\vec{u}(5 ; -2)$ et $\vec{v}(2 ; -3)$. Calculer les coordonnées des vecteurs :
$-\vec{v}$, $\vec{u}+\vec{v}$, $3\vec{u}-7\vec{v}$.

8

★ | 10 min | ▶ P. 277

Soit $(O ; I, J)$ un repère du plan.
Quelles sont les coordonnées des points A, B et C, tels que :

$$\overrightarrow{OA} = 3\overrightarrow{OI} - 2\overrightarrow{OJ},\ \overrightarrow{OB} = -\overrightarrow{OI} + 2\overrightarrow{OJ} \text{ et } \overrightarrow{OA} + \overrightarrow{OB} + \overrightarrow{OC} = \vec{0}\ ?$$

9

★ | 5 min | ▶ P. 278

a. Dans le repère $(O ; I, J)$, lire les coordonnées des vecteurs ci-contre.

b. Tracer un représentant du vecteur $\vec{u}(4 ; -1)$, puis du vecteur $\vec{v}(-2 ; 5)$.

c. Construire le vecteur $\vec{e} = \vec{a} + \vec{d}$.

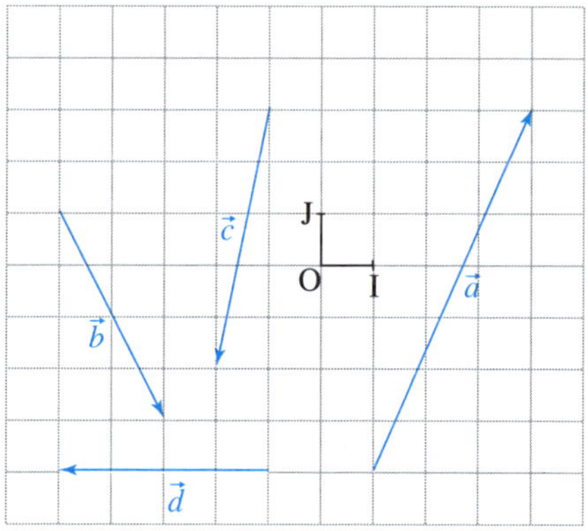

10

★ | 15 min | ▶ P. 278

Soit $(O ; I, J)$ un repère du plan.

a. Soit les points $A(-2 ; 1)$, $T(1 ; 6)$, $R(3 ; 3)$, et $E(0 ; -2)$. Montrer que le quadrilatère ATRE est un parallélogramme.

b. Déterminer les coordonnées du point P, sachant que RPTE est un parallélogramme.

c. Déterminer les coordonnées du point S, sachant que T est le milieu de $[ES]$.

11

★★ | 20 min | ▶ P. 279

Dans un repère $(O ; I, J)$, on considère les points :

$$A(-2 ; 2),\ B(5 ; 6) \text{ et } C(4 ; -1).$$

Déterminer les coordonnées des points M, G, K et N sachant que :

a. $\overrightarrow{MC} = \frac{1}{2}\overrightarrow{AC}$;

b. $\overrightarrow{BA} = \frac{3}{4}\overrightarrow{AG}$;

c. K est le milieu de $[AB]$;

d. $\overrightarrow{AN} = 3\overrightarrow{BN}$.

12
| ★ | 10 min | ▸ P. 280 |

Soit A, B et C trois points de coordonnées $(x_A ; y_A)$, $(x_B ; y_B)$ et $(x_C ; y_C)$ dans un repère du plan.
Écrire un algorithme qui calcule les coordonnées du point D de telle façon que ABCD soit un parallélogramme.

Relation de Chasles

13
| ★ | 10 min | ▸ P. 280 |

Simplifier les expressions suivantes :
a. $\overrightarrow{AB} - \overrightarrow{DC} + \overrightarrow{DA}$.
b. $2\overrightarrow{OA} + \overrightarrow{AC} - \overrightarrow{OC}$.
c. $\overrightarrow{FG} - (\overrightarrow{FA} + \overrightarrow{FB}) - (\overrightarrow{AB} - \overrightarrow{GB})$.
d. $-\overrightarrow{AB} + \overrightarrow{BC} - \overrightarrow{CA} + 3(\overrightarrow{AB} - \overrightarrow{AC}) - 2\overrightarrow{CB}$.

14
| ★ | 5 min | ▸ P. 280 |

A, B et C sont trois points distincts du plan. On définit les points N et P tels que $\overrightarrow{AN} = \overrightarrow{AB} + \overrightarrow{AC}$ et $\overrightarrow{BP} = \overrightarrow{NC}$.
Montrer que les points A et P sont confondus.

Placement de points

15
| ★ | 10 min | ▸ P. 281 |

Soit ABC un triangle quelconque. Placer les points I, J, K et L définis par :

$$\overrightarrow{AI} = -2\overrightarrow{BC} \ ; \quad \overrightarrow{AJ} = \frac{1}{2}\overrightarrow{BC} \ ; \quad \overrightarrow{BK} = \frac{2}{3}\overrightarrow{AC} \ ; \quad \overrightarrow{LC} = 2\overrightarrow{AB} .$$

16
| ★ | 5 min | ▸ P. 281 |

Soit $[AB]$ un segment de longueur 1,5 cm.
Placer les points L, N, R, S et T tels que :

$\overrightarrow{LA} = 2\overrightarrow{AB}$; $\overrightarrow{BN} = -\frac{1}{2}\overrightarrow{BA}$; $\overrightarrow{RB} = \frac{1}{3}\overrightarrow{AB}$;

$\overrightarrow{SA} + \overrightarrow{SB} = \overrightarrow{0}$; $\overrightarrow{AT} = \frac{1}{6}\overrightarrow{BA}$.

17
| ★★ | 10 min | ▸ P. 281 |

ABC est un triangle. Construire les points D et E tels que :

$$\overrightarrow{EB} = \overrightarrow{BA} \text{ et } \overrightarrow{ED} = 2\overrightarrow{BC} .$$

Montrer que C est le milieu du segment $[AD]$.

Vecteurs colinéaires

18

★ | 5 min | ▶ p. 281

Soit (O ; I, J) un repère du plan. Dans chaque cas, les vecteurs $\vec{u}$ et $\vec{v}$ sont-ils colinéaires ?

a. $\vec{u}\begin{pmatrix}2\\3\end{pmatrix}$ et $\vec{v}\begin{pmatrix}-3\\-5\end{pmatrix}$; **b.** $\vec{u}\begin{pmatrix}\frac{20}{3}\\[4pt]\frac{-3}{4}\end{pmatrix}$ et $\vec{v}\begin{pmatrix}-12\\[4pt]\frac{27}{20}\end{pmatrix}$.

19

★ | 10 min | ▶ p. 281

Soit (O ; I, J) un repère du plan et $x \in \mathbb{R}$. Dans chaque cas, pour quelle(s) valeur(s) de x les vecteurs $\vec{u}$ et $\vec{v}$ sont-ils colinéaires ?

a. $\vec{u}\begin{pmatrix}x-6\\3\end{pmatrix}$ et $\vec{v}\begin{pmatrix}-3\\x\end{pmatrix}$; **b.** $\vec{u}\begin{pmatrix}x-2\\1\end{pmatrix}$ et $\vec{v}\begin{pmatrix}9\\x-2\end{pmatrix}$.

20

★ | 10 min | ▶ p. 282

Soit (O ; I, J) un repère du plan. On donne :

$$A(4\,;\,1),\ B(-2\,;\,4),\ C(1\,;\,-6) \text{ et } D(12\,;\,-3).$$

Les points A, B et C sont-ils alignés ? Les points A, B et D sont-ils alignés ?

21

★★ | 10 min | ▶ p. 282

Soit E et F deux points distincts et M tel que $3\overrightarrow{ME} - 5\overrightarrow{MF} = \vec{0}$.

a. Justifier que E, F et M sont alignés.

b. Déterminer le réel k tel que $\overrightarrow{EM} = k\overrightarrow{EF}$, puis placer le point M sur la droite (EF).

22

★★ | 10 min | ▶ p. 282

Soit A et B deux points distants de 5,5 cm. Placer le point C défini par :

$$3\overrightarrow{CB} - 14\overrightarrow{CA} = \vec{0}.$$

23

★ | 10 min | ▶ p. 283

Soit A, B et C trois points de coordonnées $(x_A\,;\,y_A)$, $(x_B\,;\,y_B)$ et $(x_C\,;\,y_C)$ dans un repère du plan.

Écrire un algorithme qui détermine si les points sont alignés ou pas.

Exercices d'entraînement

24

★★ | 15 min | ▶ P. 283

Dans un repère orthonormé $(O\ ;\ I, J)$, on considère le triangle OAB rectangle en A tel que $OA = 3$ et $AB = 4$. De plus, on sait que l'abscisse de B est nulle et que les coordonnées de tous les points du triangle sont positives.

a. Déterminer l'ordonnée de B.

b. Déterminer les coordonnées de A.

25

★★ | 20 min | ▶ P. 284

Dans un repère $(O\ ;\ I, J)$, on donne les points :

$$A(2\ ;\ 5),\ B(4\ ;\ -2),\ C(-5\ ;\ 1) \text{ et } D(-1\ ;\ 6).$$

a. Montrer que les droites (BC) et (AD) sont parallèles.

b. On considère les points E milieu du segment $[BC]$ et F tel que :

$$\overrightarrow{BF} = \frac{1}{2}\,\overrightarrow{BA} + \frac{1}{4}\,\overrightarrow{BC}.$$

Déterminer les coordonnées de ces deux points.

c. Démontrer que les points A, F et E sont alignés.

26

★★ | 15 min | ▶ P. 284

Soit ABCD un parallélogramme. On considère les points M et N tels que :

$$2\overrightarrow{BM} = \overrightarrow{AB} \text{ et } \overrightarrow{AN} = 3\overrightarrow{AD}.$$

a. Montrer que $\overrightarrow{CM} = \overrightarrow{CB} + \frac{1}{2}\,\overrightarrow{AB}$.

b. Montrer que $\overrightarrow{NC} = 2\overrightarrow{DA} + \overrightarrow{DC}$.

c. En déduire que les points M, N, et C sont alignés.

27

★★ | 15 min | ▶ P. 285

Soit ABC un triangle quelconque. Soit G le centre de gravité du triangle ABC.

On rappelle que $\overrightarrow{AG} = \frac{2}{3}\,\overrightarrow{AA'}$, avec A' milieu de $[BC]$.

Montrer que $\overrightarrow{GA} + \overrightarrow{GB} + \overrightarrow{GC} = \vec{0}$.

28

★★ | 30 min | ▶ P. 285

ABC est un triangle. I et J sont les milieux respectifs des segments $[AC]$ et $[BC]$.
a. Construire les points K et L tels que :
$\overrightarrow{AK} = 3\overrightarrow{BK}$; L est le symétrique de I par rapport à C.
b. Exprimer le vecteur $\overrightarrow{AB}$ en fonction de $\overrightarrow{IJ}$.
c. Exprimer le vecteur $\overrightarrow{AJ}$ en fonction de $\overrightarrow{AB}$ et $\overrightarrow{AC}$.
d. Soit le point D tel que $\overrightarrow{AD} = \frac{3}{2}(\overrightarrow{AB} + \overrightarrow{AC})$. Montrer que les points A, J et D sont alignés. Construire le point D.
e. Montrer que $\overrightarrow{LA} = \frac{3}{2}\overrightarrow{CA}$, puis que $\overrightarrow{LD} = \frac{3}{2}\overrightarrow{AB}$.
f. En déduire la nature du quadrilatère ALDK.

29

★★★ | 30 min | ▶ P. 287

ABC est un triangle quelconque. A' est le milieu de $[BC]$ et D est le milieu de $[AA']$. E et F sont tels que $\overrightarrow{BE} = \frac{1}{3}\overrightarrow{BA}$ et $\overrightarrow{CF} = \frac{2}{5}\overrightarrow{CA}$.

a. Montrer que $\overrightarrow{DE} = \frac{5}{12}\overrightarrow{AB} - \frac{1}{4}\overrightarrow{AC}$.

b. Montrer que $\overrightarrow{FB} = \overrightarrow{AB} - \frac{3}{5}\overrightarrow{AC}$.

c. Montrer que les droites (ED) et (BF) sont parallèles.

30

★★★ | 30 min | ▶ P. 287

M est un point sur le côté $[CD]$ d'un parallélogramme ABCD, distinct de C et D. I est le milieu de $[AB]$ et G est le centre de gravité du triangle AMB. On pose $\overrightarrow{DM} = x\overrightarrow{DC}$, où $x \in \mathbb{R}$.
a. À quel intervalle appartient x ?
b. Dans le repère $(A ; B, D)$, déterminer les coordonnées des points M et G, en fonction de x.
c. Montrer que, lorsque M décrit le segment $[DC]$, G décrit un segment qui lui est parallèle et dont on précisera les extrémités.

31

★★★ | 45 min | ▶ P. 288

Soit A, B et C trois points de coordonnées $(x_A ; y_A)$, $(x_B ; y_B)$ et $(x_C ; y_C)$ dans un repère du plan. Écrire un algorithme qui détermine la nature du triangle ABC (quelconque, isocèle, équilatéral, ou rectangle).

Contrôle

32 QCM | ★ | 5 points, 10 min | ▸ p. 289

Pour chacune des questions, une et une seule proposition est exacte.

1. $\overrightarrow{CH} + \overrightarrow{AP} + \overrightarrow{IC} + \overrightarrow{HA} + \overrightarrow{PO} =$

a. $\overrightarrow{IO}$ **b.** $\overrightarrow{CI}$ **c.** $\overrightarrow{OI}$ **d.** $\overrightarrow{CO}$

2. Soit ZUT un triangle quelconque. Le point S tel que $3\overrightarrow{ZS} = \overrightarrow{ZU} + \overrightarrow{ZT}$ est :

a. le milieu de [UT] **b.** tel que SZUT est un parallélogramme

c. le centre de gravité de ZUT **d.** l'orthocentre de ZUT

3. Soit X et Y deux points de milieu Z. Le point P tel que $\overrightarrow{XP} = -3\overrightarrow{YP}$ est :

a. le milieu de [XZ] **b.** le milieu de [YZ]

c. le symétrique de Z par rapport à X

d. le symétrique de Z par rapport à Y

4. U et K sont deux points distincts du plan. L'ensemble des points R du plan tels que $\overrightarrow{RU}$ et $\overrightarrow{UK}$ sont colinéaires et de sens contraires est :

a. la droite (UK) **b.** le segment [UK]

c. la droite (UK) privée du segment [UK]

d. la demi-droite [UK)

5. Si un point I est tel que $\overrightarrow{JI} + \overrightarrow{IK} = \overrightarrow{JK}$, alors il est :

a. le milieu de [JK] **b.** sur le segment [JK]

c. sur la droite (JK) **d.** quelconque

33 | ★ | 2 points, 5 min | ▸ p. 289

A et B sont deux points distincts. Dans la liste suivante, il y a exactement deux affirmations qui traduisent le fait que I est nécessairement le milieu du segment [AB]. Lesquelles ?

$\overrightarrow{IA} = 2\overrightarrow{AB}$	IA + IB = AB	$\overrightarrow{IA} + \overrightarrow{IB} = \vec{0}$	IA = IB
AB = 2IA	$\overrightarrow{IA} = \overrightarrow{IB}$	$\overrightarrow{AI} = \frac{1}{2}\overrightarrow{AB}$	$\overrightarrow{AI} + \overrightarrow{IB} = \overrightarrow{AB}$

34 | ★★ | 3 points, 10 min | ▸ p. 289

Soit ABC un triangle quelconque. On note K le milieu du segment [BC]. Montrer que $\overrightarrow{AB} + \overrightarrow{AC} = 2\overrightarrow{AK}$.

35

★ | 4 points, 15 min | ▶ P. 289

Dans un repère orthonormé du plan, on considère les points $A(2\ ;4)$ et $B(6\ ;1)$.

a. Déterminer les coordonnées du point C tel que $2\overrightarrow{AC}+3\overrightarrow{BC}=\vec{0}$.

b. Soit K le point de coordonnées $(18\ ;-8)$. Montrer que les points A, B et K sont alignés.

36

★★ | 6 points, 15 min | ▶ P. 290

On considère trois points A, B, et C non alignés.

On définit les points D, E et F par :

$$\overrightarrow{AD}=2\overrightarrow{AB},\ \overrightarrow{BE}=\overrightarrow{AB}+\overrightarrow{AC}\ \text{ et }\ \overrightarrow{CE}=2\overrightarrow{CF}.$$

a. Placer les points.

b. Déterminer les coordonnées des points A, B, C, D, E et F dans le repère $(A\ ;B,C)$.

c. Les droites (BC) et (DF) sont-elles parallèles ?

Contrôle

37 Vrai ou faux ?

★ 3 points, 5 min ▶ p. 290

I, J, K, et L sont quatre points du plan tels que $\overrightarrow{IJ} = \overrightarrow{KL}$. Le point M est le milieu de $[JK]$.

1. IJKL est un parallélogramme.
2. $\overrightarrow{MJ} = -\overrightarrow{MK}$.
3. L'image de J par la translation de vecteur $\overrightarrow{IK}$ est L.
4. $[IL]$ et $[JK]$ ont le même milieu.
5. $\widehat{MIJ} = \widehat{MLK}$.
6. K est le symétrique de J par rapport à (IL).

38

★★ 5 points, 10 min ▶ p. 290

Soit K et G deux points distincts et B tel que $4\overrightarrow{BK} - 7\overrightarrow{GB} = \vec{0}$.

a. Montrer que les points K, G et B sont alignés.
b. Exprimer $\overrightarrow{KB}$ en fonction de $\overrightarrow{KG}$.
c. Tracer un segment $[KG]$ (longueur libre) puis placer le point B.

39 QCM

★★ 5 points, 15 min ▶ p. 291

Pour chacune des questions, une et une seule proposition est exacte.
Pour les cinq questions, on se place dans un repère orthonormé du plan $(O ; I, J)$.
On donne $A(-12 ; -8)$, $B(-8 ; 20)$, et $C(16 ; -4)$.

1. Le triangle ABC est :
a. isocèle. **b.** rectangle. **c.** isocèle rectangle. **d.** quelconque.

2. Les coordonnées du point Z, milieu de $[AB]$ sont :
a. $(10 ; 12)$. **b.** $(2 ; 14)$. **c.** $(-10 ; 6)$. **d.** $(-20 ; 12)$.

3. La médiane issue de C dans le triangle ABC coupe (OJ) au point de coordonnées :
a. $(0 ; 10)$. **b.** $(0 ; 13)$. **c.** $\left(0 ; \frac{13}{128}\right)$. **d.** $\left(0 ; \frac{128}{13}\right)$.

4. Le centre de gravité du triangle ABC est le point de coordonnées :
a. $(-4 ; 8)$. **b.** $(-12 ; 24)$. **c.** $\left(-\frac{4}{3} ; \frac{8}{3}\right)$. **d.** $\left(12 ; \frac{32}{3}\right)$.

5. L'aire du triangle ABC est :
a. $160\sqrt{2}$. **b.** 384. **c.** 480. **d.** $200\sqrt{3}$.

40

★ | 4 points, 10 min | ▶ P. 292

Aucune figure n'est demandée dans cet exercice.
Dans un repère du plan (O ; I, J), on donne :

$$A(6\ ;4),\ B(-2\ ;10)\ \text{et}\ C(-4\ ;-4).$$

Calculer les coordonnées des points K et L tels que :

a. KACB est un parallélogramme.

b. $\overrightarrow{BL} = 4\overrightarrow{AL}$.

41

★ | 3 points, 5 min | ▶ P. 292

On se place dans le repère orthonormé (O ; I, J) ci-dessous.

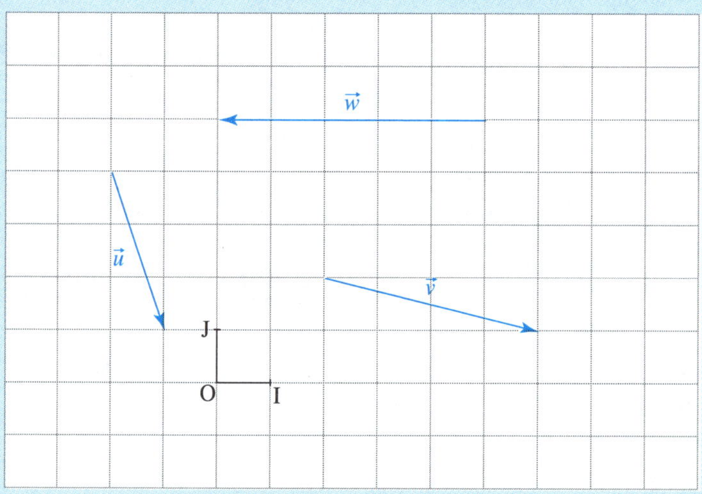

a. Lire les coordonnées des vecteurs $\vec{u}$, $\vec{v}$ et $\vec{w}$.

b. Tracer un représentant du vecteur $\vec{t}(-3\ ;1)$.

c. Quelles sont les coordonnées du point A tel que $\overrightarrow{OA} = \vec{u} + \vec{v}$?

Corrigés

1 $AB = \sqrt{\left(1 + \frac{\sqrt{3}}{2} - 1\right)^2 + \left(\frac{1}{2} - 0\right)^2}$

$= \sqrt{\left(\frac{\sqrt{3}}{2}\right)^2 + \left(\frac{1}{2}\right)^2}$

$= \sqrt{\frac{3}{4} + \frac{1}{4}} = 1.$

$AC = \sqrt{\left(\frac{1}{2} - 1\right)^2 + \left(\frac{\sqrt{3}}{2} - 0\right)^2}$

$= \sqrt{\left(-\frac{1}{2}\right)^2 + \left(\frac{\sqrt{3}}{2}\right)^2}$

$= \sqrt{\frac{1}{4} + \frac{3}{4}} = 1.$

On a donc $AB = AC = 1$, ce qui montre que le triangle ABC est isocèle en A.

$BC = \sqrt{\left(\frac{1}{2} - 1 - \frac{\sqrt{3}}{2}\right)^2 + \left(\frac{\sqrt{3}}{2} - \frac{1}{2}\right)^2}$

$= \sqrt{\left(\frac{-1 - \sqrt{3}}{2}\right)^2 + \left(\frac{\sqrt{3} - 1}{2}\right)^2}$

$= \sqrt{\frac{1 + 3 + 2\sqrt{3}}{4} + \frac{3 + 1 - 2\sqrt{3}}{4}}$

$= \sqrt{\frac{8}{4}} = \sqrt{2}.$

D'une part, $BC^2 = (\sqrt{2})^2 = 2$.

D'autre part, $AB^2 + AC^2 = 1^2 + 1^2 = 2$.

On a donc $AB^2 + AC^2 = BC^2$.

D'après la réciproque du théorème de Pythagore, le triangle ABC est rectangle en A.

ABC étant un triangle rectangle isocèle en A, le repère (A ; B, C) est orthonormé.

2 **a.** $AB = \sqrt{(-2-(-3))^2 + (2-(-1))^2} = \sqrt{1^2 + 3^2} = \sqrt{10}$

$AC = \sqrt{(3-(-3))^2 + (-3-(-1))^2} = \sqrt{6^2 + (-2)^2} = \sqrt{36+4} = \sqrt{40}$

$BC = \sqrt{(3-(-2))^2 + (-3-2)^2} = \sqrt{5^2 + (-5)^2} = \sqrt{25+25} = \sqrt{50}$.

D'une part, $BC^2 = (\sqrt{50})^2 = 50$.

D'autre part, $AB^2 + AC^2 = (\sqrt{10})^2 + (\sqrt{40})^2 = 10 + 40 = 50$.

Par conséquent, $AB^2 + AC^2 = BC^2$.
D'après la réciproque du théorème de Pythagore, le triangle ABC est rectangle en A.
b. Puisque ABC est rectangle en A, le centre de son cercle circonscrit est le milieu de l'hypoténuse. H est donc le milieu de [BC]. Les coordonnées de H sont donc $\left(\frac{-2+3}{2} ; \frac{2-3}{2}\right)$, c'est-à-dire $\left(\frac{1}{2} ; \frac{-1}{2}\right)$.

Le rayon de ce cercle est $\frac{1}{2}BC = \frac{1}{2}\sqrt{50} = \frac{1}{2}\sqrt{25 \times 2} = \frac{5}{2}\sqrt{2}$.

3 1. $AC = \sqrt{(-1-(-3))^2 + (6-1)^2}$
$= \sqrt{2^2 + 5^2} = \sqrt{4+25} = \sqrt{29}$

$BC = \sqrt{(-1-4)^2 + (6-3)^2}$
$= \sqrt{(-5)^2 + 3^2} = \sqrt{25+9} = \sqrt{34}$

$AC \neq BC$, donc le point C n'appartient pas à la médiatrice de [AB].
2. E appartient à la médiatrice de [AB] signifie $AE = BE$, ou encore $AE^2 = BE^2$ puisque AE et BE sont positifs.

$$\begin{aligned} AE^2 = BE^2 &\Leftrightarrow (x-(-3))^2 + (-3-1)^2 = (x-4)^2 + (-3-3)^2 \\ &\Leftrightarrow (x+3)^2 + (-4)^2 = (x-4)^2 + (-6)^2 \\ &\Leftrightarrow x^2 + 6x + 9 + 16 = x^2 - 8x + 16 + 36 \\ &\Leftrightarrow 6x + 25 = -8x + 52 \Leftrightarrow 14x = 27 \\ &\Leftrightarrow x = \frac{27}{14}. \end{aligned}$$

4 D'après le théorème de Pythagore, le triangle ABC est rectangle en A si, et seulement si, $AB^2 + AC^2 = BC^2$.

$$\begin{aligned} AB^2 + AC^2 = BC^2 &\Leftrightarrow (0-1)^2 + (m-(-2))^2 + (6-1)^2 + (-1-(-2))^2 \\ &\qquad = (6-0)^2 + (-1-m)^2 \\ &\Leftrightarrow (-1)^2 + (m+2)^2 + 5^2 + 1^2 = 6^2 + (1+m)^2 \\ &\Leftrightarrow 1 + m^2 + 4m + 4 + 25 + 1 = 36 + 1 + 2m + m^2 \\ &\Leftrightarrow 4m + 31 = 37 + 2m \\ &\Leftrightarrow 2m = 6 \Leftrightarrow m = 3. \end{aligned}$$

5

Coordonnées du milieu d'un segment

Variables
    xA, yA, xB, yB, xI, yI : réels
Entrée
    Saisir xA, yA, xB, yB
Traitement
    xI prend la valeur $\frac{xA + xB}{2}$
    yI prend la valeur $\frac{yA + yB}{2}$
Sortie
    Afficher xI, yI

6

Calcul d'une distance entre deux points

Variables
    xA, yA, xB, yB, d, c : réels
Entrée
    Saisir xA, yA, xB, yB
Traitement
    c prend la valeur $(xB - xA)^2 + (yB - yA)^2$
    d prend la valeur $\sqrt{c}$
Sortie
    Afficher d, c

Commentaires

Le calcul et l'affichage du carré de la distance sont facultatifs. Toutefois, cette donnée peut être intéressante à conserver, car souvent utilisée dans les exercices.

7 $-\vec{v}(-2\ ;\ 3)$.

$\vec{u} + \vec{v}(5 + 2\ ;\ -2 - 3)$, soit $\vec{u} + \vec{v}(7\ ;\ -5)$.

$3\vec{u} - 7\vec{v}(3 \times 5 - 7 \times 2\ ;\ 3 \times (-2) - 7 \times (-3))$, soit $3\vec{u} - 7\vec{v}(1\ ;\ 15)$.

8 Les coordonnées des points A et B dans le repère $(O\ ;\ I, J)$ sont $A(3\ ;\ -2)$ et $B(-1\ ;\ 2)$.

$$\overrightarrow{OA} + \overrightarrow{OB} + \overrightarrow{OC} = \vec{0} \Leftrightarrow \overrightarrow{OC} = -\overrightarrow{OA} - \overrightarrow{OB}$$
$$\Leftrightarrow \overrightarrow{OC} = \overrightarrow{AO} + \overrightarrow{BO}$$

Les coordonnées de $\overrightarrow{AO}$ sont $(-3\ ;\ 2)$, les coordonnées de $\overrightarrow{BO}$ sont $(1\ ;\ -2)$, donc les coordonnées de $\overrightarrow{OC}$ sont $(-2\ ;\ 0)$. Ainsi, les coordonnées du point C sont $C(-2\ ;\ 0)$.

9 **a.** Les coordonnées de $\vec{a}$ sont $(3\ ;\ 7)$;
les coordonnées de $\vec{b}$ sont $(2\ ;\ -4)$;
les coordonnées de $\vec{c}$ sont $(-1\ ;\ -5)$;
les coordonnées de $\vec{d}$ sont $(-4\ ;\ 0)$.
b. Voir ci-dessous.
c. Voir ci-dessous.

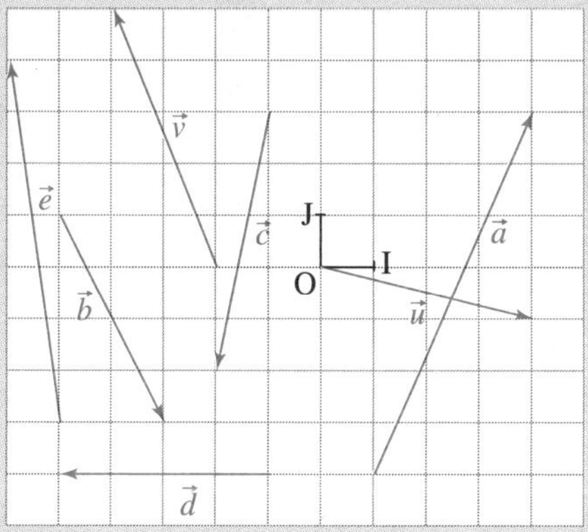

10 **a.** On a $\overrightarrow{AT}(1-(-2)\ ;\ 6-1)$, soit $\overrightarrow{AT}(3\ ;\ 5)$.
On a $\overrightarrow{ER}(3-0\ ;\ 3-(-2))$, soit $\overrightarrow{ER}(3\ ;\ 5)$.

Comme $\overrightarrow{AT}=\overrightarrow{ER}$, on en déduit que ATRE est un parallélogramme.
b. RPTE est un parallélogramme, donc $\overrightarrow{TP}=\overrightarrow{ER}$.
Soit $(x\ ;\ y)$ le couple de coordonnées du point P dans le repère $(O\ ;\ I, J)$.
On a donc $\overrightarrow{TP}(x-1\ ;\ y-6)$.

$$\overrightarrow{TP}=\overrightarrow{ER} \Leftrightarrow \begin{cases} x-1=3 \\ y-6=5 \end{cases} \Leftrightarrow \begin{cases} x=4 \\ y=11 \end{cases}.$$

Ainsi, les coordonnées du point P sont $(4\ ;\ 11)$.
c. Soit $(x\ ;\ y)$ le couple de coordonnées du point S dans le repère $(O\ ;\ I, J)$.
T est le milieu de [ES], donc :

$$\begin{cases} \dfrac{0+x}{2}=1 \\ \dfrac{-2+y}{2}=6 \end{cases} \Leftrightarrow \begin{cases} x=2 \\ -2+y=12 \end{cases}$$

$$\Leftrightarrow \begin{cases} x=2 \\ y=14 \end{cases}.$$

Ainsi, les coordonnées du point S sont $(2\ ;\ 14)$.

11 **a.** On a $\overrightarrow{AC}(4-(-2)\ ;-1-2)$, soit $\overrightarrow{AC}(6\ ;-3)$.
Soit $(x\ ;y)$ le couple de coordonnées du point M dans le repère (O ; I, J).

$$\overrightarrow{MC}=\frac{1}{2}\overrightarrow{AC} \Leftrightarrow \begin{cases}4-x=\frac{1}{2}\times 6\\ -1-y=\frac{1}{2}\times(-3)\end{cases} \Leftrightarrow \begin{cases}4-x=3\\ -1-y=-\frac{3}{2}\end{cases}$$

$$\Leftrightarrow \begin{cases}-x=-1\\ -y=-\frac{3}{2}+1\end{cases} \Leftrightarrow \begin{cases}x=1\\ y=\frac{1}{2}\end{cases}$$

Ainsi, les coordonnées de M sont $\left(1\ ;\frac{1}{2}\right)$.

b. On a $\overrightarrow{BA}(-2-5\ ;2-6)$, soit $\overrightarrow{BA}(-7\ ;-4)$.
Soit $(x\ ;y)$ le couple de coordonnées du point G dans le repère (O ; I, J).

$$\overrightarrow{BA}=\frac{3}{4}\overrightarrow{AG} \Leftrightarrow \begin{cases}-7=\frac{3}{4}\times(x-(-2))\\ -4=\frac{3}{4}\times(y-2)\end{cases} \Leftrightarrow \begin{cases}-7=\frac{3}{4}x+\frac{3}{2}\\ -4=\frac{3}{4}y-\frac{3}{2}\end{cases}$$

$$\Leftrightarrow \begin{cases}-7-\frac{3}{2}=\frac{3}{4}x\\ -4+\frac{3}{2}=\frac{3}{4}y\end{cases} \Leftrightarrow \begin{cases}-\frac{17}{2}=\frac{3}{4}x\\ -\frac{5}{2}=\frac{3}{4}y\end{cases} \Leftrightarrow \begin{cases}x=-\frac{17}{2}\times\frac{4}{3}\\ y=-\frac{5}{2}\times\frac{4}{3}\end{cases}$$

$$\Leftrightarrow \begin{cases}x=-\frac{34}{3}\\ y=-\frac{10}{3}\end{cases}$$

Ainsi, les coordonnées de G sont $\left(-\frac{34}{3}\ ;-\frac{10}{3}\right)$.

c. Les coordonnées du milieu K de [AB] sont $\left(\frac{-2+5}{2}\ ;\frac{2+6}{2}\right)$, soit $\left(\frac{3}{2}\ ;4\right)$.

d. Soit $(x\ ;\ y)$ le couple de coordonnées du point N dans le repère $(\mathrm{O}\ ;\ \mathrm{I}, \mathrm{J})$.

$$\overrightarrow{\mathrm{AN}} = 3\overrightarrow{\mathrm{BN}} \Leftrightarrow \begin{cases} x-(-2) = 3\times(x-5) \\ y-2 = 3\times(y-6) \end{cases} \Leftrightarrow \begin{cases} x+2 = 3x-15 \\ y-2 = 3y-18 \end{cases}$$

$$\Leftrightarrow \begin{cases} -2x = -17 \\ -2y = -16 \end{cases} \Leftrightarrow \begin{cases} x = \dfrac{17}{2} \\ y = 8 \end{cases}.$$

Ainsi, les coordonnées de N sont $\left(\dfrac{17}{2}\ ;\ 8\right)$.

12

Coordonnées du quatrième point d'un parallélogramme

Variables
    xA, *yA*, *xB*, *yB*, *xC*, *yC*, *xD*, *yD* : réels
Entrée
    Saisir *xA*, *yA*, *xB*, *yB*, *xC*, *yC*
Traitement
    xD prend la valeur $xC - xB + xA$
    yD prend la valeur $yC - yB + yA$
Sorties
    Afficher *xD*, *yD*

Commentaires

ABCD parallélogramme signifie $\overrightarrow{\mathrm{AD}} = \overrightarrow{\mathrm{BC}}$.

$x_\mathrm{D} - x_\mathrm{A} = x_\mathrm{C} - x_\mathrm{B} \Leftrightarrow x_\mathrm{D} = x_\mathrm{C} - x_\mathrm{B} + x_\mathrm{A}$. De même pour les ordonnées.

13 **a.** $\overrightarrow{\mathrm{AB}} - \overrightarrow{\mathrm{DC}} + \overrightarrow{\mathrm{DA}} = \overrightarrow{\mathrm{AB}} + \overrightarrow{\mathrm{CD}} + \overrightarrow{\mathrm{DA}} = \overrightarrow{\mathrm{AB}} + \overrightarrow{\mathrm{CA}}$
$= \overrightarrow{\mathrm{CA}} + \overrightarrow{\mathrm{AB}} = \overrightarrow{\mathrm{CB}}$

b. $2\overrightarrow{\mathrm{OA}} + \overrightarrow{\mathrm{AC}} - \overrightarrow{\mathrm{OC}} = 2\overrightarrow{\mathrm{OA}} + \overrightarrow{\mathrm{AC}} + \overrightarrow{\mathrm{CO}} = 2\overrightarrow{\mathrm{OA}} + \overrightarrow{\mathrm{AO}}$
$= 2\overrightarrow{\mathrm{OA}} - \overrightarrow{\mathrm{OA}} = \overrightarrow{\mathrm{OA}}$.

c. $\overrightarrow{\mathrm{FG}} - (\overrightarrow{\mathrm{FA}} + \overrightarrow{\mathrm{FB}}) - (\overrightarrow{\mathrm{AB}} - \overrightarrow{\mathrm{GB}}) = \overrightarrow{\mathrm{FG}} - \overrightarrow{\mathrm{FA}} - \overrightarrow{\mathrm{FB}} - \overrightarrow{\mathrm{AB}} + \overrightarrow{\mathrm{GB}}$
$= \overrightarrow{\mathrm{FG}} + \overrightarrow{\mathrm{AF}} + \overrightarrow{\mathrm{BF}} + \overrightarrow{\mathrm{BA}} + \overrightarrow{\mathrm{GB}}$
$= \overrightarrow{\mathrm{BF}} + \overrightarrow{\mathrm{FG}} + \overrightarrow{\mathrm{GB}} + \overrightarrow{\mathrm{BA}} + \overrightarrow{\mathrm{AF}}$
$= \overrightarrow{\mathrm{BF}}$.

d. $-\overrightarrow{\mathrm{AB}} + \overrightarrow{\mathrm{BC}} - \overrightarrow{\mathrm{CA}} + 3(\overrightarrow{\mathrm{AB}} - \overrightarrow{\mathrm{AC}}) - 2\overrightarrow{\mathrm{CB}} = \overrightarrow{\mathrm{BA}} + \overrightarrow{\mathrm{BC}} + \overrightarrow{\mathrm{AC}}$
$+ 3(\overrightarrow{\mathrm{AB}} + \overrightarrow{\mathrm{CA}}) + 2\overrightarrow{\mathrm{BC}}$
$= 4\overrightarrow{\mathrm{BC}} + 3\overrightarrow{\mathrm{CB}}$
$= 4\overrightarrow{\mathrm{BC}} - 3\overrightarrow{\mathrm{BC}} = \overrightarrow{\mathrm{BC}}$.

14 $\overrightarrow{\mathrm{BP}} = \overrightarrow{\mathrm{NC}} = \overrightarrow{\mathrm{NA}} + \overrightarrow{\mathrm{AC}}$. Or, $\overrightarrow{\mathrm{AN}} = \overrightarrow{\mathrm{AB}} + \overrightarrow{\mathrm{AC}}$,
donc $\overrightarrow{\mathrm{NA}} = -(\overrightarrow{\mathrm{AB}} + \overrightarrow{\mathrm{AC}}) = \overrightarrow{\mathrm{BA}} + \overrightarrow{\mathrm{CA}}$.
On obtient $\overrightarrow{\mathrm{NA}} + \overrightarrow{\mathrm{AC}} = \overrightarrow{\mathrm{BA}} + \overrightarrow{\mathrm{CA}} + \overrightarrow{\mathrm{AC}} = \overrightarrow{\mathrm{BA}}$. Finalement, on a $\overrightarrow{\mathrm{BP}} = \overrightarrow{\mathrm{BA}}$, ce qui montre que les points A et P sont confondus.

15

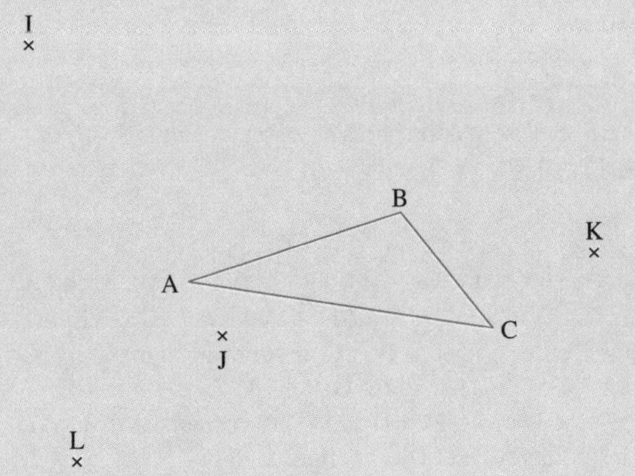

16

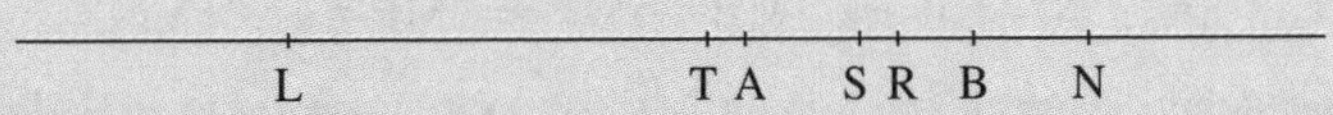

17 On a $\overrightarrow{ED} = 2\overrightarrow{BC}$, donc :
$\overrightarrow{EA} + \overrightarrow{AD} = 2\overrightarrow{BC}$.
Comme $\overrightarrow{EB} = \overrightarrow{BA}$, B est le milieu de $[AE]$, ce qui permet d'écrire $\overrightarrow{EA} = 2\overrightarrow{BA}$.
On obtient donc :
$2\overrightarrow{BA} + \overrightarrow{AD} = 2\overrightarrow{BC}$, d'où :
$\overrightarrow{AD} = 2\overrightarrow{BC} - 2\overrightarrow{BA} = 2\overrightarrow{BC} + 2\overrightarrow{AB} = 2\overrightarrow{AC}$.

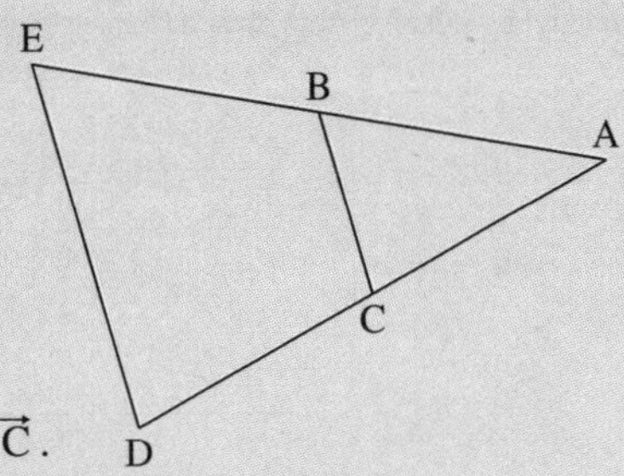

De l'égalité vectorielle $\overrightarrow{AD} = 2\overrightarrow{AC}$, on déduit que C est le milieu de $[AD]$.

18 **a.** $2 \times (-5) - 3 \times (-3) = -10 + 9 = -1$.
Les vecteurs $\vec{u}$ et $\vec{v}$ ne sont pas colinéaires.

b. $\frac{20}{3} \times \frac{27}{20} - \frac{-3}{4} \times (-12) = 9 - 9 = 0$.
Les vecteurs $\vec{u}$ et $\vec{v}$ sont colinéaires.

19 **a.** $(x-6) \times x - 3 \times (-3) = x^2 - 6x + 9 = (x-3)^2$
Les vecteurs $\vec{u}$ et $\vec{v}$ sont colinéaires si, et seulement si :
$(x-3)^2 = 0 \Leftrightarrow x = 3$.

b. $(x-2)\times(x-2)-1\times 9=(x-2)^2-9$

$$\begin{aligned}&=(x-2)^2-3^2\\&=(x-2-3)(x-2+3)\\&=(x-5)(x+1)\,.\end{aligned}$$

Les vecteurs $\vec{u}$ et $\vec{v}$ sont colinéaires si, et seulement si :
$(x-5)(x+1)=0 \Leftrightarrow x=5$ ou $x=-1$.

20 On a $\overrightarrow{AB}(-2-4\,;\,4-1)$, soit $\overrightarrow{AB}(-6\,;\,3)$.
On a $\overrightarrow{AC}(1-4\,;\,-6-1)$, soit $\overrightarrow{AC}(-3\,;\,-7)$.
$-6\times(-7)-(-3)\times 3=42+9=51$, donc les vecteurs $\overrightarrow{AB}$ et $\overrightarrow{AC}$ ne sont pas colinéaires, et les points A, B et C ne sont pas alignés.
On a $\overrightarrow{AD}(12-4\,;\,-3-1)$, soit $\overrightarrow{AD}(8\,;\,-4)$.
$-6\times(-4)-8\times 3=24-24=0$, donc les vecteurs $\overrightarrow{AB}$ et $\overrightarrow{AD}$ sont colinéaires, et les points A, B et D sont alignés.

21 **a.** $3\overrightarrow{ME}-5\overrightarrow{MF}=\vec{0} \Leftrightarrow 3\overrightarrow{ME}=5\overrightarrow{MF} \Leftrightarrow \overrightarrow{ME}=\dfrac{5}{3}\overrightarrow{MF}$.

Par conséquent, les vecteurs $\overrightarrow{ME}$ et $\overrightarrow{MF}$ sont colinéaires. On en déduit que les points M, E et F sont alignés.

b. $$\begin{aligned}3\overrightarrow{ME}-5\overrightarrow{MF}=\vec{0} &\Leftrightarrow 3\overrightarrow{ME}-5(\overrightarrow{ME}+\overrightarrow{EF})=\vec{0}\\&\Leftrightarrow 3\overrightarrow{ME}-5\overrightarrow{ME}-5\overrightarrow{EF}=\vec{0}\\&\Leftrightarrow -2\overrightarrow{ME}-5\overrightarrow{EF}=\vec{0}\\&\Leftrightarrow 2\overrightarrow{EM}=5\overrightarrow{EF}\\&\Leftrightarrow \overrightarrow{EM}=\frac{5}{2}\overrightarrow{EF}\,.\end{aligned}$$

22 $$\begin{aligned}3\overrightarrow{CB}-14\overrightarrow{CA}=\vec{0} &\Leftrightarrow 3\overrightarrow{CB}-14(\overrightarrow{CB}+\overrightarrow{BA})=\vec{0}\\&\Leftrightarrow 3\overrightarrow{CB}-14\overrightarrow{CB}-14\overrightarrow{BA}=\vec{0}\\&\Leftrightarrow -11\overrightarrow{CB}=14\overrightarrow{BA}\\&\Leftrightarrow 11\overrightarrow{BC}=14\overrightarrow{BA}\\&\Leftrightarrow \overrightarrow{BC}=\frac{14}{11}\overrightarrow{BA}\,.\end{aligned}$$

Lorsque $BA=5{,}5$ cm, C est à 1,5 cm de A, sur la droite (AB), hors du segment [AB].

23

Alignement de trois points (ou pas)
Variables xA, yA, xB, yB, xC, yC, a, b, c, d : réels Entrée Saisir xA, yA, xB, yB, xC, yC Traitement a prend la valeur $xB - xA$ b prend la valeur $yB - yA$ c prend la valeur $xC - xA$ d prend la valeur $yC - yA$ Si $ad - bc = 0$, alors afficher"les points sont alignés" sinon afficher "les points ne sont pas alignés"

Commentaires

Les points A, B et C sont alignés si, et seulement si, les vecteurs $\overrightarrow{AB}$ et $\overrightarrow{AC}$ sont colinéaires.

L'algorithme calcule les coordonnées de ces deux vecteurs, puis utilise la condition de colinéarité du cours.

24 **a.** Le triangle OAB étant rectangle en A, le théorème de Pythagore permet d'écrire : $OB^2 = OA^2 + AB^2 = 3^2 + 4^2 = 9 + 16 = 25$.

OB étant une longueur, on en déduit $OB = \sqrt{25} = 5$.

Comme l'abscisse de B est nulle, l'ordonnée de B est 5 ou -5. Mais comme les coordonnées de tous les points du triangle sont positives, il ne peut s'agir que de 5.

b. Notons x et y les coordonnées du point A. Soit H le pied de la hauteur issue de A dans le triangle OAB.

Les coordonnées de H sont $(0\ ;\ y)$ et $AH = x$.

D'une part, $\sin \widehat{O} = \frac{AH}{OA} = \frac{AB}{OB}$,

d'où $\frac{x}{3} = \frac{4}{5} \Leftrightarrow x = \frac{12}{5}$.

D'autre part, $\cos \widehat{O} = \frac{OH}{OA} = \frac{OA}{OB}$,

d'où $\frac{y}{3} = \frac{3}{5} \Leftrightarrow y = \frac{9}{5}$.

Les coordonnées de A sont donc $\left(\frac{12}{5}\ ;\ \frac{9}{5}\right)$.

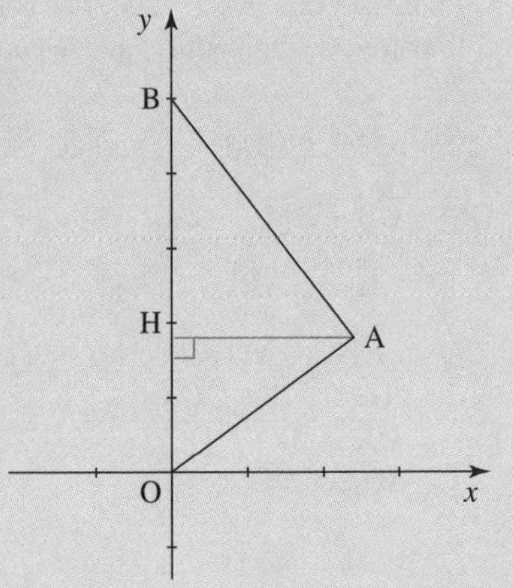

25 **a.** $\overrightarrow{BC}(-5-4\ ;\ 1-(-2))$, soit $\overrightarrow{BC}(-9\ ;\ 3)$.
$\overrightarrow{AD}(-1-2\ ;\ 6-5)$, soit $\overrightarrow{AD}(-3\ ;\ 1)$.

On a donc $\overrightarrow{BC}=3\overrightarrow{AD}$. Par conséquent, les vecteurs $\overrightarrow{BC}$ et $\overrightarrow{AD}$ sont colinéaires, ce qui signifie que les droites (BC) et (AD) sont parallèles.
b. E est le milieu de [BC], donc ses coordonnées sont :

$$E\left(\frac{4-5}{2}\ ;\ \frac{-2+1}{2}\right),\text{ soit } E\left(-\frac{1}{2}\ ;\ -\frac{1}{2}\right).$$

D'une part $\overrightarrow{BA}(2-4\ ;\ 5-(-2))$, soit $\overrightarrow{BA}(-2\ ;\ 7)$ et $\frac{1}{2}\overrightarrow{BA}\left(-1\ ;\ \frac{7}{2}\right)$.

D'autre part, $\overrightarrow{BC}(-9\ ;\ 3)$, d'où $\frac{1}{4}\overrightarrow{BC}\left(-\frac{9}{4}\ ;\ \frac{3}{4}\right)$.

Par conséquent, $\overrightarrow{BF}\left(-1-\frac{9}{4}\ ;\ \frac{7}{2}+\frac{3}{4}\right)$, soit $\overrightarrow{BF}\left(-\frac{13}{4}\ ;\ \frac{17}{4}\right)$.

Notons x et y les coordonnées du point F. Alors :

$$\begin{cases} x-4=-\dfrac{13}{4} \\ y-(-2)=\dfrac{17}{4} \end{cases} \Leftrightarrow \begin{cases} x=4-\dfrac{13}{4} \\ y=-2+\dfrac{17}{4} \end{cases} \Leftrightarrow \begin{cases} x=\dfrac{3}{4} \\ y=\dfrac{9}{4} \end{cases}.$$

Les coordonnées du point F sont donc $F\left(\frac{3}{4}\ ;\ \frac{9}{4}\right)$.

c. D'une part, $\overrightarrow{AF}\left(\frac{3}{4}-2\ ;\ \frac{9}{4}-5\right)$, soit $\overrightarrow{AF}\left(-\frac{5}{4}\ ;\ -\frac{11}{4}\right)$.

D'autre part, $\overrightarrow{AE}\left(-\frac{1}{2}-2\ ;\ -\frac{1}{2}-5\right)$, soit $\overrightarrow{AE}\left(-\frac{5}{2}\ ;\ -\frac{11}{2}\right)$.

On constate que $\overrightarrow{AE}=2\overrightarrow{AF}$ Par conséquent, les vecteurs $\overrightarrow{AE}$ et $\overrightarrow{AF}$ sont colinéaires, ce qui signifie que les points A, F et E sont alignés.

26 **a.** On a $2\overrightarrow{BM}=\overrightarrow{AB}$, donc $\overrightarrow{BM}=\frac{1}{2}\overrightarrow{AB}$.

$$\begin{aligned}\overrightarrow{CM}&=\overrightarrow{CB}+\overrightarrow{BM}\\ &=\overrightarrow{CB}+\frac{1}{2}\overrightarrow{AB}.\end{aligned}$$

b. On a $\overrightarrow{AN}=3\overrightarrow{AD}$, donc $\overrightarrow{NA}=3\overrightarrow{DA}$.

$$\begin{aligned}\overrightarrow{NC}&=\overrightarrow{NA}+\overrightarrow{AD}+\overrightarrow{DC}\\ &=3\overrightarrow{DA}-\overrightarrow{DA}+\overrightarrow{DC}\\ &=2\overrightarrow{DA}+\overrightarrow{DC}.\end{aligned}$$

c. ABCD est un parallélogramme, donc $\overrightarrow{AB}=\overrightarrow{DC}$ et $\overrightarrow{CB}=\overrightarrow{DA}$.

Par conséquent, $\overrightarrow{CM}=\overrightarrow{CB}+\frac{1}{2}\overrightarrow{AB}$

$$=\overrightarrow{DA}+\frac{1}{2}\overrightarrow{DC}.$$

On constate alors que $\overrightarrow{NC}=2\overrightarrow{DA}+\overrightarrow{DC}$

$$=2\left(\overrightarrow{DA}+\frac{1}{2}\overrightarrow{DC}\right)=2\overrightarrow{CM}.$$

Les vecteurs $\overrightarrow{NC}$ et $\overrightarrow{CM}$ sont donc colinéaires et les points M, N et C sont alignés.

27 $\overrightarrow{GA}+\overrightarrow{GB}+\overrightarrow{GC}=\overrightarrow{GA}+\overrightarrow{GA}+\overrightarrow{AB}+\overrightarrow{GA}+\overrightarrow{AC}$
$=3\overrightarrow{GA}+\overrightarrow{AB}+\overrightarrow{AC}$.

Comme $\overrightarrow{AG}=\frac{2}{3}\overrightarrow{AA'}$, on a $3\overrightarrow{GA}=-2\overrightarrow{AA'}$,

d'où $\overrightarrow{GA}+\overrightarrow{GB}+\overrightarrow{GC}=-2\overrightarrow{AA'}+\overrightarrow{AB}+\overrightarrow{AC}$.
Or, $2\overrightarrow{AA'}=\overrightarrow{AA'}+\overrightarrow{AA'}=\overrightarrow{AB}+\overrightarrow{BA'}+\overrightarrow{AC}+\overrightarrow{CA'}$. Comme A′ est le milieu de $[BC]$, on a $\overrightarrow{BA'}+\overrightarrow{CA'}=\vec{0}$. Donc $2\overrightarrow{AA'}=\overrightarrow{AB}+\overrightarrow{AC}$.
Par conséquent, $\overrightarrow{GA}+\overrightarrow{GB}+\overrightarrow{GC}=\vec{0}$.

28 **a.** Construction du point K :
$\overrightarrow{AK}=3\overrightarrow{BK} \Leftrightarrow \overrightarrow{AB}+\overrightarrow{BK}=3\overrightarrow{BK}$
$\Leftrightarrow \overrightarrow{AB}=2\overrightarrow{BK}$
$\Leftrightarrow \overrightarrow{BK}=\frac{1}{2}\overrightarrow{AB}$.

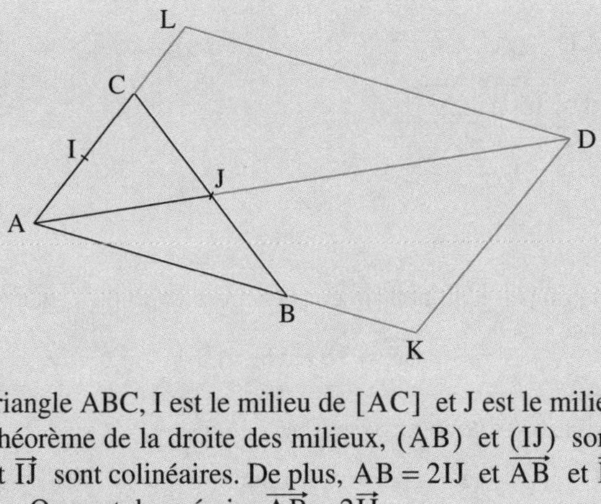

b. Dans le triangle ABC, I est le milieu de $[AC]$ et J est le milieu de $[BC]$. D'après le théorème de la droite des milieux, (AB) et (IJ) sont parallèles, donc $\overrightarrow{AB}$ et $\overrightarrow{IJ}$ sont colinéaires. De plus, $AB=2IJ$ et $\overrightarrow{AB}$ et $\overrightarrow{IJ}$ sont dans le même sens. On peut donc écrire $\overrightarrow{AB}=2\overrightarrow{IJ}$.

c. $\overrightarrow{AJ} = \overrightarrow{AB} + \overrightarrow{BJ}$

$= \overrightarrow{AB} + \frac{1}{2}\overrightarrow{BC}$

$= \overrightarrow{AB} + \frac{1}{2}(\overrightarrow{BA} + \overrightarrow{AC})$

$= \overrightarrow{AB} + \frac{1}{2}\overrightarrow{BA} + \frac{1}{2}\overrightarrow{AC}$

$= \overrightarrow{AB} - \frac{1}{2}\overrightarrow{AB} + \frac{1}{2}\overrightarrow{AC} = \frac{1}{2}\overrightarrow{AB} + \frac{1}{2}\overrightarrow{AC}$.

d. On a $\overrightarrow{AJ} = \frac{1}{2}\overrightarrow{AB} + \frac{1}{2}\overrightarrow{AC}$

$= \frac{1}{2}(\overrightarrow{AB} + \overrightarrow{AC})$,

d'où $\overrightarrow{AD} = \frac{3}{2}(\overrightarrow{AB} + \overrightarrow{AC})$

$= 3 \times \frac{1}{2}(\overrightarrow{AB} + \overrightarrow{AC})$

$= 3\overrightarrow{AJ}$.

Les vecteurs $\overrightarrow{AD}$ et $\overrightarrow{AJ}$ sont donc colinéaires. On en déduit que les points A, D et J sont alignés.

e. L est le symétrique de I par rapport à C, donc $\overrightarrow{LC} = \overrightarrow{CI}$. I est le milieu de [AC], donc $\overrightarrow{CI} = \frac{1}{2}\overrightarrow{CA}$. On en déduit que $\overrightarrow{LC} = \frac{1}{2}\overrightarrow{CA}$, puis que :

$\overrightarrow{LA} = \overrightarrow{LC} + \overrightarrow{CA}$

$= \frac{1}{2}\overrightarrow{CA} + \overrightarrow{CA}$

$= \frac{3}{2}\overrightarrow{CA}$.

$\overrightarrow{LD} = \overrightarrow{LA} + \overrightarrow{AD}$

$= \frac{3}{2}\overrightarrow{CA} + \frac{3}{2}(\overrightarrow{AB} + \overrightarrow{AC})$

$= \frac{3}{2}\overrightarrow{CA} + \frac{3}{2}\overrightarrow{AB} + \frac{3}{2}\overrightarrow{AC}$

$= \frac{3}{2}\overrightarrow{AB}$.

f. On a vu, à la question **a.**, pour la construction du point K, que :

$$\overrightarrow{AK} = 3\overrightarrow{BK} = \frac{3}{2}\overrightarrow{AB}.$$

On vient de voir, dans la question **e.**, que $\overrightarrow{LD} = \frac{3}{2}\overrightarrow{AB}$.

On a donc $\overrightarrow{LD} = \overrightarrow{AK}$, ce qui permet de conclure que ALDK est un parallélogramme.

29 **a.** On a $\overrightarrow{DE} = \overrightarrow{DA} + \overrightarrow{AE}$. Comme D est le milieu de $[AA']$, $\overrightarrow{DA} = -\frac{1}{2}\overrightarrow{AA'}$. Et comme $\overrightarrow{BE} = \frac{1}{3}\overrightarrow{BA}$, on a :

$$\overrightarrow{BA} + \overrightarrow{AE} = \frac{1}{3}\overrightarrow{BA}, \text{ d'où } \overrightarrow{AE} = \frac{1}{3}\overrightarrow{BA} - \overrightarrow{BA} = -\frac{2}{3}\overrightarrow{BA} = \frac{2}{3}\overrightarrow{AB}.$$

On obtient donc $\overrightarrow{DE} = -\frac{1}{2}\overrightarrow{AA'} + \frac{2}{3}\overrightarrow{AB}$.

En reprenant un résultat obtenu à l'exercice précédent question **c.**, on a : $\overrightarrow{AA'} = \frac{1}{2}(\overrightarrow{AB} + \overrightarrow{AC})$, d'où :

$$\begin{aligned}\overrightarrow{DE} &= -\frac{1}{2} \times \frac{1}{2}(\overrightarrow{AB} + \overrightarrow{AC}) + \frac{2}{3}\overrightarrow{AB} \\ &= -\frac{1}{4}\overrightarrow{AB} - \frac{1}{4}\overrightarrow{AC} + \frac{2}{3}\overrightarrow{AB} = \frac{5}{12}\overrightarrow{AB} - \frac{1}{4}\overrightarrow{AC}.\end{aligned}$$

b. On a $\overrightarrow{FB} = \overrightarrow{FC} + \overrightarrow{CB}$. On sait que $\overrightarrow{CF} = \frac{2}{5}\overrightarrow{CA}$, donc $\overrightarrow{FC} = \frac{2}{5}\overrightarrow{AC}$.

D'où : $\overrightarrow{FB} = \overrightarrow{FC} + \overrightarrow{CB}$

$$\begin{aligned} &= \frac{2}{5}\overrightarrow{AC} + \overrightarrow{CA} + \overrightarrow{AB} \\ &= \overrightarrow{AB} - \overrightarrow{AC} + \frac{2}{5}\overrightarrow{AC} = \overrightarrow{AB} - \frac{3}{5}\overrightarrow{AC}.\end{aligned}$$

c. Des égalités vectorielles $\overrightarrow{DE} = \frac{5}{12}\overrightarrow{AB} - \frac{1}{4}\overrightarrow{AC}$ et $\overrightarrow{FB} = \overrightarrow{AB} - \frac{3}{5}\overrightarrow{AC}$, on déduit $\overrightarrow{DE} = \frac{5}{12}\overrightarrow{FB}$. Par conséquent, les vecteurs $\overrightarrow{DE}$ et $\overrightarrow{FB}$ sont colinéaires. On en déduit que les droites (ED) et (BF) sont parallèles.

30 **a.** $\overrightarrow{DM} = x\overrightarrow{DC}$ et M est sur le côté $[CD]$, on a donc $x \in]0\ ;\ 1[$.
b. On a $\overrightarrow{AM} = \overrightarrow{AD} + \overrightarrow{DM} = \overrightarrow{AD} + x\overrightarrow{DC} = x\overrightarrow{AB} + \overrightarrow{AD}$. On en déduit les coordonnées de M : $M(x\ ;\ 1)$.

On a G centre de gravité de AMB et I milieu de $[AB]$, donc $\overrightarrow{IG} = \frac{1}{3}\overrightarrow{IM}$.

On a aussi $I\left(\frac{1}{2}\ ;\ 0\right)$, d'où $\overrightarrow{IM}\left(x - \frac{1}{2}\ ;\ 1\right)$ et $\overrightarrow{IG}\left(\frac{1}{3}\left(x - \frac{1}{2}\right)\ ;\ \frac{1}{3}\right)$.

Comme $\overrightarrow{AG} = \overrightarrow{AI} + \overrightarrow{IG}$ les coordonnées de $\overrightarrow{AG}$ sont :

$$\left(\frac{1}{2} + \frac{1}{3}\left(x - \frac{1}{2}\right)\ ;\ 0 + \frac{1}{3}\right) = \left(\frac{1}{3}x + \frac{1}{3}\ ;\ \frac{1}{3}\right),$$

on en déduit les coordonnées de G : $G\left(\frac{1}{3}(x+1)\ ;\ \frac{1}{3}\right)$.

c. L'ordonnée de G est constante, égale à $\frac{1}{3}$. Cela signifie que pour tout $x \in]0\,;1[$, G est sur une parallèle au segment [DC]. Avec $x \in]0\,;1[$, on déduit que l'abscisse de G, $\frac{1}{3}(x+1) \in \left]\frac{1}{3}\,;\frac{2}{3}\right[$. Ainsi, G décrit le segment [EF], où E et F sont les points de coordonnées $E\left(\frac{1}{3}\,;\frac{1}{3}\right)$ et $F\left(\frac{2}{3}\,;\frac{1}{3}\right)$.

31

Nature d'un triangle

```
Variables
   xA, yA, xB, yB, xC, yC, a, b, c : réels
   n : texte
Entrée
   Saisir xA, yA, xB, yB, xC, yC
Traitement
   Si (xB – xA)(yC – yA) – (yB – yA)(xC – xA) = 0 , alors
                 afficher "les points sont alignés"
                 Fin du programme
   Fin du si
   c prend la valeur (xB – xA)² + (yB – yA)²      #calculs des carrés
                                                   des côtés#
   b prend la valeur (xC – xA)² + (yC – yA)²      #inutile de passer aux
                                                   racines#
   a prend la valeur (xC – xB)² + (yC – yB)²
   Si a = b et a = c alors
                 n prend la valeur "équilatéral"
          sinon
                 Si a = b ou a = c ou b = c alors
                          n prend la valeur "isocèle"
                   Sinon
                          n prend la valeur ""
                 Fin du si
                 Si c = a + b ou b = c + a ou a = b + c alors
                          n prend la valeur n &"rectangle"
                 Fin du si
   Fin du si
   Si n = ""alors
                 n prend la valeur "quelconque"
   Fin du si
Sortie
   Afficher "Le triangle est : "&n
```

Commentaires
Dans un premier temps, l'algorithme détermine si les vecteurs $\overrightarrow{AB}$ et $\overrightarrow{AC}$ sont colinéaires (ce qui permet de savoir si ABC est aplati ou non).
Ensuite, on calcule les carrés des trois longueurs (inutile de passer à la racine), avant d'étudier les différents cas.
À la fin, dans le but d'étoffer les informations sur le triangle, il est possible de prévoir l'affichage des longueurs des côtés. On peut aussi ajouter quelques instructions afin de faire afficher en quel point un triangle est éventuellement rectangle ou isocèle.

32 **1.** Réponse **a.**
$\overrightarrow{CH}+\overrightarrow{AP}+\overrightarrow{IC}+\overrightarrow{HA}+\overrightarrow{PO}=\overrightarrow{IC}+\overrightarrow{CH}+\overrightarrow{HA}+\overrightarrow{AP}+\overrightarrow{PO}=\overrightarrow{IO}$.

2. Réponse **c.** $3\overrightarrow{ZS}=\overrightarrow{ZU}+\overrightarrow{ZT} \Leftrightarrow 3\overrightarrow{ZS}=2\overrightarrow{ZH}$, où H est le milieu de $[UT]$. On a ensuite $3\overrightarrow{ZS}=2\overrightarrow{ZH} \Leftrightarrow \overrightarrow{ZS}=\frac{2}{3}\overrightarrow{ZH}$, ce qui caractérise le centre de gravité du triangle ZUT.

3. Réponse **b.** $\overrightarrow{XP}=-3\overrightarrow{YP} \Leftrightarrow 4\overrightarrow{XP}=-3\overrightarrow{YX} \Leftrightarrow \overrightarrow{XP}=\frac{3}{4}\overrightarrow{XY}$.

4. Réponse **d.** $\overrightarrow{RU}$ et $\overrightarrow{UK}$ sont colinéaires signifie que R appartient à la droite (UK). Les vecteurs $\overrightarrow{RU}$ et $\overrightarrow{KU}$ ayant le même sens, R se situe sur la demi-droite $[UK)$.

5. Réponse **d.** C'est la relation de Chasles, qui peut être utilisée pour tout point du plan.

33 Les affirmations traduisant le fait que I est nécessairement le milieu du segment $[AB]$ sont $\overrightarrow{IA}+\overrightarrow{IB}=\vec{0}$ et $\overrightarrow{AI}=\frac{1}{2}\overrightarrow{AB}$.

34 Comme K est le milieu de $[BC]$, on a $\overrightarrow{KB}=\overrightarrow{CK}$.
Il vient $\overrightarrow{AB}+\overrightarrow{AC}=\overrightarrow{AB}+\overrightarrow{BK}+\overrightarrow{AC}+\overrightarrow{KB}=\overrightarrow{AB}+\overrightarrow{BK}+\overrightarrow{AC}+\overrightarrow{CK}$
$=\overrightarrow{AK}+\overrightarrow{AK}=2\overrightarrow{AK}$.

35 **a.** $2\overrightarrow{AC}+3\overrightarrow{BC}=\vec{0} \Leftrightarrow 2\overrightarrow{AC}+3\overrightarrow{BA}+3\overrightarrow{AC}=\vec{0} \Leftrightarrow 5\overrightarrow{AC}=3\overrightarrow{AB}$
Posons $C(x_C\,;y_C)$:

$$5\overrightarrow{AC}=3\overrightarrow{AB} \Leftrightarrow \begin{cases}5(x_C-2)=3\times(6-2)\\5(y_C-4)=3\times(1-4)\end{cases} \Leftrightarrow \begin{cases}5x_C=22\\5y_C=11\end{cases} \Leftrightarrow \begin{cases}x_C=\dfrac{22}{5}\\y_C=\dfrac{11}{5}\end{cases}.$$

Ainsi, les coordonnées de C sont $C\left(\frac{22}{5}\,;\frac{11}{5}\right)$.

b. Coordonnées de $\overrightarrow{AB}$: $(4\ ;-3)$. Coordonnées de $\overrightarrow{AK}$: $(16\ ;-12)$.
On constate que $\overrightarrow{AK}=4\overrightarrow{AB}$.
Les vecteurs $\overrightarrow{AB}$ et $\overrightarrow{AK}$ sont donc colinéaires, ce qui signifie que les points A, K, et B sont alignés.

36 **a.**

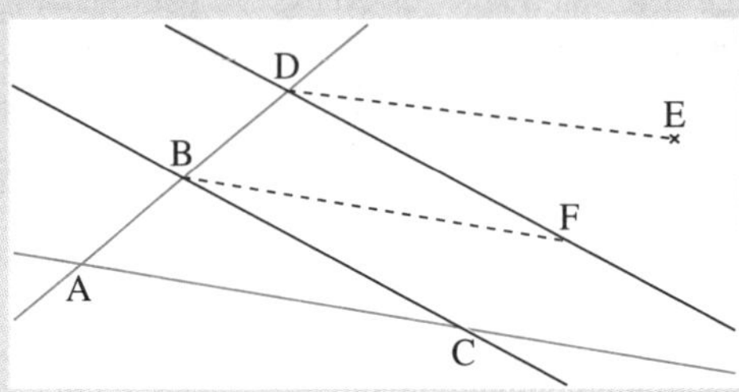

b. $A(0\ ;0)$.
$B(1\ ;0)$ et $C(0\ ;1)$, puisque le repère est (A ; B, C).
$\overrightarrow{AD}=2\overrightarrow{AB}$ montre que $D(2\ ;0)$.
$\overrightarrow{BE}=\overrightarrow{AB}+\overrightarrow{AC} \Leftrightarrow \overrightarrow{BA}+\overrightarrow{AE}=\overrightarrow{AB}+\overrightarrow{AC} \Leftrightarrow \overrightarrow{AE}=2\overrightarrow{AB}+\overrightarrow{AC}$,
ce qui donne $E(2\ ;1)$.
Enfin, $\overrightarrow{CE}=2\overrightarrow{CF}$ signifie que F est le milieu de $[CE]$, donc $F(1\ ;1)$.
c. $\overrightarrow{BC}(-1\ ;1)$ et $\overrightarrow{DF}(-1\ ;1)$.
Les vecteurs étant égaux, les droites (BC) et (DF) sont parallèles.

37 1. **Faux**, c'est IJLK qui est un parallélogramme.
2. **Vrai**, M est le milieu de $[JK]$.
3. **Vrai**, puisque $\overrightarrow{IK}=\overrightarrow{JL}$.
4. **Vrai**, les diagonales se coupent en leur milieu.
5. **Vrai**, (IJ) et (LK) sont parallèles et ce sont deux angles alternes-internes.
6. **Faux**, les diagonales ne sont pas perpendiculaires.

38 **a.** $4\overrightarrow{BK}-7\overrightarrow{GB}=\vec{0}$, d'où $4\overrightarrow{BK}=7\overrightarrow{GB}$ et $\overrightarrow{BK}=\frac{7}{4}\overrightarrow{GB}$.

Les vecteurs $\overrightarrow{BK}$ et $\overrightarrow{GB}$ sont donc colinéaires, ce qui prouve que les points K, G, et B sont alignés.

b.
$$\begin{aligned}4\overrightarrow{BK}-7\overrightarrow{GB}=\vec{0} &\Leftrightarrow 4\overrightarrow{BK}-7(\overrightarrow{GK}+\overrightarrow{KB})=\vec{0}\\ &\Leftrightarrow -4\overrightarrow{KB}-7\overrightarrow{GK}-7\overrightarrow{KB}=\vec{0}\\ &\Leftrightarrow -11\overrightarrow{KB}=-7\overrightarrow{KG}\\ &\Leftrightarrow \overrightarrow{KB}=\frac{7}{11}\overrightarrow{KG}.\end{aligned}$$

c. Pour placer aisément le point B, il suffit de dessiner un segment $[KG]$ de longueur 5,5 cm. Le point B est sur ce segment à 3,5 cm de K.

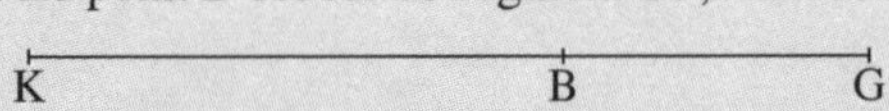

39 **1.** Réponse **a.** Isocèle en A car $AB = AC$. En effet :

$$AB = \sqrt{(-8-(-12))^2 + (20-(-8))^2}$$
$$= \sqrt{4^2 + 28^2}$$
$$= \sqrt{800}$$
$$= 20\sqrt{2}$$
$$AC = \sqrt{(16-(-12))^2 + (-4-(-8))^2}$$
$$= \sqrt{28^2 + 4^2}$$
$$= 20\sqrt{2},$$

d'où $AB = AC$.

$$AC = \sqrt{(16-(-12))^2 + (-4-(-8))^2} = \sqrt{28^2 + 4^2} = 20\sqrt{2},$$

d'où $AB = AC$.
On a aussi $BC = \sqrt{(16-(-8))^2 + (-4-20)^2} = \sqrt{24^2 + 24^2} = 24\sqrt{2}$ et $BC^2 \neq AB^2 + AC^2$, donc ABC n'est pas isocèle rectangle.

2. Réponse **c.** $\dfrac{x_A + x_B}{2} = \dfrac{-12-8}{2} = \dfrac{-20}{2} = -10$

et $\dfrac{y_A + y_B}{2} = \dfrac{-8+20}{2} = \dfrac{12}{2} = 6$.

3. Réponse **d.** Soit Z le milieu de $[AB]$, il a pour coordonnées $Z(-10\ ;\ 6)$. La médiane issue de C est la droite (ZC). Soit H le point d'intersection de cette médiane avec la droite (OJ) : on pose $H(0\ ;\ y_H)$ et on trouve l'inconnue en écrivant que les vecteurs $\overrightarrow{ZC}$ et $\overrightarrow{ZH}$ sont colinéaires.
Leurs coordonnées sont $\overrightarrow{ZC}(26\ ;\ -10)$ et $\overrightarrow{ZH}(10\ ;\ 6-y_H)$.

$$26 \times (6 - y_H) - (-10) \times 10 = 0 \Leftrightarrow 26y_H = 256 \Leftrightarrow y_H = \frac{128}{13}.$$

4. Réponse **c.** On utilise $x_G = \dfrac{x_A + x_B + x_C}{3}$ et $y_G = \dfrac{y_A + y_B + y_C}{3}$, ce qui donne $G\left(-\dfrac{4}{3}\ ;\ \dfrac{8}{3}\right)$.

5. Réponse **b.** Le triangle est isocèle en A, la hauteur principale, issue de A, est aussi une médiane. Soit K le milieu de $[BC]$, il a pour coordonnées $K(4\ ;\ 8)$. L'aire de ABC est $\dfrac{AK \times BC}{2}$. On a vu $BC = 24\sqrt{2}$ et

$$AK = \sqrt{(4-(-12))^2 + (8-(-8))^2}$$
$$= \sqrt{16^2 + 16^2}$$
$$= 16\sqrt{2},$$

d'où $\dfrac{AK \times BC}{2} = \dfrac{16\sqrt{2} \times 24\sqrt{2}}{2} = 384$.

40 **a.** On pose $K(x\,;y)$. On a $\overrightarrow{KA}(6-x\,;4-y)$ et $\overrightarrow{BC}(-2\,;-14)$. Comme KACB est un parallélogramme, alors $\overrightarrow{KA}=\overrightarrow{BC}$.

$$\overrightarrow{KA}=\overrightarrow{BC} \Leftrightarrow \begin{cases} 6-x=-2 \\ 4-y=-14 \end{cases} \Leftrightarrow \begin{cases} -x=-8 \\ -y=-18 \end{cases} \Leftrightarrow \begin{cases} x=8 \\ y=18 \end{cases}.$$

Conclusion : $K(8\,;18)$.

b. On pose $L(x\,;y)$. On a $\overrightarrow{AL}(x-6\,;y-4)$ et $\overrightarrow{BL}(x-(-2)\,;y-10)$.

$$\overrightarrow{BL}=4\overrightarrow{AL} \Leftrightarrow \begin{cases} x+2=4(x-6) \\ y-10=4(y-4) \end{cases} \Leftrightarrow \begin{cases} x+2=4x-24 \\ y-10=4y-16 \end{cases}$$

$$\Leftrightarrow \begin{cases} -3x=-26 \\ -3y=-6 \end{cases} \Leftrightarrow \begin{cases} x=\dfrac{26}{3} \\ y=2 \end{cases}.$$

Conclusion : $L\left(\dfrac{26}{3}\,;2\right)$.

41 **a.** $\vec{u}(1\,;-3)$; $\vec{v}(4\,;-1)$; $\vec{w}(-5\,;0)$.

b.

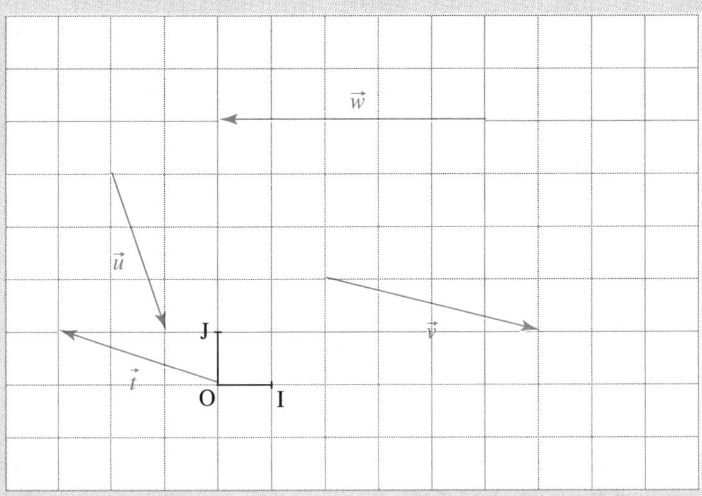

c. Les coordonnées de $\vec{u}+\vec{v}$ sont $(5\,;-4)$ ainsi que celles de $\overrightarrow{OA}$, et donc du point A.

13 Équations de droites

Dans tout le chapitre, on se place dans un repère du plan (O ; I, J) .

I VECTEUR DIRECTEUR D'UNE DROITE

Définition

Soit A et B deux points quelconques d'une droite du plan. On appelle vecteur directeur d'une droite tout vecteur colinéaire au vecteur $\overrightarrow{AB}$.

! Il existe une infinité de vecteurs directeurs d'une même droite.

Propriété

• Si une droite (d) est parallèle à l'axe des ordonnées, un vecteur directeur de (d) a pour coordonnées $(0 ; 1)$.

• Si une droite (d) n'est pas parallèle à l'axe des ordonnées, on peut choisir un vecteur directeur de (d) de telle façon que ses coordonnées soient de la forme $(1 ; m)$. Dans ce cas, le nombre m est appelé coefficient directeur de la droite (d) .

II ÉQUATION RÉDUITE D'UNE DROITE

Théorème

Toute droite du plan parallèle à l'axe des ordonnées a une équation de la forme $x = k$. Toute droite du plan non parallèle à l'axe des ordonnées a une équation de la forme $y = mx + p$, où m est son coefficient directeur, et p un nombre appelé ordonnée à l'origine.

! Pour une même droite, il existe une infinité d'équations différentes.

On dit que pour une droite (d) non parallèle à l'axe des ordonnées, l'équation $y = mx + p$ est l'équation réduite de cette droite.

III RECHERCHE DES COEFFICIENTS

Soit (d) une droite non parallèle à l'axe des ordonnées.

Recherche du coefficient directeur *m*

Si A et B sont deux points de (d) , de coordonnées $A(x_A ; y_A)$ et $B(x_B ; y_B)$, alors le coefficient directeur m de la droite (AB) est $m = \dfrac{y_B - y_A}{x_B - x_A}$.

Recherche de l'ordonnée à l'origine *p*

Il suffit d'utiliser les coordonnées du point A de la droite (d), et la relation $p = y_A - mx_A$.

Méthode graphique

Pour déterminer graphiquement un coefficient directeur, on utilise si possible deux points dont la différence des abscisses est 1. On obtient dans ce cas $m = y_B - y_A$. m est donc la différence des ordonnées des deux points.
L'ordonnée à l'origine p est l'ordonnée du point d'abscisse 0 de la droite. Ce point est le point d'intersection de la droite (d) avec l'axe des ordonnées.

IV DROITES PARALLÈLES

Théorème

On considère deux droites non parallèles à l'axe des ordonnées (d) et (d'). Les droites (d) et (d') sont parallèles si, et seulement si, elles ont le même coefficient directeur.

V INTERSECTION DE DEUX DROITES

Dans le plan, deux droites peuvent être :
- sécantes : elles ont un unique point d'intersection ;
- parallèles : elles n'ont aucun point d'intersection ;
- confondues : elles ont une infinité de points d'intersection.

Méthode : pour déterminer le point d'intersection de deux droites non parallèles à l'axe des ordonnées et non parallèles entre elles, on utilise le fait que les coordonnées du point d'intersection vérifient les deux équations à la fois. Ainsi, si deux droites ont pour équations réduites $y = mx + p$ et $y = m'x + p'$, l'abscisse de ce point est l'unique solution de l'équation $mx + p = m'x + p'$.

VI SYSTÈME LINÉAIRE DE DEUX ÉQUATIONS À DEUX INCONNUES

Théorème

On considère le système $\begin{cases} ax + by = c \\ a'x + b'y = c' \end{cases}$

où a, b, a' et b' sont des réels quelconques.
- Si $ab' - a'b \neq 0$, alors le système admet un unique couple solution.
- Si $ab' - a'b = 0$, alors le système admet soit aucune solution soit une infinité de couples solutions.

Exercices d'application

Dans tous les exercices, on se place dans un repère du plan (O ; I, J) .

1

★ | 5 min | ▸ P. 305

Pour chacune des équations de droite, donner les coordonnées d'un vecteur directeur. Dans le cas d'une droite non parallèle à l'axe des ordonnées, préciser son coefficient directeur et son ordonnée à l'origine.

- $y = -2x + 3$;
- $y = \frac{4}{3}x - 1$;
- $y = -3x + \frac{1}{4}$;
- $x = -4\sqrt{2}$;
- $x = 0$;
- $y = 0$;
- $y = 8$.

2

★ | 5 min | ▸ P. 305

Les équations suivantes sont-elles des équations de droites ? Si oui, préciser si elles sont parallèles à l'axe des ordonnées ou pas, et dans ce dernier cas, déterminer leur équation réduite.

- $-2x - 5y = -2$;
- $x^2 = 2x + 4$;
- $x = 3y - 1$;
- $2x = \sqrt{2}$;
- $5y = -4 + x$;
- $x = y$;
- $y = \frac{1 - 5x}{3}$;
- $4xy = 1$;
- $y = -3{,}001$;
- $(y - 4)(x + 7) = 5$;
- $\frac{1}{2}x + 4 = \sqrt{y}$;
- $x + y = 0$.

3

★ | 5 min | ▸ P. 306

Soit (d) une droite d'équation $y = -3x + 1$.

a. Trouver les coordonnées du point d'intersection de (d) avec la droite (OI) .

b. Trouver les coordonnées du point d'intersection de (d) avec la droite (OJ) .

c. Trouver l'ordonnée du point de (d) d'abscisse -4 .

d. Trouver l'abscisse du point de (d) d'ordonnée 6.

e. Les points A et B de coordonnées A$(-1 ; 4)$ et B$(-3 ; 8)$ sont-ils sur la droite (d) ?

4

★ | 5 min | ▸ P. 306

On donne les points R$(-3 ; 1)$, S$(-1 ; 3)$, et T$(-1 ; 8)$.

a. Déterminer l'équation réduite de la droite (RS) .

b. Trouver une équation de la droite (ST) .

5

★ 5 min ▸ P. 307

Déterminer l'équation réduite de la droite (d) dont un vecteur directeur a pour coordonnées $\left(-\frac{1}{2} ; 2\right)$ et passant par le point A de coordonnées $(-2 ; 2)$.

6

★ 10 min ▸ P. 307

a. Déterminer graphiquement une équation pour chacune des droites (d), (d') et (d''), représentées ci-dessous.

b. Tracer sur ce même graphique la droite $\mathscr{D}$ d'équation $y = 3x - 5$ et la droite $\mathscr{D}'$ passant par le point A de coordonnées $A(1 ; 3)$ et de coefficient directeur 0,5.

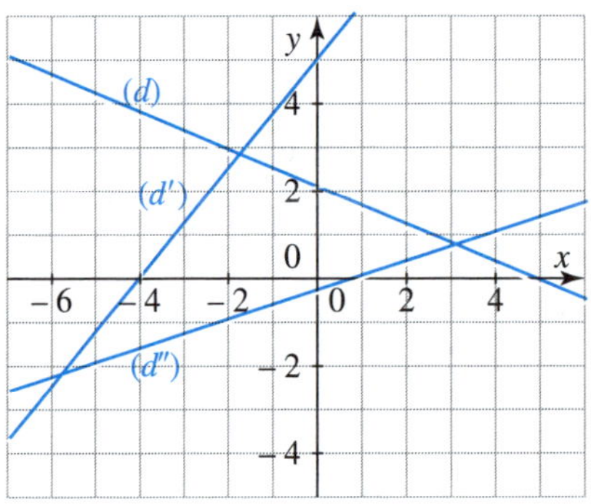

DROITES PARALLÈLES

7

★ 5 min ▸ P. 308

Parmi toutes les droites ci-dessous dont on donne une équation, reconnaître celles qui sont parallèles.

(d_1) $y = 0{,}5x - 2$ (d_2) $y = x - 4$ (d_3) $y = -x + 4$

(d_4) $y = 5$ (d_5) $x + y - 5 = 0$ (d_6) $y = \frac{1}{2}x + 1$

(d_7) $x = -4$ (d_8) $y = x$ (d_9) $x = 7$

(d_{10}) $y = -2$.

8

★ 10 min ▸ P. 308

Soit (d) et (d') deux droites d'équations respectives :

$$y = 0{,}125x + 0{,}75 \text{ et } x = 8y + 8.$$

a. Ces deux droites sont-elles parallèles ?

b. Donner une équation de la droite $\mathscr{D}$ passant par le point $B(-4 ; 1)$ et parallèle à (d).

9 ★ 10 min ▶ P. 309

Dans chaque cas, prouver que les droites ne sont pas parallèles, puis déterminer les coordonnées du point d'intersection A des droites (d) et (d').

a. Équation de (d) : $y=-x+3$. Équation de (d') : $y=-4x+7$.

b. Équation de (d) : $y=-2$. Équation de (d') : $y=4x+3$.

c. Équation de (d) : $x=-4$. Équation de (d') : $y=-x+1$.

SYSTÈMES

10 ★ 10 min ▶ P. 309

Montrer que le système $\begin{cases} 3x+2y=7 \\ 4x-y=4 \end{cases}$ a une unique solution, puis déterminer cette solution.

11 ★ 5 min ▶ P. 310

Montrer que le système $\begin{cases} \sqrt{2}x-3y=1 \\ -2x+3\sqrt{2}y=-2 \end{cases}$ n'admet aucune solution.

12 ★ 5 min ▶ P. 310

Montrer que le système $\begin{cases} 6x-\dfrac{\sqrt{3}}{3}y=-1 \\ 2\sqrt{3}x-\dfrac{1}{3}y=-\dfrac{\sqrt{3}}{3} \end{cases}$ admet une infinité de solutions.

Préciser l'une de ces solutions.

EXERCICES D'ENTRAÎNEMENT

Dans tous les exercices, on se place dans un repère du plan (O ; I, J) .

13

★★ | 15 min | ▶ P. 310

a. Déterminer une équation de chaque droite.

b. Déterminer les coordonnées du point d'intersection des droites (d_4) et (d_5) .

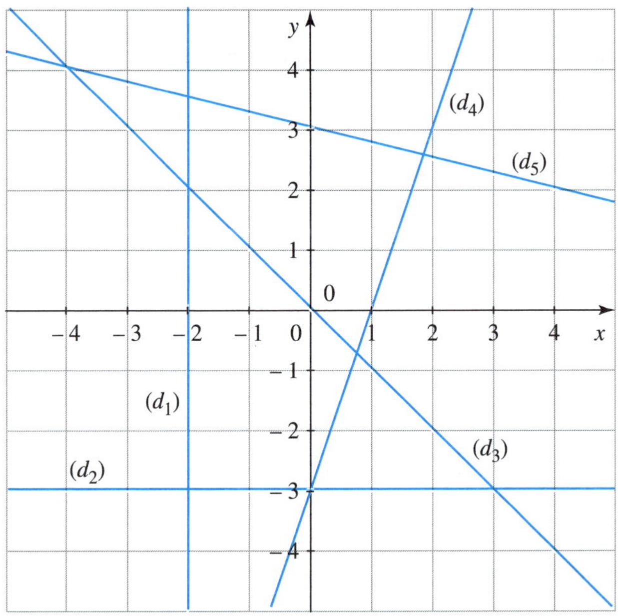

14

★★ | 45 min | ▶ P. 311

Le repère est orthonormé. On donne les points :

$$A(7\ ;-2)\ ,\ B(1\ ;\ 10)\ ,\ C(-5\ ;\ 2)\ \text{et}\ D(-2\ ;\ 1)\ .$$

a. Montrer que les points A, C et D sont alignés.

b. Montrer que (BD) est une hauteur du triangle ABC.

c. Calculer l'aire Δ du triangle ABC.

d. Calculer la distance d du point C à la droite (AB) .

e. Déterminer l'équation réduite de la droite (AB) .

f. Déterminer les coordonnées du point E, pied de la hauteur issue de C dans le triangle ABC.

15

|★★ | 20 min | ▸ P. 312|

On considère deux droites non parallèles à l'axe des ordonnées, définies par leurs équations $y = ax + b$ et $y = a'x + b'$. Écrire un algorithme qui étudie l'intersection de ces deux droites.

16

|★★★ | 15 min | ▸ P. 312|

Le repère est orthonormé. On donne les points :

$$A(4\ ;-1) \text{ et } B(15\ ;6).$$

Déterminer une équation de la médiatrice de $[AB]$.

17

|★★★ | 40 min | ▸ P. 313|

Le repère est orthonormé, on donne les points :

$$A(2\ ;0),\ B(0\ ;5),\ C(5\ ;0),\ \text{et } D(0\ ;2).$$

a. Déterminer les coordonnées du point T, milieu du segment $[AB]$.

b. Déterminer l'équation réduite de la droite (OT).

c. Déterminer l'équation réduite de la droite (CD).

d. Calculer les coordonnées du point d'intersection K des droites (OT) et (CD).

e. Montrer que OKD est un triangle rectangle en K.

f. Montrer que la médiane issue de O dans le triangle OAB est la hauteur issue de O dans le triangle OCD.

18

|★★★ | 20 min | ▸ P. 314|

Soit m un nombre réel non nul. On considère le système :

$$\begin{cases} 2x + my = 6 \\ mx + 8y = 4 \end{cases}.$$

a. À quelle condition le système admet-il une unique solution ?

b. Par la suite, on suppose cette condition remplie. Résoudre le système et donner l'unique couple solution en fonction de m.

c. Pour quelle valeur de m les deux droites d'équations $2x + my = 6$ et $mx + 8y = 4$ se coupent-elles en un point situé sur l'axe des ordonnées ?

CONTRÔLE

19 QCM

★ | 8 points, 20 min | ▸ P. 315

Pour chacune des questions, une et une seule proposition est exacte.
Pour les questions 1. à 3., on utilise la figure ci-dessous.

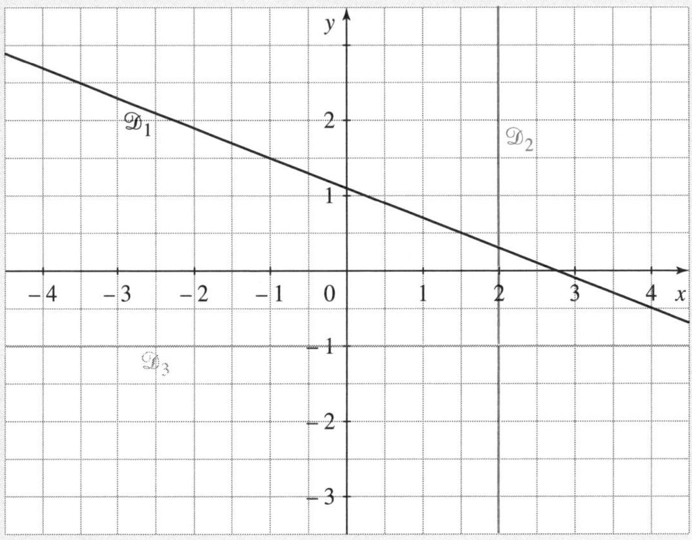

1. Une équation de $\mathcal{D}_1$ est :

a. $y = \frac{1}{2}x + \frac{6}{5}$ b. $y = -\frac{2}{5}x + \frac{11}{10}$

c. $y = -\frac{2}{5}x + \frac{11}{4}$ d. $10y = -4x + 1{,}1$

2. Une équation de $\mathcal{D}_2$ est :

a. $x = 2$ b. $y = 2$ c. $y = x - 2$ d. $y = 2x$

3. Une équation de $\mathcal{D}_3$ est :

a. $x = -1$ b. $y = -1$ c. $y = -x$ d. $y = x - 1$

Pour les questions 4. à 8., on considère la droite $\mathcal{D}$ d'équation $y = -2x - 1$ et les points de coordonnées $R(3\ ;\ 2)$ et $S(1\ ;\ -4)$.

4. Une de ces équations est celle d'une droite parallèle à $\mathcal{D}$:

a. $y = 2x - 1$ b. $y = 0{,}5x + 2$ c. $y = -2$ d. $y = -2x + 9$

5. L'abscisse du point de cette droite ayant une ordonnée de 99 est égale à :

a. – 199 b. 50 c. – 50 d. – 96

6. Les coordonnées d'un vecteur directeur de $\mathscr{D}$ sont :

a. $(1\ ;-2)$ **b.** $(-2\ ;1)$ **c.** $(1\ ;2)$ **d.** $(-2\ ;-1)$

7. Une équation de la droite (RS) est :

a. $y=-3x-1$ **b.** $y=3x-7$ **c.** $y=2x-4$ **d.** $y=3x-3$

8. Les droites $\mathscr{D}$ et (RS) se coupent au point de coordonnées :

a. $\left(\frac{6}{5}\ ;-\frac{17}{5}\right)$ **b.** $(-2\ ;3)$ **c.** $(8\ ;-17)$ **d.** $\left(\frac{5}{6}\ ;-\frac{8}{3}\right)$

20

★ 4 points, 15 min ▸ P. 315

Soit $m \in \mathbb{R}$.

a. Déterminer les valeurs de m pour lesquelles le système :

$$\begin{cases} x+my=1 \\ mx+y=2 \end{cases}$$

admet une unique solution.

b. Résoudre le système dans le cas où $m=-2$, puis dans le cas où $m=1$.

21

★★ 2 points, 10 min ▸ P. 315

On se place dans un repère orthonormé du plan $(O\ ;I, J)$. Soit A le point situé sur l'axe des abscisses, d'abscisse 10 et B, le point situé sur l'axe des ordonnées, d'ordonnée 4.

Déterminer une équation de la médiane issue de O dans le triangle OAB.

22 ★★★ 6 points, 30 min ▸ P. 316

On se place dans un repère orthonormé du plan $(O ; I, J)$. On considère le rectangle OABC, où A, B, et C sont les points de coordonnées $(12 ; 0)$, $(12 ; 8)$, et $(0 ; 8)$.

Soit M le point intérieur au rectangle de coordonnées $(a ; b)$. (On a donc $0 < a < 12$ et $0 < b < 8$.)

D et E sont les projetés orthogonaux de M sur (BC) et (OA). F et G sont les projetés orthogonaux de M sur (OC) et (AB).

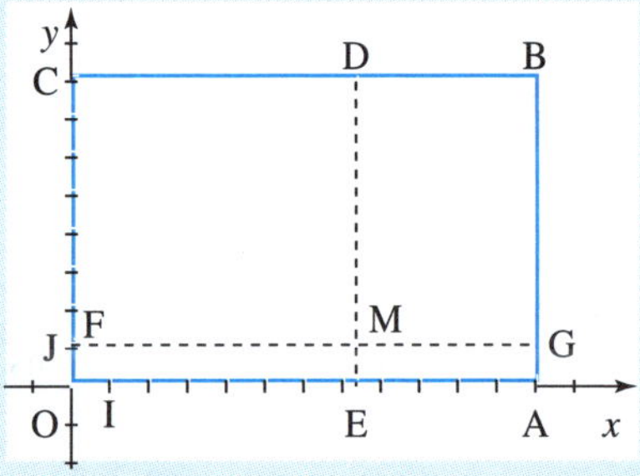

1. a. Calculer les coefficients directeurs des droites (FD), (OB) et (EG).

b. Montrer que ces trois droites sont parallèles si, et seulement si, $2a + 3b = 24$.

c. Déterminer l'ensemble des points M dont les coordonnées vérifient cette condition.

2. On suppose maintenant que $2a + 3b \neq 24$. Après avoir précisé une équation des droites (FD), (OB), et (EG), montrer qu'elles sont concourantes (on pourra commencer par chercher les coordonnées du point Z, intersection des droites (FD) et (EG)).

Contrôle

23

★ 9 points, 20 min ▶ P. 318

On donne dans un repère orthonormé (O ; I, J) les points :

$$A(10\,;-2),\ B(4\,;-1) \text{ et } C(4\,;7),$$

et les droites d'équations :

(d_1) : $y = 3$ (d_2) : $y = \frac{5}{4}x$

(d_3) : $x = -2$ (d_4) : $y = -\frac{1}{2}x + 7$.

a. Le point A appartient-il à la droite (d_4) ? (Justifier par un calcul et non graphiquement.)

b. Donner, sans justification :

- le coefficient directeur de la droite (d_1) ;
- le coefficient directeur de la droite (d_4) ;
- l'ordonnée à l'origine de la droite (d_4) ;
- les coordonnées d'un vecteur directeur de la droite (d_3) ;
- les coordonnées d'un vecteur directeur de la droite (d_4).

c. Déterminer une équation de la droite (BC).

d. Déterminer l'équation réduite de la droite (d), parallèle à (d_4) passant par B.

e. Tracer les droites (d_1), (d_2), (d_3) et (d_4) dans le repère (O ; I, J). (Unité graphique : 1 cm.)

24

★ 2 points, 5 min ▶ P. 318

Sur le graphique ci-contre, la graduation sur les axes du repère a été effacée. On notera respectivement m_i et p_i le coefficient directeur et l'ordonnée à l'origine d'une droite $\mathcal{D}_i$.

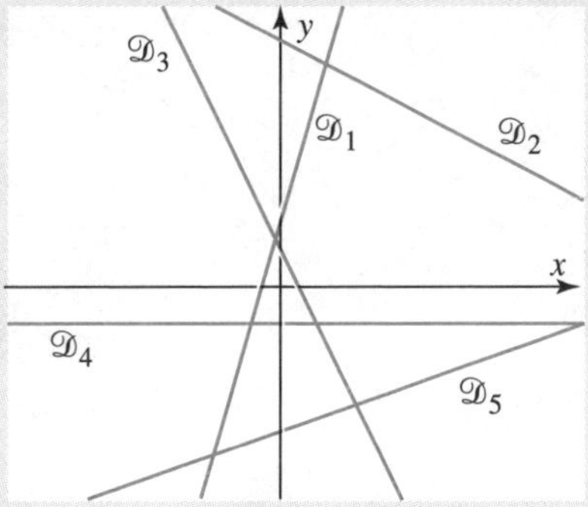

Sans justifier :

a. Ranger par ordre croissant les coefficients directeurs des cinq droites.

b. Ranger par ordre croissant les ordonnées à l'origine des cinq droites.

25 ★★ 9 points, 30 min ▶ P. 319

Aucune figure n'est demandée dans cet exercice.

On donne dans un repère orthonormé $(O ; I, J)$ les points :

$$M(-4 ; 1),\ N(0 ; 5),\ P(1 ; -1) \text{ et } A(0 ; 1).$$

1. a. Calculer les coordonnées du point Z, milieu du segment $[MN]$.

b. Montrer que $AM = AN$.

c. En déduire que l'équation réduite de la médiatrice du segment $[MN]$ est :

$$y = -x + 1.$$

2. On admet que l'équation réduite de la médiatrice du segment $[NP]$ est :

$$y = \frac{1}{6}x + \frac{23}{12}.$$

On note $\mathscr{C}$ le cercle circonscrit au triangle MNP.

a. Déterminer les coordonnées du centre K du cercle $\mathscr{C}$.

b. Calculer le rayon de ce cercle $\mathscr{C}$. Donner une valeur exacte, puis une valeur approchée de ce rayon à 0,01 près.

CORRIGÉS

1 **Droites non parallèles à l'axe des ordonnées** (elles sont de la forme $y = mx + p$) :

• $y = -2x + 3$
Coordonnées d'un vecteur directeur : $(1\ ;\ -2)$.
Coefficient directeur : -2. Ordonnée à l'origine : 3.

• $y = \frac{4}{3}x - 1$

Coordonnées d'un vecteur directeur : $\left(1\ ;\ \frac{4}{3}\right)$.

Coefficient directeur : $\frac{4}{3}$. Ordonnée à l'origine : -1.

• $y = -3x + \frac{1}{4}$
Coordonnées d'un vecteur directeur : $(1\ ;\ -3)$.

Coefficient directeur : -3. Ordonnée à l'origine : $\frac{1}{4}$.

• $y = 0$
Coordonnées d'un vecteur directeur : $(1\ ;\ 0)$.
Coefficient directeur : 0.
Ordonnée à l'origine : 0. Cette droite est confondue avec l'axe des abscisses.

• $y = 8$
Coordonnées d'un vecteur directeur : $(1\ ;\ 0)$.
Coefficient directeur : 0.
Ordonnée à l'origine : 8. Cette droite est parallèle à l'axe des abscisses.

Droites parallèles à l'axe des ordonnées (elles sont de la forme $x = k$) :

• $x = -4\sqrt{2}$
Coordonnées d'un vecteur directeur : $(0\ ;\ 1)$.

• $x = 0$
Coordonnées d'un vecteur directeur : $(0\ ;\ 1)$.
Cette droite est confondue avec l'axe des ordonnées.

2 **Équations qui sont des équations de droites** :
Droite parallèle à l'axe des ordonnées et équation réduite associée :

• $2x = \sqrt{2} \Leftrightarrow x = \frac{\sqrt{2}}{2}$

Droites non parallèles à l'axe des ordonnées et équation réduite associée :

• $-2x - 5y = -2 \Leftrightarrow -5y = 2x - 2 \Leftrightarrow y = -\frac{2}{5}x + \frac{2}{5}$

- $x = 3y - 1 \Leftrightarrow 3y = x + 1 \Leftrightarrow y = \frac{1}{3}x + \frac{1}{3}$
- $5y = -4 + x \Leftrightarrow y = \frac{1}{5}x - \frac{4}{5}$
- $x = y$ ou $y = x$
- $y = \dfrac{1 - 5x}{3} \Leftrightarrow y = -\frac{5}{3}x + \frac{1}{3}$
- $y = -3{,}001$
- $x + y = 0 \Leftrightarrow y = -x$.

Équations qui ne sont pas des équations de droites :

$x^2 = 2x + 4$; $4xy = 1$; $(y - 4)(x + 7) = 5$; $\frac{1}{2}x + 4 = \sqrt{y}$.

3 **a.** Ce point étant sur l'axe des abscisses, on a $y = 0$.

Or, $0 = -3x + 1 \Leftrightarrow 3x = 1 \Leftrightarrow x = \frac{1}{3}$.

Par conséquent, les coordonnées du point d'intersection de (d) avec l'axe des abscisses (OI) sont $\left(\frac{1}{3} ; 0\right)$.

b. Ce point étant sur l'axe des ordonnées, on a $x = 0$. Son ordonnée est l'ordonnée à l'origine de la droite, c'est-à-dire 1. Par conséquent, les coordonnées du point d'intersection de (d) avec l'axe des ordonnées (OJ) sont $(0 ; 1)$.

c. Pour ce point, on a $x = -4$, d'où $y = -3 \times (-4) + 1 = 12 + 1 = 13$. Ainsi, les coordonnées du point de (d) d'abscisse -4 sont $(-4 ; 13)$.

d. Pour ce point, on a $y = 6$, d'où $6 = -3x + 1 \Leftrightarrow 3x = -5 \Leftrightarrow x = -\frac{5}{3}$.

Ainsi, les coordonnées du point de (d) d'ordonnée 6 sont $\left(-\frac{5}{3} ; 6\right)$.

e. Les coordonnées du point A vérifient l'équation $y = -3x + 1$, puisque $-3 \times (-1) + 1 = 4$. On en déduit que A appartient à (d).
Les coordonnées du point B ne vérifient pas l'équation $y = -3x + 1$, puisque $-3 \times (-3) + 1 = 10 \neq 8$. On en déduit que B n'appartient pas à (d).

4 **a.** Le coefficient directeur de la droite (RS) est :

$$m = \frac{3 - 1}{-1 - (-3)} = \frac{2}{2} = 1.$$

Son ordonnée à l'origine se calcule en utilisant les coordonnées de R :

$$p = y_R - mx_R = 1 - 1 \times (-3) = 1 + 3 = 4.$$

Par conséquent, l'équation réduite de la droite (RS) est $y = x + 4$.

b. Les points S et T ayant la même abscisse, la droite (ST) est parallèle à l'axe des ordonnées. Une équation de (ST) est $x = -1$.

5 Si un vecteur directeur de (d) a pour coordonnées $\left(-\frac{1}{2}\ ;\ 2\right)$, un autre vecteur directeur de (d) a pour coordonnées $(1\ ;\ -4)$.
(Les deux vecteurs sont colinéaires, on a multiplié par -2 les coordonnées du premier pour trouver celles du second.)
Le coefficient directeur de (d) est donc -4. En utilisant les coordonnées du point A, on détermine l'ordonnée à l'origine de (d) :

$$p = y_A - mx_A = 2 - (-4) \times (-2) = 2 - 8 = -6.$$

Par conséquent, l'équation réduite de la droite (d) est $y = -4x - 6$.

6 **a.** Comme ces droites ne sont pas parallèles à l'axe des ordonnées, à chaque fois, on cherche l'équation sous la forme $y = mx + p$.
• Pour (d) : cette droite coupe l'axe des ordonnées à l'ordonnée 2, donc $p = 2$. Prenons deux points sur (d), de coordonnées $(0\ ;\ 2)$ et $(-7\ ;\ 5)$. Alors :

$$m = \frac{5-2}{-7-0} = -\frac{3}{7}.$$

L'équation réduite de (d) est donc $y = -\frac{3}{7}x + 2$.

• Pour (d') : cette droite coupe l'axe des ordonnées à l'ordonnée 5, donc $p = 5$. Prenons deux points sur (d'), de coordonnées $(0\ ;\ 5)$ et $(-4\ ;\ 0)$. Alors :

$$m = \frac{0-5}{-4-0} = \frac{5}{4}.$$

L'équation réduite de (d') est donc $y = \frac{5}{4}x + 5$.

• Pour (d'') : comme la lecture de l'ordonnée à l'origine n'est pas aisée, on détermine p par le calcul. Prenons deux points sur (d''), de coordonnées $(1\ ;\ 0)$ et $(-2\ ;\ -1)$. Alors $m = \frac{-1-0}{-2-1} = \frac{1}{3}$.

En utilisant les coordonnées du premier point :

$$p = y - mx = 0 - \frac{1}{3} \times 1 = -\frac{1}{3}.$$

L'équation réduite de (d'') est donc $y = \frac{1}{3}x - \frac{1}{3}$.

b.

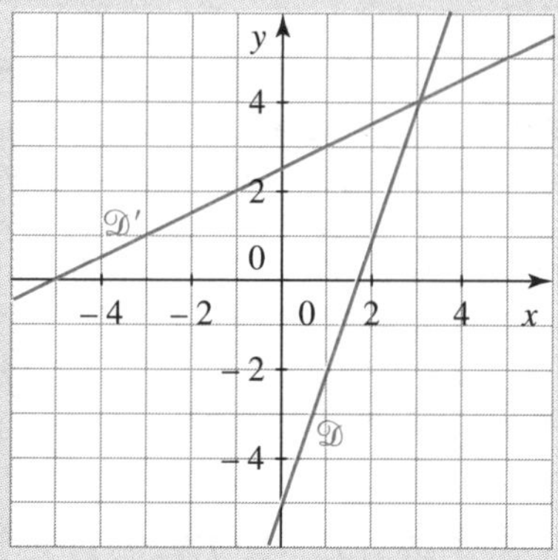

Pour $\mathcal{D}$: On place les deux points de coordonnées $(0\ ;-5)$ et $(2\ ;1)$.
Pour $\mathcal{D}'$: Un vecteur directeur de $\mathcal{D}'$ a pour coordonnées $(1\ ;0{,}5)$. Un autre vecteur directeur $\vec{u}$, colinéaire au premier, a pour coordonnées $\vec{u}(4\ ;2)$. Les coordonnées du point B tel que $\vec{u}=\overrightarrow{AB}$ sont $(5\ ;5)$.
Pour tracer $\mathcal{D}'$ on place les points A et B.

7 (d_1) et (d_6) sont parallèles, elles ont le même coefficient directeur, égal à 0,5.
(d_2) et (d_8) sont parallèles, elles ont le même coefficient directeur, égal à 1.
(d_3) et (d_5) sont parallèles, elles ont le même coefficient directeur, égal à -1.
En effet, une autre équation de (d_5) est $x+y-5=0 \Leftrightarrow y=-x+5$.
(d_4) et (d_{10}) sont parallèles, elles ont le même coefficient directeur, égal à 0.
(d_7) et (d_9) sont parallèles, elles sont toutes deux parallèles à l'axe des ordonnées.

8 **a.** Écrivons l'équation réduite de la droite (d') :
$x=8y+8 \Leftrightarrow 8y=x-8 \Leftrightarrow y=\frac{1}{8}x-1$.

Or l'équation de (d) peut aussi s'écrire $y=\frac{1}{8}x+\frac{3}{4}$.

Ces deux droites ont le même coefficient directeur, égal à $\frac{1}{8}$, donc elles sont parallèles.
b. Comme deux droites parallèles ont le même coefficient directeur, une équation de $\mathcal{D}$ s'écrit sous la forme $y=\frac{1}{8}x+p$.

Comme $\mathcal{D}$ passe par B, on a $1=\frac{1}{8}\times(-4)+p \Leftrightarrow p=\frac{3}{2}$.

Par conséquent, l'équation réduite de $\mathcal{D}$ est $y=\frac{1}{8}x+\frac{3}{2}$.

9 **a.** Les coefficients directeurs de (d) et (d') sont différents, donc (d) et (d') ne sont pas parallèles.
Les coordonnées du point A vérifient les deux équations :

$$y = -x + 3 \text{ et } y = -4x + 7,$$

donc l'abscisse de ce point est solution de l'équation :

$$-x + 3 = -4x + 7 \Leftrightarrow 4x - x = 7 - 3 \Leftrightarrow 3x = 4 \Leftrightarrow x = \frac{4}{3}.$$

Son ordonnée est $y = -\frac{4}{3} + 3 = \frac{5}{3}$.

On en déduit que les coordonnées du point A sont $\left(\frac{4}{3}\,;\frac{5}{3}\right)$.

b. Les coefficients directeurs de (d) et (d') sont différents, donc (d) et (d') ne sont pas parallèles.
Les coordonnées du point A vérifient les deux équations $y = -2$ et $y = 4x + 3$, donc l'abscisse de ce point est solution de l'équation :

$$-2 = 4x + 3 \Leftrightarrow 4x = -5 \Leftrightarrow x = -\frac{5}{4}.$$

Son ordonnée étant -2, on en déduit que les coordonnées du point A sont $\left(-\frac{5}{4}\,;-2\right)$.

c. La droite (d) est parallèle à l'axe des ordonnées, alors que (d') ne l'est pas, donc (d) et (d') ne sont pas parallèles.
Les coordonnées du point A vérifient les deux équations $x = -4$ et $y = -x + 1$. Son ordonnée est donc $y = -(-4) + 1 = 5$. On en déduit que les coordonnées du point A sont $(-4\,;5)$.

10 $3 \times (-1) - 4 \times 2 = -3 - 8 = -11 \neq 0$, donc le système admet une unique solution.

$$\begin{cases} 3x + 2y = 7 \\ 4x - y = 4 \end{cases} \Leftrightarrow \begin{cases} 3x + 2y = 7 \\ 8x - 2y = 8 \end{cases} \Leftrightarrow \begin{cases} 11x = 15 \\ 4x - y = 4 \end{cases}$$

$$\Leftrightarrow \begin{cases} x = \frac{15}{11} \\ y = 4x - 4 \end{cases} \Leftrightarrow \begin{cases} x = \frac{15}{11} \\ y = 4 \times \frac{15}{11} - 4 \end{cases} \Leftrightarrow \begin{cases} x = \frac{15}{11} \\ y = \frac{16}{11} \end{cases}.$$

L'unique solution du système est le couple $\left(\frac{15}{11}\,;\frac{16}{11}\right)$.

11 $\sqrt{2}\times 3\sqrt{2}-(-2)\times(-3)=6-6=0$, donc le système admet soit aucune solution, soit une infinité de solutions.

$$\begin{cases}\sqrt{2}x-3y=1\\ -2x+3\sqrt{2}y=-2\end{cases} \Leftrightarrow \begin{cases}-2x+3\sqrt{2}y=-\sqrt{2}\\ -2x+3\sqrt{2}y=-2\end{cases}$$

(en multipliant par $-\sqrt{2}$ la première équation).

Les deux équations sont incompatibles, donc le système n'a aucune solution.

12 $6\times\left(-\frac{1}{3}\right)-2\sqrt{3}\times\left(-\frac{\sqrt{3}}{3}\right)=-2+2=0$,

donc le système admet soit aucune solution, soit une infinité de solutions.

$$\begin{cases}6x-\frac{\sqrt{3}}{3}\,y=-1\\ 2\sqrt{3}x-\frac{1}{3}\,y=-\frac{\sqrt{3}}{3}\end{cases} \Leftrightarrow \begin{cases}6x-\frac{\sqrt{3}}{3}\,y=-1\\ 6x-\frac{\sqrt{3}}{3}\,y=-1\end{cases}$$

(en multipliant par $\sqrt{3}$ la deuxième équation).

Les deux équations sont identiques, donc le système admet une infinité de solutions. L'une d'entre elles est le couple $\left(-\frac{1}{6}\,;\,0\right)$.

13 **a.** (d_1) $x=-2$ (d_2) $y=-3$ (d_3) $y=-x$

(d_4) $y=3x-3$ (d_5) $y=-\frac{1}{4}\,x+3$.

b. Les coordonnées du point d'intersection de ces deux droites vérifient les équations $y=3x-3$ et $y=-\frac{1}{4}\,x+3$, donc l'abscisse de ce point est solution de l'équation :

$$3x-3=-\frac{1}{4}\,x+3 \Leftrightarrow 3x+\frac{1}{4}\,x=6 \Leftrightarrow \frac{13}{4}\,x=6 \Leftrightarrow x=\frac{24}{13}.$$

Son ordonnée est $y=3\times\frac{24}{13}-3=\frac{72}{13}-\frac{39}{13}=\frac{33}{13}$.

Par conséquent, les coordonnées du point d'intersection des droites (d_4) et (d_5) sont $\left(\frac{24}{13}\,;\,\frac{33}{13}\right)$.

14 **a.** On a $\overrightarrow{AC}(-12\ ;\ 4)$ et $\overrightarrow{AD}(-9\ ;\ 3)$.
$-12 \times 3 - 4 \times (-9) = -36 + 36 = 0$, donc les vecteurs $\overrightarrow{AC}$ et $\overrightarrow{AD}$ sont colinéaires, et les points A, C et D sont alignés.
b. Calculons les longueurs AB, AD et BD.

$$AB = \sqrt{(1-7)^2 + (10-(-2))^2} = \sqrt{(-6)^2 + (12)^2}$$
$$= \sqrt{36 + 144} = \sqrt{180} = 6\sqrt{5}$$
$$AD = \sqrt{(-2-7)^2 + (1-(-2))^2} = \sqrt{(-9)^2 + (3)^2}$$
$$= \sqrt{81 + 9} = \sqrt{90} = 3\sqrt{10}$$
$$BD = \sqrt{(-2-1)^2 + (1-10)^2} = \sqrt{(-3)^2 + (9)^2} = \sqrt{9+81} = \sqrt{90} = 3\sqrt{10}.$$

On a donc $AB^2 = AD^2 + BD^2$. D'après la réciproque du théorème de Pythagore, le triangle ABD est rectangle en D. Ceci montre que les droites (AC) et (BD) sont perpendiculaires, ou encore que (BD) est la hauteur issue de B dans le triangle ABC.
c. Dans le triangle ABC, (BD) est une hauteur associée à la base (AC).
Calculons la longueur AC :

$$AC = \sqrt{(-5-7)^2 + (2-(-2))^2}$$
$$= \sqrt{(-12)^2 + (4)^2} = \sqrt{144 + 16} = \sqrt{160} = 4\sqrt{10}.$$

L'aire Δ du triangle ABC est égale à $\Delta = \dfrac{AC \times BD}{2} = \dfrac{4\sqrt{10} \times 3\sqrt{10}}{2} = 60$.
d. La distance d du point C à la droite (AB) est la hauteur associée à la base $[AB]$ dans le triangle ABC donc :

$$\Delta = \frac{d \times AB}{2}, \text{ d'où } d = \frac{2\Delta}{AB} = \frac{2 \times 60}{6\sqrt{5}} = \frac{20}{\sqrt{5}} = 4\sqrt{5}.$$

e. Le coefficient directeur de la droite (AB) est $\dfrac{10-(-2)}{1-7} = \dfrac{12}{-6} = -2$.
Avec les coordonnées du point B : $p = 10 - (-2) \times 1 = 12$.
L'équation réduite de (AB) est donc $y = -2x + 12$.
f. Notons $(x\ ;\ y)$ les coordonnées du point E.
On a $CE^2 = (x+5)^2 + (y-2)^2$. Or, $CE = 4\sqrt{5}$ et $CE^2 = 80$, ce qui donne $(x+5)^2 + (y-2)^2 = 80$. En utilisant le fait que E se situe sur la droite (AB), on a $y = -2x + 12$, d'où l'équation :

$$(x+5)^2 + (-2x + 12 - 2)^2 = 80.$$
$$(x+5)^2 + (-2x + 12 - 2)^2 = 80 \Leftrightarrow 5x^2 - 30x + 45 = 0$$
$$\Leftrightarrow x^2 - 6x + 9 = 0$$
$$\Leftrightarrow (x-3)^2 = 0$$
$$\Leftrightarrow x = 3.$$

Par conséquent, l'abscisse de E est 3, son ordonnée est :

$$y = -2 \times 3 + 12 = 6.$$

Les coordonnées du point E sont $(3\ ;\ 6)$.

15

Intersection de deux droites

Variables
    a, b, a', b', x, y : réels
Entrée
    Saisir a, b, a', b'
Traitement
    Si $a = a'$ alors
        si $b = b'$ alors
            afficher "droites confondues"
        sinon
            afficher "droites strictement parallèles"
    sinon
        x prend la valeur $\frac{b'-b}{a-a'}$
        y prend la valeur $ax + b$
        Afficher "droites sécantes ; coordonnées du point d'intersection :"
        Afficher x
        Afficher y

Commentaires

L'algorithme distingue les trois cas possibles : droites confondues, strictement parallèles ou sécantes. Dans ce dernier cas, l'unique point d'intersection a une abscisse x solution de l'équation $ax + b = a'x + b'$. On obtient :

$$ax + b = a'x + b' \Leftrightarrow (a - a')x = b' - b \Leftrightarrow x = \frac{b'-b}{a-a'}.$$

16 Un point M de coordonnées $(x\,;\,y)$ se trouve sur la médiatrice de $[AB]$ si, et seulement si, $AM = BM$, ce qui équivaut à $AM^2 = BM^2$, puisque ce sont des nombres positifs.

Or $AM^2 = (x-4)^2 + (y-(-1))^2$

$= x^2 - 8x + y^2 + 2y + 17$

et $BM^2 = (x-15)^2 + (y-6)^2 = x^2 - 30x + y^2 - 12y + 261$

$AM^2 = BM^2 \Leftrightarrow x^2 - 8x + y^2 + 2y + 17 = x^2 - 30x + y^2 - 12y + 261$

$\Leftrightarrow 22x - 244 = -14y$

$\Leftrightarrow y = -\frac{11}{7}x + \frac{122}{7}.$

Une équation de la médiatrice de $[AB]$ est donc $y = -\frac{11}{7}x + \frac{122}{7}$.

17 **a.** Les coordonnées du point T, milieu du segment $[AB]$, sont :

$$T\left(\frac{2+0}{2}\ ;\ \frac{0+5}{2}\right),\text{ soit } T\left(1\ ;\ \frac{5}{2}\right).$$

b. La droite (OT) passe par O, donc l'ordonnée à origine est 0. Comme $\overrightarrow{OT}\left(1\ ;\ \frac{5}{2}\right)$, le coefficient directeur est $\frac{5}{2}$.

On en déduit que l'équation réduite de la droite (OT) est $y=\frac{5}{2}x$.

c. Le coefficient directeur de la droite (CD) est $\frac{2-0}{0-5}=-\frac{2}{5}$. L'ordonnée à l'origine est l'ordonnée du point D, soit 2.

L'équation réduite de la droite (CD) est donc $y=-\frac{2}{5}x+2$.

d. Soit K le point d'intersection des droites (OT) et (CD). Ses coordonnées vérifient à la fois les deux équations :

$$y=\frac{5}{2}x \text{ et } y=-\frac{2}{5}x+2.$$

Alors son abscisse est solution de l'équation :

$$\frac{5}{2}x=-\frac{2}{5}x+2 \Leftrightarrow \frac{5}{2}x+\frac{2}{5}x=2 \Leftrightarrow \frac{25}{10}x+\frac{4}{10}x=2$$

$$\Leftrightarrow \frac{29}{10}x=2 \Leftrightarrow x=\frac{20}{29}.$$

Son ordonnée est alors $y=\frac{5}{2}\times\frac{20}{29}=\frac{50}{29}$.

Les coordonnées de K sont $\left(\frac{20}{29}\ ;\ \frac{50}{29}\right)$.

e. Calculons les longueurs OK, OD et DK :

$OD=2$

et $OK=\sqrt{\left(\frac{20}{29}\right)^2+\left(\frac{50}{29}\right)^2}=\sqrt{\frac{400+2\,500}{29^2}}=\sqrt{\frac{2\,900}{29^2}}=\sqrt{\frac{29\times100}{29^2}}=\sqrt{\frac{100}{29}}$

$$DK=\sqrt{\left(\frac{20}{29}\right)^2+\left(\frac{50}{29}-2\right)^2}=\sqrt{\left(\frac{20}{29}\right)^2+\left(-\frac{8}{29}\right)^2}$$

$$=\sqrt{\frac{400+64}{29^2}}=\sqrt{\frac{464}{29^2}}=\sqrt{\frac{16\times29}{29^2}}=\sqrt{\frac{16}{29}}.$$

On a donc $OK^2=\frac{100}{29}$, $DK^2=\frac{16}{29}$ et $OD^2=4=\frac{116}{29}$.

Ainsi, $OD^2=OK^2+DK^2$. D'après la réciproque du théorème de Pythagore, le triangle OKD est rectangle en K.

f. La médiane issue de O dans le triangle OAB passe par O et par T, milieu de [AB]. C'est donc la droite (OT).
La hauteur issue de O dans le triangle OCD passe par O et est perpendiculaire à (CD). Or, le triangle OKD est rectangle en K, ce qui montre que les droites (OT) et (CD) sont perpendiculaires. La hauteur issue de O dans le triangle OCD est donc la droite (OT).
Ainsi, la médiane issue de O dans le triangle OAB est aussi la hauteur issue de O dans le triangle OCD.

18 **a.** Le système admet une unique solution si, et seulement si, le nombre $2 \times 8 - m^2$ est différent de 0.
$16 - m^2 = 0 \Leftrightarrow m^2 = 16 \Leftrightarrow m = 4$ ou $m = -4$.
Le système admet une unique solution si $m \neq 4$ et si $m \neq -4$.

b. $\begin{cases} 2x + my = 6 \\ mx + 8y = 4 \end{cases} \Leftrightarrow \begin{cases} 2mx + m^2y = 6m \\ 2mx + 16y = 8 \end{cases}$

(en multipliant par m la première équation et par 2 la seconde)

$$\Leftrightarrow \begin{cases} (m^2 - 16)y = 6m - 8 \\ mx + 8y = 4 \end{cases} \Leftrightarrow \begin{cases} y = \dfrac{6m - 8}{m^2 - 16} \\ x = \dfrac{1}{m}(-8y + 4) \end{cases}$$

(puisque $m \neq 0$, $m \neq 4$, et $m \neq -4$)

$$\Leftrightarrow \begin{cases} y = \dfrac{2(3m - 4)}{m^2 - 16} \\ x = \dfrac{1}{m}\left(-16\,\dfrac{3m - 4}{m^2 - 16} + 4\right) \end{cases} \Leftrightarrow \begin{cases} y = \dfrac{2(3m - 4)}{m^2 - 16} \\ x = \dfrac{4}{m} \times \dfrac{-4(3m - 4) + (m^2 - 16)}{m^2 - 16} \end{cases}$$

$$\Leftrightarrow \begin{cases} y = \dfrac{2(3m - 4)}{m^2 - 16} \\ x = \dfrac{4}{m} \times \dfrac{-12m + m^2}{m^2 - 16} \end{cases} \Leftrightarrow \begin{cases} y = \dfrac{2(3m - 4)}{m^2 - 16} \\ x = \dfrac{4(m - 12)}{m^2 - 16} \end{cases}.$$

L'unique couple solution du système est donc $\left(\dfrac{4(m - 12)}{m^2 - 16} ; \dfrac{2(3m - 4)}{m^2 - 16}\right)$.

c. Si le point d'intersection, dont les coordonnées sont :

$$\left(\dfrac{4(m - 12)}{m^2 - 16} ; \dfrac{2(3m - 4)}{m^2 - 16}\right),$$

est situé sur l'axe des ordonnées, cela signifie que $\dfrac{4(m - 12)}{m^2 - 16} = 0$, c'est-à-dire $m = 12$.

19 **1.** Réponse **b.** Seule réponse pour laquelle le coefficient directeur est négatif et l'ordonnée à l'origine un peu plus grande que 1.
2. Réponse **a.** Droite parallèle à l'axe des ordonnées.
3. Réponse **b.** Droite parallèle à l'axe des abscisses.
4. Réponse **d.** Elles ont le même coefficient directeur, ici -2.
5. Réponse **c.** $-2x-1=99 \Leftrightarrow -2x=100 \Leftrightarrow x=-50$.
6. Réponse **a.** Pour toute droite de coefficient directeur m, un vecteur directeur a pour coordonnées $(1\ ;\ m)$.
7. Réponse **b.** Calcul du coefficient directeur : $\dfrac{y_S-y_R}{x_S-x_R}=\dfrac{-4-2}{1-3}=\dfrac{-6}{-2}=3$.

Une équation de la droite (RS) est $y=3x+p$. En utilisant les coordonnées de R, $2=9+p \Leftrightarrow p=-7$.

8. Réponse **a.** $3x-7=-2x-1 \Leftrightarrow 5x=6 \Leftrightarrow x=\dfrac{6}{5}$,

et $y=-2\times\dfrac{6}{5}-1=-\dfrac{17}{5}$.

20 **a.** $1\times 1-m\times m=1-m^2$. Le système admet une unique solution si, et seulement si $1-m^2\neq 0$. Or, $1-m^2=0 \Leftrightarrow m^2=1 \Leftrightarrow m=1$ ou $m=-1$. Ainsi, si $m\in\mathbb{R}\setminus\{-1\ ;\ 1\}$, le système admet une unique solution.
b. Si $m=-2$, le système s'écrit :

$$\begin{cases}x-2y=1\\-2x+y=2\end{cases} \Leftrightarrow \begin{cases}2x-4y=2 & (L_1)\\-2x+y=2 & (L_2)\end{cases} \Leftrightarrow \begin{cases}-3y=4 & (L_1+L_2)\\x=2y+1\end{cases}$$

$$\Leftrightarrow \begin{cases}y=-\dfrac{4}{3}\\x=-\dfrac{5}{3}\end{cases}.$$

L'unique solution du système est le couple $\left(-\dfrac{5}{3}\ ;\ -\dfrac{4}{3}\right)$.

Si $m=1$, le système s'écrit $\begin{cases}x+y=1\\x+y=2\end{cases}$,

système sans solution puisque les équations sont incompatibles.

21 Les coordonnées de A et B sont respectivement $(10\ ;\ 0)$ et $(0\ ;\ 4)$. Le milieu du segment $[AB]$ est le point I, de coordonnées $(5\ ;\ 2)$. La médiane issue de O dans le triangle OAB est la droite (OI). Son ordonnée à l'origine est 0 puisqu'elle passe par O.

Son coefficient directeur est $\dfrac{y_I-y_O}{x_I-x_O}=\dfrac{2}{5}$. Une équation de (OI) est $y=\dfrac{2}{5}x$.

22 1. **a.** Les coordonnées des projetés orthogonaux sont : D$(a\,;8)$, E$(a\,;0)$, F$(0\,;b)$, et G$(12\,;b)$.

Calcul des coefficients directeurs

Pour la droite (DF), $\dfrac{y_D - y_F}{x_D - x_F} = \dfrac{8-b}{a}$.

Pour la droite (OB), $\dfrac{y_B - y_O}{x_B - x_O} = \dfrac{8}{12} = \dfrac{2}{3}$.

Pour la droite (EG), $\dfrac{y_G - y_E}{x_G - x_E} = \dfrac{b}{12-a}$.

b. Les droites (DF) et (OB) sont parallèles si, et seulement si :

$\dfrac{8-b}{a} = \dfrac{2}{3} \Leftrightarrow 2a = 3(8-b) \Leftrightarrow 2a = 24 - 3b \Leftrightarrow 2a + 3b = 24$.

Les droites (EG) et (OB) sont parallèles si, et seulement si :

$\dfrac{b}{12-a} = \dfrac{2}{3} \Leftrightarrow 2(12-a) = 3b \Leftrightarrow 24 - 2a = 3b \Leftrightarrow 2a + 3b = 24$.

c. $2a + 3b = 24 \Leftrightarrow b = \dfrac{-2a+24}{3} \Leftrightarrow b = -\dfrac{2}{3}a + 8$.

Cela signifie que les trois droites (FD), (OB) et (EG) sont parallèles si, et seulement si, les coordonnées du point M vérifient l'équation $y = -\dfrac{2}{3}x + 8$, qui est celle d'une droite. Son ordonnée à l'origine est 8, donc C appartient à cette droite.

Les coordonnées de A vérifient cette équation, donc cette droite est en fait la droite (AC). Mais comme M est intérieur au rectangle, l'ensemble cherché est le segment [AC], privé de ses extrémités A et C.

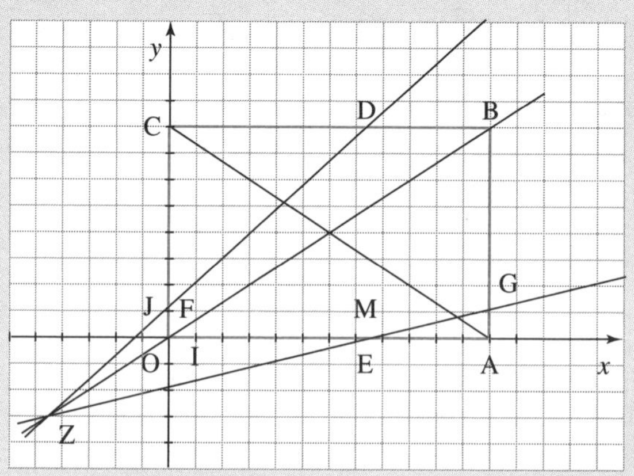

2. Équation de (FD) : $y = \dfrac{8-b}{a}x + b$,

car l'ordonnée à l'origine est l'ordonnée du point F.

Équation de (EG) : $y = \dfrac{b}{12-a}x + p$,

avec l'ordonnée à l'origine p telle que :

$$0 = \frac{b}{12-a}a + p \Leftrightarrow p = -\frac{ab}{12-a},$$

en utilisant les coordonnées du point E. Une équation de (EG) est donc $y = \dfrac{b}{12-a}x - \dfrac{ab}{12-a}$.

Équation de (OB) : $y = \dfrac{2}{3}x$.

Cherchons les coordonnées du point Z, intersection des droites (FD) et (EG).

L'abscisse du point Z est solution de l'équation $\dfrac{8-b}{a}x + b = \dfrac{b}{12-a}x - \dfrac{ab}{12-a}$,

équivalente à :

$$\left(\frac{b}{12-a} - \frac{8-b}{a}\right)x = b + \frac{ab}{12-a} \Leftrightarrow \frac{ab-(8-b)(12-a)}{a(12-a)}x = \frac{b(12-a)+ab}{12-a}$$

$$\Leftrightarrow (-96 + 12b + 8a)x = 12ab$$

$$\Leftrightarrow x = \frac{3ab}{2a+3b-24}.$$

L'ordonnée de Z est alors :

$$y = \frac{8-b}{a}\,\frac{3ab}{2a+3b-24} + b = \frac{3b(8-b)+b(2a+3b-24)}{2a+3b-24} = \frac{2ab}{2a+3b-24}.$$

Les coordonnées du point Z sont donc $\left(\dfrac{3ab}{2a+3b-24} ; \dfrac{2ab}{2a+3b-24}\right)$.

Pour prouver que les droites (FD), (OB) et (EG) sont concourantes, il suffit de prouver que le point Z est sur la droite (OB), ce qui est immédiat puisque $\dfrac{2}{3} \times \dfrac{3ab}{2a+3b-24} = \dfrac{2ab}{2a+3b-24}$.

23 **a.** Remplaçons x par l'abscisse de A :

$$-\frac{1}{2} \times 10 + 7 = -5 + 7 = 2 \neq -2 .$$

L'équation de (d_4) n'étant pas vérifiée, A n'appartient pas à cette droite.
b. Le coefficient directeur de (d_1) est 0.

Le coefficient directeur de (d_4) est $-\frac{1}{2}$

L'ordonnée à l'origine de (d_4) est 7.

Les coordonnées d'un vecteur directeur de (d_3) sont $(0 ; 1)$.

Les coordonnées d'un vecteur directeur de (d_4) sont $\left(1 ; -\frac{1}{2}\right)$.

c. Les points B et C ont la même abscisse, donc la droite (BC) est parallèle à l'axe des ordonnées.
Une équation de (BC) est $x = 4$.
d. Comme deux droites parallèles ont le même coefficient directeur, l'équation réduite de (d) s'écrit $y = -\frac{1}{2}x + p$.

Le coefficient p se détermine en utilisant les coordonnées du point B :

$$-1 = -\frac{1}{2} \times 4 + p \Leftrightarrow p = -1 + 2$$

$$\Leftrightarrow p = 1.$$

Par conséquent, l'équation réduite de (d) est $y = -\frac{1}{2}x + 1$.

e.

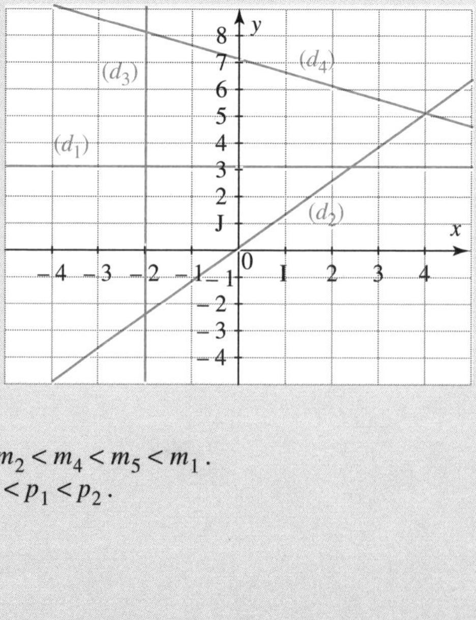

24 **a.** $m_3 < m_2 < m_4 < m_5 < m_1$.
b. $p_5 < p_4 < p_3 < p_1 < p_2$.

25 **1. a.** $Z\left(\frac{-4+0}{2}\ ;\ \frac{1+5}{2}\right)=(-2\ ;\ 3)$.

b. Les points A et M ont la même ordonnée, donc AM est la différence de leurs abscisses : $AM = 4$.
Les points A et N ont la même abscisse, donc AN est la différence de leurs ordonnées : $AN = 4$.
Par conséquent, on a bien $AM = AN$.
c. Comme Z est le milieu de $[MN]$, Z appartient à la médiatrice de $[MN]$.
Comme $AM = AN$, A appartient à la médiatrice de $[MN]$.
Par conséquent, cette médiatrice est la droite (AZ).

Le coefficient directeur de cette droite est $\frac{3-1}{-2-0}=\frac{2}{-2}=-1$. L'ordonnée à l'origine est celle du point A, c'est-à-dire 1.
Par conséquent, l'équation réduite de la médiatrice du segment $[MN]$ est :

$$y=-x+1.$$

2. a. Le centre du cercle circonscrit au triangle MNP est le point d'intersection des médiatrices de ce triangle.
Les coordonnées de ce point vérifient donc les équations :

$$y=\frac{1}{6}x+\frac{23}{12} \text{ et } y=-x+1.$$

L'abscisse de ce point est donc solution de l'équation :

$$\begin{aligned}\frac{1}{6}x+\frac{23}{12}=-x+1 &\Leftrightarrow x+\frac{1}{6}x=1-\frac{23}{12}\\ &\Leftrightarrow \frac{7}{6}x=-\frac{11}{12}\\ &\Leftrightarrow x=-\frac{6}{7}\times\frac{11}{12}\\ &\Leftrightarrow x=-\frac{11}{14}.\end{aligned}$$

L'ordonnée du point est donc $y=-\left(-\frac{11}{14}\right)+1=\frac{25}{14}$.

Les coordonnées du centre du cercle circonscrit au triangle MNP sont :

$$K\left(-\frac{11}{14}\ ;\ \frac{25}{14}\right).$$

b. Ce cercle a pour rayon KN.

$$KN=\sqrt{\left(-\frac{11}{14}-0\right)^2+\left(\frac{25}{14}-5\right)^2}=\sqrt{\frac{121}{196}+\left(\frac{45}{14}\right)^2}$$

$$=\sqrt{\frac{121}{196}+\frac{2\ 025}{196}}=\sqrt{\frac{2\ 146}{196}}=\frac{\sqrt{2\ 146}}{14}\approx 3{,}31.$$

PAPIER À BASE DE FIBRES CERTIFIÉES

Hatier s'engage pour l'environnement en réduisant l'empreinte carbone de ses livres. Celle de cet exemplaire est de :
1.2 kg éq. CO_2
Rendez-vous sur www.hatier-durable.fr

Achevé d'imprimer par Normandie Roto Impression s.a.s., à Lonrai (Orne) - France
N° d'impression : 1701682 - Dépôt légal : 94466-6 / 08 - Juin 2017